才培养系列丛书

Vue 3

企业级应用开发实战

微课版

孙芳 梁大业 张晶 ◉ 编著

人民邮电出版社

北 京

图书在版编目（CIP）数据

Vue 3企业级应用开发实战：微课版 / 孙芳，梁大
业，张晶编著. -- 北京：人民邮电出版社，2024.4
（Web开发人才培养系列丛书）
ISBN 978-7-115-63168-8

Ⅰ.①V… Ⅱ.①孙… ②梁… ③张… Ⅲ.①网页制
作工具－程序设计 Ⅳ.①TP393.092.2

中国国家版本馆CIP数据核字(2024)第075435号

内 容 提 要

Vue 是一款用于构建用户界面的渐进式框架，现已成为 Web 前端开发领域三大主流框架之一。2020年 9 月，Vue 3 正式发布，目前其在国内 Web 前端开发（尤其是手机 App 的 HTML5 页面开发）领域已被广泛应用。

本书共 16 章，内容分为四部分，即 Vue 概述、Vue 基础、Vue 生态和 Vue 实战，从基础知识到实战项目，全面系统地介绍 Vue 技术，且涵盖目前新一代企业级状态管理库 Pinia 和下一代前端构建工具 Vite。本书内容由浅入深，实例丰富实用，实战部分通过一个通用的 Vue 3 项目脚手架实例和一个基于 Vue 3 + Vant 的项目实例（易学、易用、易上手）来帮助读者将所学知识更好地应用到实际开发工作中，快速培养独立完成基于 Vue 3 的企业级应用开发与迭代能力。

本书可作为 Web 前端开发相关课程的教材，也可供广大信息技术类专业的学习者参考使用，还可作为 Web 前端开发相关领域培训机构的教材。

◆ 编 著 孙 芳 梁大业 张 晶
　　责任编辑 王 宣
　　责任印制 王 郁 陈 犇
◆ 人民邮电出版社出版发行　　　北京市丰台区成寿寺路 11 号
　　邮编 100164　电子邮件 315@ptpress.com.cn
　　网址 https://www.ptpress.com.cn
　　三河市兴达印务有限公司印刷
◆ 开本：787×1092　1/16
　　印张：20.75　　　　　　　　2024 年 4 月第 1 版
　　字数：599 千字　　　　　　　2025 年 2 月河北第 4 次印刷

定价：69.80 元

读者服务热线：(010)81055256　印装质量热线：(010)81055316
反盗版热线：(010)81055315

前言

PREFACE

写作背景

Vue 是由美籍华人尤雨溪开发的一款用于构建用户界面的渐进式框架。与其他大型框架不同的是，Vue 被设计为轻量级的、可自底向上逐层应用的框架。一方面，Vue 的核心库只关注视图层，这样不仅易于上手，还便于与第三方库或既有项目进行整合。另一方面，当与现代化的工具链及各种支持类库结合使用时，Vue 也完全能够为复杂的单页应用提供驱动。因此 Vue 已成为业界极为流行的 Web 前端开发框架之一。2020 年 9 月，作为下一代 Web 前端开发框架的 Vue 3 正式发布，其在性能、开发效率和代码组织等方面都有很大优势，能够帮助开发者开发出更为出色的前端应用。

党的二十大报告中提到"全面提高人才自主培养质量，着力造就拔尖创新人才，聚天下英才而用之"。因此，本书编者以培养具有 Web 前端开发实战能力的技术人才为初衷，力图打造一本易学、易用、易上手的 Vue 3 企业级应用开发实战教材。

本书内容

本书共 16 章，分为 Vue 概述、Vue 基础、Vue 生态和 Vue 实战四部分，从基础知识到实战项目，全面系统地介绍 Vue 技术。本书主要内容如下。

第一部分　Vue 概述

第 1 章　Vue 前世今生

本章主要介绍 Vue 的概况、Vue 产生的背景、Vue 前置知识及 Vue 项目的开发工具，最后特别介绍 Vue 3 的特点。通过学习本章内容，读者需要重点理解在 Web 前端开发中开发思维是如何转变的。

第 2 章　第一个 Vue 项目实例

本章主要介绍 Vue 项目开发所需要的环境及工具，并通过一个简单的项目实例使读者了解 Vue 项目从创建、运行到构建的全过程。通过学习本章内容，读者需要重点理解工程化 Vue 项目开发流程的全貌。

第二部分　Vue 基础

第 3 章　Vue 生命周期

本章主要介绍 Vue 生命周期的概念、生命周期钩子函数及其使用场景，并且会给出详细的生命周期代码示例。通过学习本章内容，读者需要重点理解如何通过生命周期钩子函数掌握整个应用程序的状态变化和进行生命周期管理。

第 4 章　Vue 指令

本章介绍 Vue 指令的概念，并详细介绍内置指令的用法，以及通过实例展示如何创建自定义指令。通过学习本章内容，读者需要重点掌握指令的用法及其在实际项目开发中的应用。

第 5 章　Vue 组件

本章详细介绍 Vue 组件的注册和使用、Props 与组件间通信、插槽、组件间切换和内置组件。通过学习本章内容，读者需要重点掌握如何使用组件轻松构建用户界面。

第 6 章　计算属性和侦听器

本章分别从概念、用法、使用示例等多个维度介绍计算属性和侦听器。通过学习本章内容，读者需要深入理解计算属性和侦听器，并能够将其灵活运用于实际项目中，进而提升 Vue 3 应用程序的开发和维护能力。

第 7 章　样式绑定和过渡动画

本章通过多个示例详细介绍样式绑定和过渡动画的基本用法与高级用法。通过学习本章内容，读者需要重点掌握如何通过样式绑定和过渡动画为应用程序添加各种视觉效果与动画。

第 8 章　混入

本章通过示例介绍混入的定义及使用方法。通过学习本章内容，读者需要理解混入的使用及其可复用功能。

第 9 章　组合式 API

本章内容是本书的重点内容，主要介绍 Vue 3 中引入的、区别于 Vue 2 中选项式 API（Options API）的组合式 API（Composition API）。通过学习本章内容，读者需要重点掌握使用组合式 API 的动机和优势、组合式 API 的核心概念及开发应用。

第三部分　Vue 生态

第 10 章　Vue Router

本章详细介绍 Vue Router 的基本用法、静态路由、动态路由、路由守卫和路由的过渡动画等。通过学习本章内容，读者需要重点掌握如何通过路由构建出交互性强、用户体验好的单页应用，以及如何实现更高级的路由控制和管理等功能。

第 11 章　Pinia—— 一个全新的状态管理库

本章详细介绍 Pinia 的安装与配置、状态管理基础、Pinia 在 Vue 组件中的使用及其高级技巧与实践等，帮助读者充分发挥 Pinia 在 Vue 3 应用程序开发中的优势。通过学习本章内容，读者需要重点掌握如何在 Vue 应用程序中使用 Pinia 进行状态管理和应用实践。

第 12 章　Vite——下一代前端构建工具

本章详细介绍下一代前端构建工具——Vite 的特点、优势、安装与配置，以及 Vite 项目的开发与构建。通过学习本章内容，读者需要理解 Vite 在 Vue 3 项目中的集成方式，并能够熟练运用构建命令，构建出更加高效的前端应用。

第 13 章　Axios—— 一个 HTTP 网络请求库

本章详细介绍如何在 Vue 3 中优化和重用 Axios 实例，以及如何处理一些公共逻辑，如请求的

< 2 >

Loading 状态处理、错误提示和日志记录等。此外，本章还讨论提升网络请求的安全性及性能优化的一些方法。通过学习本章内容，读者需要认识 Axios 及其优势，并掌握 Axios 的安装与配置，以及如何在 Vue 3 中优化和重用 Axios 实例。

第 14 章　Vue 组件库

本章详细介绍两个基于 Vue 的 UI 组件库——Element Plus 和 Vant 的安装、配置与使用方法。通过学习本章内容，读者需要掌握 Element Plus 和 Vant 组件库的使用方式，进而具备创建功能丰富且使用友好的界面的能力。

第四部分　Vue 实战

第 15 章　Vue 3+Vue Router+Vite+Pinia+Axios+Element Plus 项目脚手架实例

本章重点介绍如何将 Vue 3、Vue Router、Vite、Pinia、Axios 和 Element Plus 集成在一起构成一个通用的企业级项目脚手架，该项目脚手架同时提供完整的开发环境和高效的开发/构建工具，以及先进的状态管理库和 UI 组件库。通过学习本章内容，读者能够在实际项目中熟练使用本章搭建的项目脚手架，并且具备对其进行修改和扩展的能力。

第 16 章　一个基于 Vue 3+Vant 的 HTML5 版考拉商城

本章从前端架构搭建，到公用文件、组件的抽取，再到每个功能模块的详细代码实现，完整介绍一个基于 Vue 3 + Vant 的 HTML5 版考拉商城项目的实现。通过对本章内容的学习与实践，读者将具备独立完成从零开始搭建 Vue 3 前端项目的能力。

本书特色

1. 知识架构合理，内容翔实宜读

本书从 Vue 基础到生态运用再到项目实战，内容由浅入深，逐层递进。每章内容分为理论知识、应用示例及源代码、本章小结、习题、上机实操（第 1 章除外）等部分，知识架构合理，内容翔实宜读。

2. 示例项目丰富，巩固理论所学

本书将丰富的示例与重难知识点相结合，融入企业级开发经验，叙述简洁、内容实用。本书不是技术知识点的简单堆叠，而是以大量示例和项目为驱动来带动理论学习的，力求从理论到实践、从基础到应用帮助读者明确学什么、为什么学，并将所学的技术更好地应用到实际开发工作中。

3. 综合实例升华，提升实战能力

本书更注重应用实践，特别增加项目脚手架实例，读者可以直接将该实例用于实际开发项目中。综合实例由业界资深架构师编写，遵循业界开发规范，更有利于读者快速入门和提升实战能力。

4. 紧跟前沿技术，接轨企业应用

本书特别涵盖目前流行的、全新的企业级状态管理库 Pinia，以及下一代前端构建工具 Vite 等业界前沿技术，可以帮助读者从 0 到 1 快速掌握企业级 Vue 前端项目开发的全过程，并具备独立自主进行迭代开发的能力。

5. 配套资源齐全，服务院校教学

本书的全部示例及项目都在 Vue 3 环境下经过了编者的上机实践，运行结果无误。随书附赠示例

< 3 >

源代码、更多综合项目示例源代码（特别增加了基于 TypeScript 的项目示例）、PPT、教学大纲、教案、习题答案及各种参考文件，读者可以登录人邮教育社区官网（www.ryjiaoyu.com）下载；此外，编者针对重难知识点录制了微课视频，读者可以扫描书中微课视频二维码进行观看。

编者团队与致谢

本书由孙芳、梁大业、张晶编写，第 1、2、4、12 章由张晶编写，第 3、5、6、7、10、14 章由孙芳编写，第 8、9、11、13、15、16 章由梁大业编写；孙芳对全书进行了统稿。

编者由衷感谢在本书编写过程中给予编者大力支持的家人和朋友。

本书编者均是教学一线教师及业界资深架构师，具有多年教学实践经验及企业级应用开发实战经验。编写本书时，编者尽可能做到知识表述准确与实例项目实用，但难免会有疏漏之处，真诚欢迎读者朋友批评指正。

编　者

2023 年 12 月于辽宁大连

< 4 >

目 录

CONTENTS

第一部分　Vue概述

第二部分　Vue基础

第 4 章
Vue 指令

第 5 章
Vue 组件

第 6 章
计算属性和侦听器

第 7 章
样式绑定和过渡动画

< 2 >

第9章
组合式 API

第8章
混入

第三部分 Vue生态

第10章
Vue Router

< 3 >

< 4 >

第 14 章
Vue 组件库

第四部分　Vue实战

第 15 章
Vue 3+Vue Router+ Vite+Pinia+Axios+ Element Plus 项目脚手架实例

第 16 章
一个基于 Vue 3+Vant 的 HTML5 版考拉商城

< 5 >

## 第一部分

Vue概述

读者学习 Vue 前端应用开发，首先，通过了解 Vue 的产生背景来理解 Web 前端开发思维的转变是非常必要的；其次，通过学习开发环境搭建，学习 Vue 3 项目从创建、运行到构建的流程，对项目开发有一个整体认知，从而为后续的深入学习奠定良好的基础。

本部分主要包含以下 2 章内容。

第 1 章　Vue 前世今生

第 2 章　第一个 Vue 项目实例

科技是第一生产力，人才是第一资源，创新是第一动力。通过对本部分内容的学习，读者能够深刻体会到科技的进步，体会到当代 Web 前端开发技术的巨变，从而理解开发思维是如何从 jQuery 事件驱动思维转变到 MVVM 架构的数据驱动思维上来的；能够了解学习 Vue 3 所需的前置基础知识（如 HTML、CSS、JavaScript 等）；能够独立完成 Vue 3 项目开发环境的搭建，包含 Node.js 环境的安装、Vue 浏览器调试插件（有时也称扩展）的安装；能够顺利创建、运行及构建项目实例，同时了解整个 Vue 3 项目的结构和主要文件。

第 1 章 Vue 前世今生

Vue 是一款用于构建用户界面的渐进式框架。2020 年 9 月，Vue 3 正式发布。作为下一代 Web 开发方式，Vue 3 具有快、轻、易维护、多原生支持等特点，同时也是目前业界极为流行的前端开发框架之一。本章主要介绍 Vue 的特点、Vue 产生的背景、如何学习 Vue，最后特别介绍 Vue 3 的特点。通过学习本章内容，读者需要重点理解 Web 前端开发中开发思维是如何转变的，即如何从 jQuery 事件驱动思维转变到 MVVM 架构的数据驱动思维上来。

1.1 Vue 简介

Vue 诞生于 2014 年，是美籍华人尤雨溪在美国知名跨国科技公司就职期间，受到 AngularJS 框架中以数据绑定来处理 DOM 方式的启发，作为其个人项目开发出的一款与 AngularJS 功能相似但比较轻量级的框架。如今，Vue 与 React、Angular（注：Angular 是 AngularJS 的重写，在 Angular 2 以后的版本被官方命名为 Angular，在 Angular 2 以前的版本称为 AngularJS）一起成为当前 Web 前端开发领域的三大主流框架，Vue 也是唯一由华人开发的 Web 前端框架。

Vue 是一款用于构建 Web 前端页面的 JavaScript 框架。它基于标准 HTML、CSS 和 JavaScript 构建，并提供一套声明式、组件化的编程模型，因此它只关注视图层，能帮助用户高效、灵活地开发出从简单到复杂的 Web 前端页面。

Vue 框架与其他两个框架相比，具有以下两大特点。

（1）使用 Vue 框架无须专门创建一套工程式目录结构体系，仅须在页面上引用 Vue 框架的 JS 文件，就可以随时在任何 HTML 页面或者普通的 Web 项目中以 Web Components 方式将 Vue 框架嵌入，也可以与 jQuery 等 JavaScript 库混合使用。

（2）Vue 的核心是一个视图模板引擎，但与普通视图模板引擎不同，Vue 可以添加组件系统（Component）、客户端路由（Vue Router）、大规模状态管理库（Vuex、Pinia）、构建工具（Webpack、Vite）来构建一套完整的 Vue 框架，如图 1-1 所示。更重要的是，这些功能是相互独立的，开发者可以根据项目任意选用需要的部件，渐进式扩展所开发的项目。这就是官方所描述的"渐进式框架"的含义。

图 1-1　一套完整的 Vue 框架

Vue 除了在 Web 项目中使用外，也可以根据需求在单页 Web 应用（single page Web application，SPA）、服务端渲染（server-side rendering，SSR）、第三方内容管理系统（content management system，CMS）的静态网站生成（static site generation，SSG）、使用 Electron 构建的桌面客户端/HTML5 移动端、使用 uni-app 打包的原生移动端，甚至使用第三方工具打包的微信小程序、QQ 小程序、抖音小程序等情景项目中使用。

1.2　Vue 产生的背景

1.2.1　jQuery 一统天下的时代

提到 jQuery 的出现必然要提到 JavaScript 的横空出世及浏览器大战时代。1994 年，一家名为 Netscape 的公司在加利福尼亚州成立，并聘请了许多 NCSA Mosaic 原开发团队的工程师开发了网景浏览器——Mosaic Netscape。该浏览器的内部代号为 Mozilla，意为 "Mosaic 杀手"，代表该浏览器的目标是取代 NCSA Mosaic 成为世界第一的网络浏览器。第一个版本的 Web 浏览器 Mosaic Netscape 0.9 于 1994 年年底发布，如图 1-2 所示。在 4 个月内，它已经占据了浏览器市场的 3/4，并成为 20 世纪 90 年代的主要浏览器。

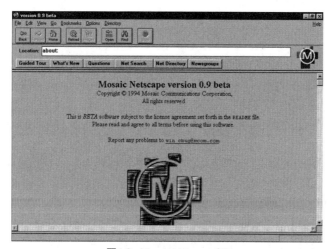

图 1-2　Mosaic Netscape 0.9

彼时该公司的技术能力以及在技术上的战略都领先于市场。作为真正的远见卓识者，Netscape 公司的创始人马克·安德森（Marc Andreessen）明白，Web 会变得更加动态，HTML 需要一种脚本语言，以方便网页设计师或者非专业的程序员设计图片和插件等组件，代码可以直接在 Web 页面中编写。

经过一番内部研究，1995 年 Netscape 公司请来在 SGI 公司负责操作系统与网络功能研发的布伦丹·艾希（Brendan Eich），目标是实现将脚本编程语言嵌入 Netscape Navigator。在此之前，该公司已经与 Sun Microsystems 公司合作，在推出的 Netscape Navigator Sun 中使用编程语言 Java 作为 Web 技术和平台基础，以便与微软公司竞争。之后 Netscape 公司决定发明一种与 Java 搭配使用的辅助脚本语言，并且其应该有类似 Java 的语法（排除采用其他语言，如 Perl、Python、TCL 或 Scheme）。

布伦丹·艾希最终于 1995 年 5 月仅花了 10 天时间便实现了一种语言——Mocha。Netscape 公司觉得这个名字不够霸气，于是在 1995 年 9 月首次发布 Netscape Navigator 2.0 测试版时将其正式更名为 LiveScript。当时 Java 作为后端语言已经变得很火，为了蹭一波 Java 的热度，在 12 月部署 Netscape Navigator 2.0 beta 3 时，LiveScript 被重命名为 JavaScript。这样会让普通人误以为 JavaScript 和 Java 是 "近亲"，其实两者

< 3 >

之间没有关联。

JavaScript 出现之后，逐渐受到开发者追捧。但随着 Web 2.0 对交互性需求的提高，业界对 JavaScript 提出了更高的要求。再加上当时的浏览器厂商都忙着跑马圈地、抢占市场，许多软件在各大浏览器上无法通用，这增加了软件开发者的开发难度，例如 jQuery "之父" 约翰·莱西格（John Resig）便是当时饱受折磨的程序员之一。

约翰·莱西格表示，"做 Web 编程时，我非常讨厌浏览器的 bug，不同的浏览器有不同的 bug，而且数量非常多。于是我用 JavaScript 做了 CSS 选择引擎，之后还做了动画引擎，都是自娱自乐。但与此同时我发现自己不能将制作的一些应用放到浏览器里。为了将应用放到 Firefox 浏览器中，我开始制作相关的 API，以应用该 CSS 选择引擎和动画引擎，这些最终成为 jQuery。几个月后，我将那些应用放到 Firefox 浏览器里，之后在 IE 浏览器里也可以运行它们。"

2005 年约翰·莱西格向外界展示了 JavaScript 上一个语法更简洁的 CSS 选择器，2006 年又发布了 jQuery 的第二个新版本——New Wave JavaScript，这彻底改变了 JavaScript 与 HTML 交互的方式。

jQuery 的出现彻底解决了当时前端开发人员普遍存在的两个烦恼。

（1）简化了 JavaScript 操作 DOM 的方式

若没有 jQuery，开发人员需要用 getElementById、getElementsByTagName 等方法获取 DOM 对象，并且需要为列表所有元素绑定事件进行事件委托或者遍历所有元素。而有了 jQuery，可以使用 CSS 选择器获取元素，绑定事件也不再需要遍历元素列表。

（2）减少了开发过程中跨浏览器的兼容问题

在 IE 6、IE 7、IE 8 流行的年代，处理浏览器兼容问题是前端开发人员必须掌握的技能。IE 6 有哪些 bug 得倒背如流；还需要记住 IE 不识别哪些标准的 JavaScript 方法和对象；编写 AJAX 应用，一般浏览器中使用 XMLHttpRequest API 调用即可，在 IE 中则需要创建 ActiveXObject 对象。这使得前端程序员不能专心研究技术，而需要不断为浏览器厂商善后。直到 jQuery 出现，无论是 DOM 操作、事件绑定还是 AJAX 应用，jQuery 均为开发人员封装了兼容各个浏览器的方法，这些功能将前端开发带入了一个崭新的世界。

当然 jQuery 解决的痛点还远不止这些，但仅凭借这两个优势，jQuery 便迅速获得了开发者社区和许多大公司的支持。在 2010 年左右，微软公司和谷歌公司都在其 CDN 网络中为 jQuery 库提供托管；Media Temple 主机商更是竭尽全力捐助托管 jQuery 网站；微软公司也参与了对 jQuery 的测试和开发工作，Visual Studio 和 ASP.NET MVC 都内置有 jQuery。因此，DOM 操作时代，也是 jQuery 一统天下的时代。

直到 HTML5 标准的降临，开发思维才从事件驱动模式转变到数据驱动模式。

1.2.2　从 jQuery 到 Vue 的思维转变

1. MVVM 架构模式

在 jQuery 雏形出现的前一年，即 2004 年，来自 Opera、Mozilla、Apple 等不同组织但志同道合的人组成了一个名为 WHATWG 的独立规范组，旨在编写一个更好的 HTML 标记规范，用来构建新一代 Web 应用程序，这个规范组之后的成果便是 Web 应用程序 1.0 规范。而后，经 W3C（world wide web consortium，万维网联盟）成员多次讨论后，在 2007 年 3 月重启 HTML 工作，其第一个决定，便是采用 Web 应用程序 1.0 规范，并将其称为 HTML5。经过漫长和波折的规划，终于在 2014 年 10 月 W3C 向公众推荐并发布了 HTML5 编程语言，它更适合用于开发动态的应用程序，并且具有明确定义的解析算法，统一了支持 HTML5 浏览器操作 DOM 以及事件的兼容性，也新增了很多特性。同时推动了移动互联网的发展，让移动端 App 开发多了一条途径。

随着 HTML5 的大范围应用，另一个对 jQuery 造成 "威胁" 的技术框架——MVVM 架构模式开始普及，使得 jQuery 在 DOM 操作上的优势不复存在。

随着当今前端页面需求越来越复杂，如大数据的可视化展现、希望用 HTML5 开发的移动端 App 可以更接近于原生 App 的效果等，开发中暴露出的问题也越来越多。如大量频繁的 DOM 操作造成整个页面的重绘或回流，使得页面渲染性能降低、速度变慢；又如即使 jQuery 简化了 DOM API 的操作，但当页面上需要大量操作 DOM API 时，开发会变得异常烦琐。而 MVVM 架构模式直接跳过了开发者对 DOM 的操作。

MVVM 架构模式最早出现在微软的 WPF 框架设计理念中，主要用来简化传统 Winform 框架在开发用户界面时由事件驱动带来的各种强耦合。前端 jQuery 框架也是使用事件驱动来操作 DOM 的，而 MVVM 架构模式是遵循数据驱动理念来进行程序设计的。

MVVM 整体架构由 Model、View、ViewModel 三部分构成。Model 代表数据模型，可定义数据修改和操作的业务逻辑；View 代表 UI 组件，负责将数据模型转换成 UI 展现出来；ViewModel 则是同步 View 和 Model 的专用模型。View 和 Model 之间通过 ViewModel 进行交互，并且二者的同步工作完全自动，不必手动操作 DOM。因此 MVVM 架构实现了数据与视图的分离，并通过数据来驱动视图，封装 DOM 操作，将数据和视图的绑定变成自动化的操作，开发者无须关注页面上大量的 DOM 操作，也无须关注数据状态的同步问题，复杂的数据状态维护完全由 MVVM 架构来统一管理，如图 1-3 所示。

图 1-3　MVVM 架构模式

2．从事件驱动模式到数据驱动模式的思维转变

在 Web 前端开发中从事件驱动模式到数据驱动模式是一种编码思维的转变，这点对于从 jQuery 开发到 Vue 开发很关键。只有思维转变过来，才能很快上手使用 Vue 框架。

图 1-4（a）所示为在事件驱动模式下，开发者直接通过设计 DOM 来构建页面，使用 JavaScript 来绑定事件。系统得到事件侦听结果后，更新 UI。而在数据驱动模式下，只需设计整个页面的数据结构，无须过了考虑 UI 的更新和事件的侦听。

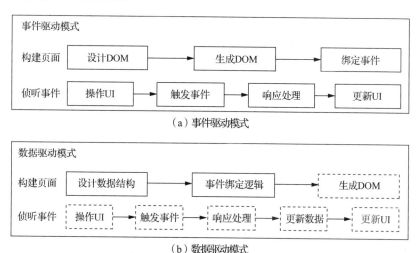

图 1-4　事件驱动模式与数据驱动模式对比

< 5 >

1.3 Vue 的学习方法

本节首先介绍学习 Vue 所需的预备基础知识，如 HTML、CSS、JavaScript 等，其次介绍所需开发工具的下载与安装、插件安装的方法。

1.3.1 Vue 前置知识的准备

1. HTML

HTML（hypertext markup language，超文本标记语言）是由不同元素组成的用于创建网页内容与结构的标准标记语言。

（1）一个完整的 HTML 文档结构

```html
<!DOCTYPE html>
<html>
<head>
    <meta charset="UTF-8">
    <title>一个完整的 HTML 文档结构</title>
</head>
<body>
    <p>这是一个 p 元素</p>
</body>
</html>
```

上述代码构成了一个完整的 HTML 文档结构（网页结构），将其保存为 index.html 文件，然后用浏览器打开即最简单的网页。一个完整的 HTML 文档结构说明如图 1-5 所示。

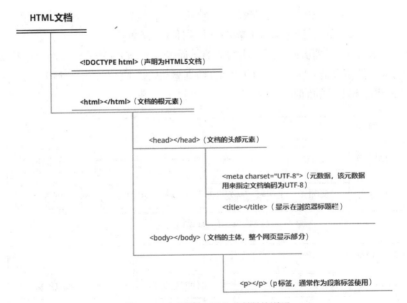

图 1-5　一个完整的 HTML 文档结构说明

（2）HTML 元素

元素是 HTML 文档基本的组成部分，由开始标签到结束标签中的所有代码组成。如图 1-6 所示，本书只列出 HTML 文档中常用的元素供读者快速了解，具体元素详细属性和使用方式请参照官方文档。

< 6 >

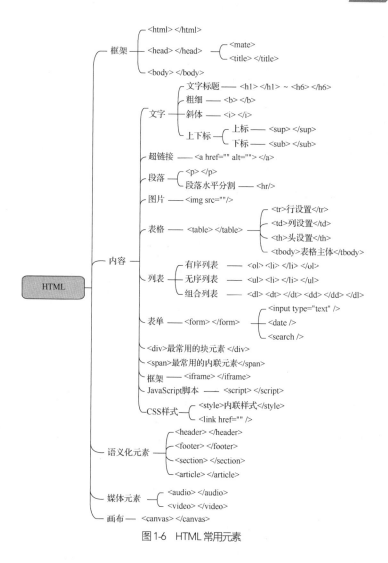

图 1-6　HTML 常用元素

2. CSS

CSS 中文名为层叠样式表，其目的是使网页变得美观，符合设计师对页面设计的要求。它主要控制 HTML 文件中所有元素的整体布局、位置、颜色和大小，并可以将内容分为多列，或者添加动画过渡等装饰效果。

（1）CSS 选择器

CSS 样式是通过 CSS 选择器来对 HTML 文档中的元素进行设置的。常用的选择器有 id 选择器、class 选择器、元素选择器等。另外，选择器是有优先级的，读者可自行查阅官方文档。

（2）在 HTML 文档中引用 CSS

在 HTML 文档中有三种引用 CSS 的方式，如下。

① 外部样式表。

```
<link rel="stylesheet" type="text/css" href="mystyle.css">
```

- link：外部样式引用 HTML 标签。
- rel="stylesheet"：必不可少的属性。
- type：指定样式类型。
- href：引用 CSS 样式文件的路径。

< 7 >

② 内部样式表。

```
<style type="text/css"></style>
```

直接在 HTML 文档的 header 元素中使用 style 标签定义即可。

③ 内联样式。

```
<p style="background-color:#000;color:#fff "></p>
```

直接在 HTML 文档的元素（如 p 元素）中使用 style 属性定义即可。

（3）CSS 属性

如图 1-7 所示，本书总结了 CSS 样式中的常用属性，供读者开发页面时参考。

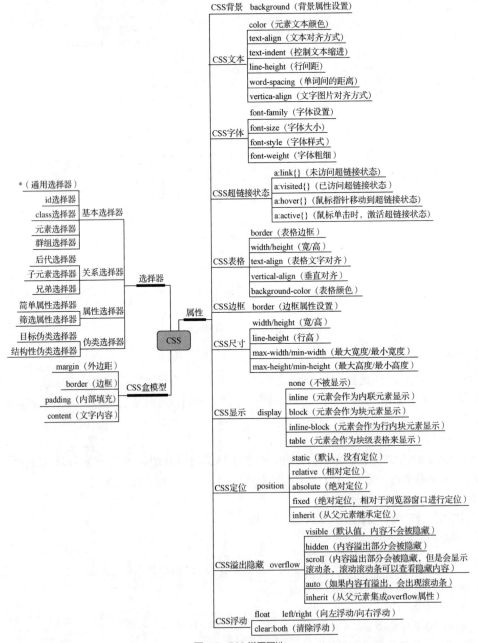

图 1-7　CSS 常用属性

< 8 >

3．JavaScript

JavaScript 简称 JS，是一种轻量级的、面向对象的编程语言，它既能在浏览器中控制页面交互，又能在服务器中作为服务后台提供服务。因此 JavaScript 是一种全栈式的编程语言，也是当前十分流行、应用十分广泛的脚本语言，尤其在 Web 开发领域有着举足轻重的地位，掌握 JavaScript 是成为一名优秀 Web 前端工程师的必备技能之一。有关 JavaScript 的具体内容，请读者参考专业 JavaScript 书籍。

1.3.2　开发工具介绍

"工欲善其事，必先利其器"，选择一款合适的 Vue 开发工具会让效率大大提升。目前 Web 前端开发使用最多的开发工具非 VS Code 莫属。

VS Code（Visual Studio Code）是一款由微软公司开发且跨平台的免费源代码编辑器。它支持语法高亮、代码自动补全、代码重构、代码定义查看功能，并内置 Git 以及强大的命令行终端和丰富的扩展功能。因此使用 VS Code 能高效、轻松开发大部分语言项目。

1．VS Code 下载与安装

我们可通过官网下载 VS Code。由于其跨平台的特性，官网中提供了 Windows、Linux、macOS 等多个平台的安装包。读者可以根据需要自行选择下载。下载后打开 VS Code 欢迎界面，效果如图 1-8 所示。

图 1-8　VS Code 欢迎界面

2．VS Code 插件安装

VS Code 的强大之处在于通过它可以找到几乎所有开发需要的工具并安装，安装方法如图 1-9 所示。

3．适用于 Vue 3 的 VS Code 插件推荐

（1）Volar 插件

曾经使用过 VS Code 进行 Vue 2 开发的读者一定不会对 Vetur 插件感到陌生，作为 Vue 2 配套的 VS Code 插件，Vetur 的主要作用是对 Vue 文件组件提供语法高亮、语法支持以及语法检测。

随着 Vue 3 发布，Vue 官方推荐用 Volar 插件来代替 Vetur 插件。Volar 插件不仅支持 Vue 3 语法高亮、语法检测，还支持 TypeScript 和基于 Vue-tsc 的类型检测功能。Volar 插件如图 1-10 所示。

但需要注意的是，若已安装 Vetur 插件，要先禁用 Vetur 插件，以避免冲突。

（2）Vue VS Code Snippets 插件

Vue VS Code Snippets 插件，如图 1-11 所示，为开发者提供简单、快捷的生成 Vue 代码片段的方法，通过各种快捷键就可以在 Vue 文件中快速生成各种代码片段。该插件被认为是 Vue 3 开发必备 "神器"。

< 9 >

图 1-9　VS Code 插件安装方法

图 1-10　Volar 插件

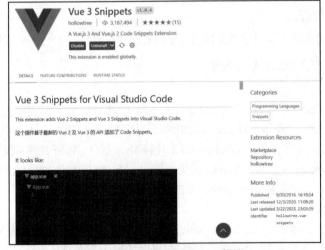

图 1-11　Vue VS Code Snippets 插件

< 10 >

（3）Vite 插件

Vite 插件如图 1-12 所示。该插件在打开项目后，就能自动启动开发服务器，允许开发者无须离开编辑器即可预览和调试应用，支持一键启动、构建和重启项目。

图 1-12　Vite 插件

1.4　Vue 3 的特点

Vue 最主要的特点就是响应式机制、模板及对象式的组件声明语法，而 Vue 3 对这些特点及整个架构进行了全新的设计。Vue 3 的特点如下。

1. 速度更快

Vue 3 与 Vue 2 相比，重写了虚拟 DOM 的实现，优化了编译模板，加上了更高效的组件初始化等。这些升级使其性能相比 Vue 2 提高了 1.3～2 倍，SSR 服务器渲染速度提高了 2～3 倍。

2. 体积更小

通过 Webpack 的 tree-shaking 功能，可以将无用的模块"剪辑"，仅打包需要的模块。

3. 更易维护

Vue 3 引入一种全新的编写 Vue 组件的方式，即组合式 API（Composition API），可与现有的选项式 API（Options API）一起使用，也可以灵活地进行逻辑组合和复用。

4. 更好的 TypeScript 支持

Vue 3 是基于 TypeScript 编写的，可以享受到自动的类型定义提示。

1.5　本章小结

本章详细介绍了 Web 前端框架之一 Vue 及其诞生背景。只有深入了解技术发展史，才能深刻体会到 Web 前端开发技术的巨变，从而理解开发思维的转变，即从 jQuery 事件驱动思维转变到 MVVM 架构的数据驱动思维上来。这是学习 Vue 前端应用开发最关键的地方。

< 11 >

本章还介绍了学习 Vue 所需的一些前置基础。读者一定要先了解 HTML、CSS、JavaScript 的知识，才能更好地学习 Vue。本章的一些概念性内容对于初学者来说可能是从未接触过的，但是不影响后续对 Vue 3 的学习。

习题

一、判断题

1. Vue 是一款用于构建用户界面的渐进式框架，具有快、轻、易维护、多原生支持等特点。
（　　　）

2. Vue 是由美籍华人尤雨溪开发的 Web 前端框架，是唯一由华人开发的 Web 前端框架。 （　　　）

3. Volar 是 Vue 3 的官方推荐插件，用于取代 Vue 2 的 Vetur 插件，支持 Vue 3 语法高亮、语法检测以及 TypeScript 和类型检测功能。
（　　　）

4. Vue 3 相比 Vue 2，除了速度更快和体积更小外，还引入了组合式 API，更易维护和提供更好的 TypeScript 支持。
（　　　）

二、选择题

1. Vue 的核心是（　　　）。
   A. 模板引擎　　　　B. 数据驱动　　　　C. DOM 操作　　　　D. 事件侦听

2. 以下（　　　）不是 Vue 3 的特点。
   A. 速度更快　　　　B. 体积更小　　　　C. 更易维护　　　　D. 增加 jQuery 支持

3. Vue 的 MVVM 架构中，ViewModel 的作用是（　　　）。
   A. 定义数据模型　　　　　　　　B. 将数据模型转换为 UI 展现
   C. 实现业务逻辑　　　　　　　　D. 控制数据流动

4. Vue 3 中使用的新特性组合式 API 的作用是（　　　）。
   A. 数据绑定　　　　B. 组件声明　　　　C. 逻辑组合和复用　　　　D. 模板编译

5. MVVM 架构模式是一种（　　　）编程思维，它将数据与视图的绑定变成了自动化的操作，开发者无须关注大量的 DOM 操作和数据状态的同步问题。
   A. 数据驱动　　　　B. 事件驱动　　　　C. 过程驱动　　　　D. 结构驱动

三、简答题

1. 简述在什么项目场景下可以使用 Vue 框架。
2. 简述 Web 前端开发从 jQuery 框架向 Vue 框架转变的原因。
3. 简述从 jQuery 框架向 Vue 框架转变的最关键的地方在何处。
4. 简述什么是 MVVM 架构模式。

< 12 >

第 2 章　第一个 Vue 项目实例

本章主要介绍 Vue 项目开发所需要的环境及工具，并通过一个简单的项目实例使读者了解项目从创建、运行到构建的全过程。通过对本章的学习，读者需要重点理解工程化 Vue 项目开发流程的全貌，并学习开发环境的搭建。详细的开发知识将在后文中介绍。

2.1　搭建开发环境

搭建开发环境

本节将介绍企业级 Vue 项目开发中所需的 Node.js 工具的安装步骤，以及 Vue 官方发布的浏览器调试插件 Vue Devtools 的安装，该插件可以极大地提高 Vue 应用的调试效率。

2.1.1　安装 Node.js

1. Node.js 与 Vue 的关系

Node.js 是一个开源、跨平台的 JavsScript 运行时环境。它能让 JavaScript 脱离浏览器直接在服务端运行，因此它几乎是任何类型项目的流行环境。

当直接在 HTML 文档中引用 Vue 文件时，无须使用 Node.js。但当与 Vue 一起配合使用的第三方 JavaScript 库或者框架（如 Vue Router 等）增多后，每一个文件都从 HTML 文档中引入就很不方便了。因此需借用 Node.js 中的 npm 包管理工具来管理包的引入。

Node.js 与 Vue 的关系，究其本质还是如第 1 章所述，是一次思维的转变。如今的前端开发已不再是写出 HTML 和 CSS 再辅以 JavaScript 页面交互编程那样简单了，新的概念层出不穷，诸如前端工程化、模块化（如 Vue 模块化）、组件化、预编译、双向数据绑定、路由（如 Vue Router）、状态管理、SSR、前后端分离等。这些新技术在不断应对前端项目增加的复杂度、优化的开发模式和改变的编程思想。因此 Node.js 也是为之服务的基石。

2. 安装 Node.js

首先通过官网下载 Node.js，下载界面如图 2-1 所示。

图 2-1　Node.js 下载界面

本书以 Windows 操作系统为例，下载界面中有两个版本，其中 LTS 是长期支持的稳定版本，Current 是当前最新的版本。建议选择 LTS 版本下载并安装。Node.js 安装时，已集成"Tools for Native Modules"模块，如果安装时具有良好的网络环境且计算机磁盘大于 5 GB，则可以选中它，因为它集成了后期需要用到的"Node-gyp"模块。对于该模块，读者可根据需要自行选择，如图 2-2 所示。

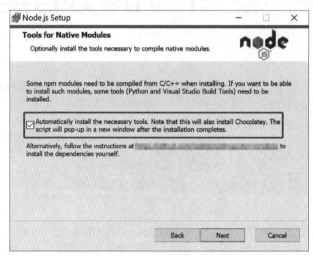

图 2-2　Tools for Native Modules

当选择安装"Tools for Native Modules"模块后，在 Node.js 安装结束窗口关闭时，会自动打开"Windows PowerShell"窗口，继续安装"Tools for Native Modules"模块。该安装过程的等待时间会较长，当出现图 2-3 所示的提示重启计算机时，说明已经安装完成。

图 2-3　Tools for Native Modules 安装结束

3. 查看 Node.js 版本

通过 Windows 自带的 CMD 命令提示符工具可以查看 Node.js 和 npm 包管理工具是否安装成功以及对应版本信息。由于之前系统已经安装了编辑器 VS Code，因此，我们还可以通过在 VS Code 终端面板执行相应命令来查看 Node.js 版本。这个终端面板在后期项目执行命令行时会经常用到。

首先，打开 VS Code，选择"终端"→"新建终端"就可以打开终端面板，如图 2-4、图 2-5 所示。

< 14 >

图 2-4　新建终端

图 2-5　终端面板

其次，在终端面板中分别执行命令"node -v"和"npm -v"，如果 Node.js 和 npm 安装成功，即可显示其版本信息，如图 2-6 所示。

2.1.2　安装 Vue Devtools

在开发 Vue 项目时，常常需要调试程序。调试环境推荐使用 Chrome 浏览器或者微软公司的 Edge 浏览器配合 Vue Devtools 插件。

图 2-6　查看 Node.js 及 npm 版本信息

Vue Devtools 是 Vue 官方发布的浏览器调试插件，由 Vue 之父尤雨溪及 Vue 核心团队成员纪尧姆·周（Guillaume Chau）开发。其使用流畅，可以安装在 Chrome 和 Edge 等浏览器上，其中用 Chrome 浏览器安装会有些麻烦，请参照官方文档。

本小节以用 Edge 浏览器安装 Vue Devtools 为例。用 Edge 浏览器安装 Vue Devtools 比较简单，步骤如下。

（1）在 Edge 浏览器下打开 Vue Devtools 官网，然后单击界面中的 Install now 按钮，如图 2-7 所示。

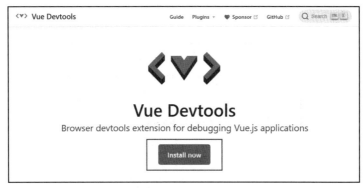

图 2-7　Vue Devtools 官网

< 15 >

（2）找到 Install on Edge 链接并单击会跳转到 Vue Devtools 的 Edge 插件界面，如图 2-8、图 2-9 所示。

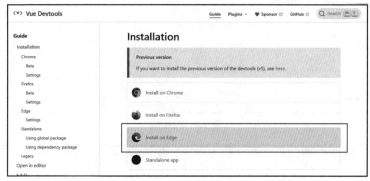

图 2-8 Installation 界面

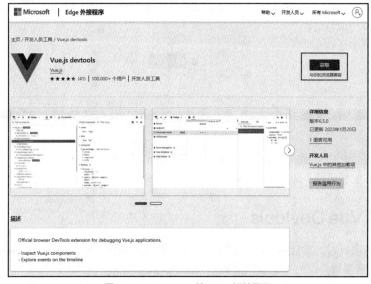

图 2-9 Vue Devtools 的 Edge 插件界面

（3）单击"获取"按钮后，会出现添加扩展的弹窗，单击"添加扩展"按钮即可开始安装 Vue Devtools 插件了。当安装成功后，浏览器右上角扩展栏中会出现 ▼ 图标，如图 2-10、图 2-11 所示。

图 2-10 添加 Vue Devtools 扩展界面

图 2-11 添加 Vue Devtools 扩展成功界面

< 16 >

需要注意的是，在完成 Vue Devtools 扩展的添加后，如果扩展栏 ▼ 图标被自动隐藏，则可以单击扩展栏上的 ⊙ 图标，再开启 Vue Devtools，如图 2-12 所示。

图 2-12　显示 Vue Devtools 扩展

之后打开基于 Vue 开发的网站时，Vue Devtools 图标会自动变成彩色的 ▼ 。Vue Devtools 的详细使用教程请参见官方文档。

2.2　创建 Vue 3 项目示例

创建 Vue 3 项目示例

在本节中将创建一个基于 Vite 的 Vue 3 单页面项目，关于 Vite 以及本节中提到的 create-vue 脚手架、Vue Router 和 Pinia 状态管理库等工具会在本书后文中详细介绍。本节中读者只需完成相应创建步骤，了解 Vue 3 项目从创建到运行部署的过程全貌即可。

2.2.1　创建一个单页面项目

创建一个 Vue 3 单页面项目的步骤如下。

（1）在资源管理器中创建名为 helloworld 的目录并进入，然后在该目录下右击，在快捷菜单中选择"通过 Code 打开"，如图 2-13 所示。这样就可以在 helloworld 目录下打开 VS Code 编辑器。

（2）在 VS Code 终端面板中输入 npm init vue@latest 命令，就会自动安装并执行 create-vue，用于创建基于 Vite 的 Vue 3 项目（create-vue 是 Vue 3 专门的脚手架工具，与 Vue 2 的 Vue-CLI 脚手架工具类似），如图 2-14 所示。

图 2-13　打开 VS Code

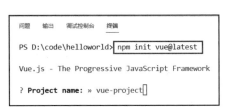

图 2-14　创建 create-vue 脚手架工具

< 17 >

（3）如果是第一次执行上述命令，会出现"Ok to proceed? (y)"提示，输入"y"，create-vue 脚手架工具就会自动执行以创建 Vue 3 项目，在此期间会有可选功能提示，读者可自行选择，当出现"Done. Now run:"提示时，说明项目已经创建成功，如图 2-15 所示。

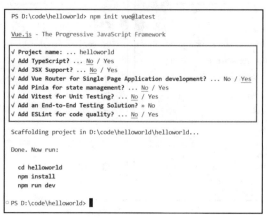

图 2-15　项目创建成功界面

图 2-15 中各功能提示的解释如下。

- Project name：helloworld（创建项目的名称）。
- Add TypeScript：No（是否添加 TypeScript，本书采用 JavaScript 作为开发语言）。
- Add JSX Support：No（是否添加 JSX，在函数渲染方式时使用）。
- Add Vue Router for Single Page Application development：Yes（是否添加 Vue Router 路由组件）。
- Add Pinia for state management：No（是否添加 Pinia 状态管理库）。
- Add Vitest for Unit Testing：No（是否添加 Vitest 单元测试框架）。
- Add an End-to-End Testing Solution：No（是否添加端到端的测试方法）。
- Add ESLint for code quality：No（是否添加代码检测工具，正常为了项目的代码质量是需要添加的，但是由于本书重点关注的是对 Vue 3 的学习，因此暂时不添加）。

2.2.2　运行及构建项目

1. 运行 HelloWorld 项目

在 2.2.1 小节中通过 create-vue 脚手架工具成功创建了一个基于 Vite 构建工具的包含 Vue Router 的 Vue 3 项目。整体项目结构可以在 VS Code 的资源管理器中查看，如图 2-16 所示。整体项目结构会在下一节中详细介绍。

图 2-16　HelloWorld 整体项目结构

运行所创建的 HelloWorld 项目的步骤如下。

（1）在终端面板执行 cd helloworld 命令进入项目根目录后，执行 npm install 命令安装项目依赖包，如图 2-17 所示。

（2）执行 npm run dev 命令运行 Vite 提供的拥有"热更新"（HMR）功能的开发服务器，如图 2-18 所示。

（3）当出现"Local: http://127.0.0.1:XXXX"提示时，说明开发服务器启动成功。根据提示可以将地址复制到 Edge 浏览器或者 Chrome 浏览器中以打开项目首页，如图 2-19 所示（或者直接在 VS Code 的"终端"中将鼠标指针移动到 Local 地址上，使用"Ctrl"+单击，也是可以自动打开系统默认浏览器访问页面的）。

< 18 >

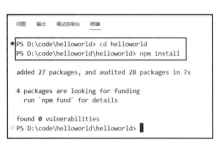

图 2-17 安装项目依赖包

图 2-18 启动开发服务器

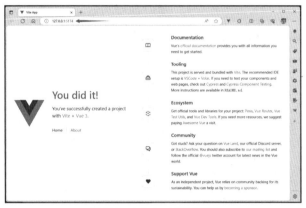

图 2-19 HelloWorld 项目首页

至此，拥有"热更新"功能的 HelloWorld 项目被成功创建并运行。所谓"热更新"功能是指开发者在 VS Code 中编写修改项目代码后，无须重启开发服务器，也无须一次次刷新浏览器。当一处代码被修改完成后，"热更新"功能会自动刷新浏览器，开发者可以实时看到项目代码修改后的效果。

2. 构建 HelloWorld 项目

项目开发完后，需要执行 npm run build 命令进行构建，然后就可以发布到正式环境中进行部署了。Vite 会自动执行 Vite build 命令来构建 HelloWorld 项目，如图 2-20 所示。

当构建成功后，会在项目根目录下自动生成一个名为 dist 的目录，将目录下的所有文件复制到项目需要运行的正式环境中即可，如图 2-21 所示。

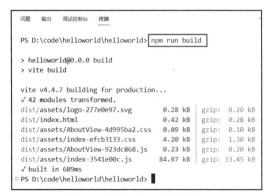

图 2-20 构建 HelloWorld 项目

图 2-21 构建成功后的文件

< 19 >

2.3 详解 HelloWorld 项目

本节主要介绍 HelloWorld 整体项目结构、src 项目源文件目录以及项目主要文件源代码详解。

2.3.1 整体项目结构

本小节详细介绍 HelloWorld 整体项目结构及每个文件的功能，以方便读者对项目进行深入了解。整体项目结构详解如图 2-22 所示。

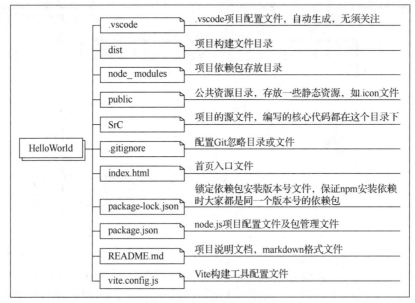

图 2-22　整体项目结构详解

2.3.2 src 项目源文件目录

整体项目结构中 src 项目源文件目录下存放的都是项目的核心文件，开发者所开发的主要代码文件都在这个目录下，如图 2-23 所示。

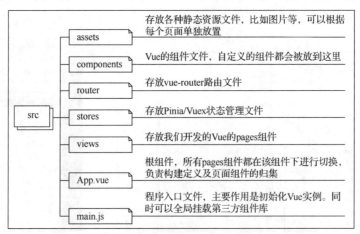

图 2-23　src 项目源文件目录详解

< 20 >

2.3.3　项目主要文件源代码详解

前面 2.3.1 和 2.3.2 两小节从项目的宏观视角介绍整个项目的内容，本小节将以代码注释的方式，解析主要文件中关键代码的含义。

1. index.html 首页入口文件

```html
<!DOCTYPE html>
<html lang="en">
  <head>
    <meta charset="UTF-8">
    <link rel="icon" href="/favicon.ico">
    <meta name="viewport" content="width=device-width, initial-scale=1.0">
    <!-- HTML 文档标题 -->
    <title>Vite App</title>
  </head>
  <body>
    <!-- Vue 文件程序通过该 ID 挂载到该页面 DOM 节点上 -->
    <div id="app"></div>
    <!-- 使用模块化方式通过标签形式引入 Vue 的入口文件 main.js -->
    <script type="module" src="/src/main.js"></script>
  </body>
</html>
```

2. main.js 文件

```js
// 导入 createApp 函数用来创建应用实例
import { createApp } from 'vue'
// 导入 createPinia 函数用来创建 Pinia 实例
import { createPinia } from 'pinia'
// 导入 Vue 根组件
import App from './App.vue'
// 导入 vue-router 路由文件
import router from './router'
// 导入 main.css 样式文件
import './assets/main.css'

// 创建应用实例
const app = createApp(App)

// 创建 Pinia 并注册成全局组件
app.use(createPinia())
// 将 router 注册成全局组件
app.use(router)

// 将创建后的实例挂载到 index.html 文件中 ID 为 app 的 DOM 节点上
app.mount('#app')
```

3. App.vue 根组件文件

```html
<!-- script setup 是 Vue 3 的全新语法糖，在 script setup 中引入的组件可以被直接使用，无须再像之前那样通过 components 注册，这点熟悉 Vue 2 开发的读者应该深有体会。对于初学者可直接按照此方式使用，本书后文还会详细介绍 setup 函数的相关内容
-->
<script setup>
```

< 21 >

```
// 引入第三方组件及自定义组件方式
import { RouterLink, RouterView } from 'vue-router'
import HelloWorld from './components/HelloWorld.vue'
</script>

<!-- Vue 模板，具体内容会在文中详细讲解 -->
<template>
  <header>
    <img alt="Vue logo" class="logo" src="@/assets/logo.svg" width="125" height="125" />

    <div class="wrapper">
      <HelloWorld msg="You did it!" />

      <nav>
        <RouterLink to="/">Home</RouterLink>
        <RouterLink to="/about">About</RouterLink>
      </nav>
    </div>
  </header>

  <RouterView />
</template>

<!-- 该页面样式 -->
<style scoped>
header {
  line-height: 1.5;
  max-height: 100vh;
}
…
</style>
```

2.4 本章小结

　　本章首先介绍了 Vue 3 项目的开发环境，包含 Node.js 环境的安装，这是前端开发工程化的基石，还包含 Vue 官方发布的浏览器调试插件的安装，该插件用于 Vue 应用的调试，可极大提高调试效率；其次介绍了第一个 Vue 3 项目的创建、运行及构建，并在本章的最后详解了 Vue 3 整体项目结构、src 项目源文件目录以及主要文件的源代码。

习题

一、判断题

1. Node.js 是用于前端开发的框架。　　　　　　　　　　　　　　（　　）
2. Vue Devtools 是用于调试 Vue 应用的浏览器插件。　　　　　　（　　）
3. Vite 是用于构建 Vue 应用的工具。　　　　　　　　　　　　　（　　）
4. Vue Router 是用于状态管理的工具。　　　　　　　　　　　　　（　　）
5. 通过 Vue Devtools 插件，用户可以实时查看 Vue 应用的状态和数据变化。（　　）

< 22 >

二、选择题

1. Node.js 是（　　　）。
   A. 一种开源的前端框架
   B. 一种跨平台的 JavaScript 运行时环境
   C. 一种数据库管理系统
   D. 一种后端服务器语言

2. 在 Windows 操作系统中安装 Node.js 时，如果选择安装 "Tools for Native Modules"，那么将（　　　）。
   A. 安装 Node.js 的最新版本
   B. 安装 Node.js 的长期支持版本
   C. 安装 Node.js 的编辑器 VS Code
   D. 安装 Node.js 的 "Node-gyp" 模块

3. Vue Devtools 是（　　　）。
   A. Vue 官方发布的浏览器调试插件
   B. Vue 的前端框架
   C. Vue 的后端服务器语言
   D. Vue 的状态管理工具

4. 以下（　　　）命令用于创建一个基于 Vite 的 Vue 3 项目。
   A. npm create-vue
   B. npm init vue@latest
   C. npm init
   D. npm create-vue@latest

5. 以下（　　　）文件是 Vue 3 项目的入口文件，用于创建 Vue 项目实例并挂载到 DOM 节点上。
   A. index.html　　　　B. main.js　　　　C. App.vue　　　　D. router.js

三、简答题

1. 简述 Vue Devtools 的作用。
2. 简述如何创建一个 Vue 3 项目。
3. 简述 index.html、main.js 和 App.vue 这三个文件之间的关系。

上机实操

请创建一个名为 first_vue3 且包含 Vue Router 和 Pinia 的项目并运行。

目标：学会利用 Vue 官方脚手架创建一个包含 Vue Router 和 Pinia 的、生态完整的 Vue 3 项目。

< 23 >

第二部分

Vue基础

开发一个 Vue 应用程序首先需要掌握如 Vue 生命周期、Vue 指令、Vue 组件、计算属性和侦听器、样式绑定和过渡动画、混入以及组合式 API 等基础知识。理解 Vue 生命周期的概念可以使开发者更好地管理组件的状态和数据、调试和诊断组件问题以及优化应用程序性能。Vue 指令是 Vue 框架的核心之一，只有熟练掌握 Vue 指令的用法和使用场景，才能自如开发 Vue 项目。Vue 组件是构建用户界面的核心概念之一。另外能够根据 Vue 提供的两种响应式数据处理方式（即计算属性和侦听器）来灵活处理数据变化，能够轻松地为应用程序添加各种视觉效果和动画以提升用户体验，能够运用 Vue 3 的组合式 API 进行直观的代码组织、代码复用、类型推导和 IDE 支持，以及更好地进行代码测试，这些都是 Vue 开发中所必备的基础技能。

因此本部分共包含以下 7 章 Vue 基础内容。

第 3 章　Vue 生命周期

第 4 章　Vue 指令

第 5 章　Vue 组件

第 6 章　计算属性和侦听器

第 7 章　样式绑定和过渡动画

第 8 章　混入

第 9 章　组合式 API

学完本部分内容，读者应该能够理解并掌握 Vue 整个生命周期及生命周期钩子函数的运用；能够熟练掌握内置指令和自定义指令的用法和使用场景；熟练掌握组件的注册和使用、Props 与组件间通信、插槽、组件间切换以及内置组件的应用；能够根据应用具体需求，熟练选择合适的方式即计算属性和侦听器来处理数据变化；能够使用 Vue 的样式绑定和过渡动画功能为应用程序添加各种视觉效果和动画；能够熟练运用 Vue 3 中的组合式 API，使用 setup 函数和函数式来组织代码，进行更细粒度的控制和更好的 IDE 支持，避免命名冲突。最终读者可以更高效、灵活地构建界面美观、可维护和可扩展的 Vue 应用程序。

第 **3** 章 Vue 生命周期

在 Vue 中，每个组件实例都有一个完整的生命周期。生命周期是指 Vue 实例从创建到销毁的过程，它包含一系列钩子函数，这些钩子函数会在不同的时刻被自动调用，使开发者有机会在不同的阶段添加自己的逻辑代码。

生命周期中所包含的这些函数可以用于完成初始化、数据的预处理、页面的渲染以及清理等工作。通过生命周期函数，开发者可以更好地掌握 Vue 实例的整个生命周期，从而更好地掌握整个应用程序的状态变化和进行生命周期管理。

3.1 生命周期函数

生命周期函数

为使读者对 Vue 生命周期有一个更清晰的认识，本节将介绍 Vue 的生命周期钩子函数及其使用场景，并以表格形式进行 Vue 2 与 Vue 3 的生命周期钩子函数对比。

3.1.1 钩子函数详细描述与使用场景

Vue 的生命周期函数通常指的是 "钩子函数"，是可以使用户操作生命周期的函数。具体函数如下。

1．setup

详细描述：在 Vue 3 组件的配置选项中新增了一个新的生命周期函数即 setup 函数。setup 函数会在组件实例创建之前被调用，它可以用来初始化组件的状态、定义响应式数据和方法等。在 setup 函数中，用户可以使用 reactive、ref、computed 等函数创建响应式数据。

使用场景如下。

（1）设置组件的响应式状态

在 setup 函数中使用 reactive 和 ref 函数来创建响应式状态，这些状态将自动与模板中使用到的变量绑定起来，一旦状态发生变化，模板也会自动更新。

（2）引入外部模块

在 setup 函数中使用 import 语句来引入外部模块，如 Axios、Lodash 等模块。这样可以在组件中轻松地使用这些模块，而不需要在每个组件中都单独引入一遍。

（3）注册事件

在 setup 函数中使用 onMounted、onUpdated、onUnmounted 等钩子函数来注册组件的生命周期事件。这样可以在组件生命周期的不同阶段执行特定的操作。

（4）提取重复逻辑

在 setup 函数中定义一些常用的函数或者逻辑，然后在组件中重复调用。这样可以提高代码的复用性和可维护性。

2．beforeCreate

详细描述：在 Vue 2 中，beforeCreate 函数在生命周期中是在实例创建之后、数据响应式化之前被调用的。但在 Vue 3 中，由于 setup 函数已经在组件实例创建之前被调用，其作用与 beforeCreate 函数的作用类似，而且 setup 函数可以用来调用 Vue 3 中的组合式 API，进而更灵活地组织组件代码逻辑，因此 setup 函数的使用会更多、更普遍。

使用场景：可以在此钩子函数中添加一些需要在实例初始化前执行的逻辑，如初始化一些全局状态等。

3．created

详细描述：在 Vue 2 中，created 函数在生命周期中是在组件实例创建之后、数据响应式化之前被调用的。该函数被调用后可以访问组件的响应式数据，还可以进行一些初始化操作。但在 Vue 3 中，由于 setup 函数也可以完成类似功能，因此为方便起见一般直接使用 setup 函数。

使用场景：可以在此钩子函数中执行一些初始化操作，如获取数据、初始化计时器等。

4．beforeMount

详细描述：在 Vue 2 中，beforeMount 函数用于在组件挂载到页面之前进行一些操作。它在组件挂载之前被调用，此时组件已经经过编译，但尚未挂载到页面上。在 Vue 3 中新增了 onBeforeMount 函数，它的操作和 beforeMount 的类似，但是在 setup 函数内使用。

使用场景：可以在此钩子函数中进行一些 DOM 操作，如获取页面元素、设置样式等。

5．mounted

详细描述：mounted 函数是 Vue 2 中的生命周期钩子函数，在 Vue 3 中被保留下来，用于在组件挂载到 DOM 之后执行一些操作。在 Vue 3 中，mounted 钩子函数功能可以通过 onMounted 函数来实现。

使用场景：可以在此钩子函数中进行一些与 DOM 相关的操作，如获取 DOM 元素的位置、尺寸等信息，或者与其他组件进行交互。在 Vue 3 中由于 onMounted 函数是只在组件挂载到页面之后执行一次的操作，因此当需要在组件更新之后执行一些操作时，应使用 onUpdated 钩子函数。

6．beforeUpdate

详细描述：beforeUpdate 函数是 Vue 2 中的生命周期钩子函数，在 Vue 3 中被保留下来，用于在组件更新之前执行一些操作。在 Vue 3 中 beforeUpdate 钩子函数功能可以通过 onBeforeUpdate 函数来实现。

使用场景：可以在此钩子函数中进行一些组件更新前的准备工作，如计算更新前后的差异等。

7．updated

详细描述：updated 函数是 Vue 2 中的生命周期钩子函数，在 Vue 3 中被保留下来，用于在组件更新之后执行一些操作。在 Vue 3 中，updated 钩子函数的功能可以通过 onUpdated 函数来实现。

使用场景：可以在此钩子函数中进行一些与 DOM 相关的操作或者发送网络请求等异步操作。

8．onBeforeUnmount

详细描述：onBeforeUnmount 函数是 Vue 3 中新引入的生命周期钩子函数之一，它与 Vue 2 中的 beforeDestroy 钩子函数相似，在组件卸载之前被调用，用于在组件卸载之前执行一些操作，进行一些组件卸载前的准备工作。

使用场景：可以在此钩子函数中执行一些在实例销毁前需要处理的逻辑，如清除定时器、取消事件侦听器等。

9．onUnmounted

详细描述：onUnmounted 函数也是 Vue 3 中新引入的生命周期钩子函数之一，在组件实例卸载之后被

< 26 >

调用。

　　使用场景：可以在此钩子函数中清除 DOM 节点、销毁插件或服务、取消事件侦听器和进行其他资源的订阅。

3.1.2　Vue 2 与 Vue 3 生命周期钩子函数对比

　　Vue 3 与 Vue 2 相比，变化较大，既兼容 Vue 2 语法，又引入了全新的"组合式 API"概念，生命周期钩子函数也发生了一些变化。为了使读者对 Vue 3 有一个更清晰的认识，表 3-1 中对 Vue 2 与 Vue 3 的生命周期钩子函数进行了对比。

表 3-1　Vue 2 与 Vue 3 的生命周期钩子函数对比

Vue 2 的生命周期钩子函数	Vue 3 的生命周期钩子函数
beforeCreate	setup
created	（在 Vue 3 中并没有取消 beforeCreate 函数和 created 函数，只是 setup 函数是在它们之前运行的，其功能又与它们实现的功能类似，所以在开发时可以用 setup 函数来代替这两个生命周期钩子函数）
beforeMount	onBeforeMount
mounted	onMounted
beforeUpdate	onBeforeUpdate
updated	onUpdated
beforeDestroy	onBeforeUnmount
destroyed	onUnmounted

3.2　生命周期代码示例

　　本节直接使用代码来展示生命周期钩子函数的使用方式。示例代码如下。

```
<template>
  <div>
    <h1>{{ message }}</h1>
  </div>
</template>

<script>
import { ref, onBeforeMount, onMounted, onBeforeUpdate, onUpdated, onBeforeUnmount,
onUnmounted, onActivated, onDeactivated, onErrorCaptured } from 'vue';

export default {
  name: 'LifecycleDemo',
  props: {
    msg: String,
  },
  setup(props, context) {
    const message = ref(props.msg);
    console.log('setup');

    onBeforeMount(() => {
      console.log('before mount');
    });
```

< 27 >

```
    onMounted(() => {
      console.log('mounted');
    });

    onBeforeUpdate(() => {
      console.log('before update');
    });

    onUpdated(() => {
      console.log('updated');
    });

    onBeforeUnmount(() => {
      console.log('before unmount');
    });

    onUnmounted(() => {
      console.log('unmounted');
    });

    onActivated(() => {
      console.log('activated');
    });

    onDeactivated(() => {
      console.log('deactivated');
    });
    return {
      message,
    };
  },
  beforeCreate() {
    console.log('before create');
  },
  created() {
    console.log('created');
  },
  beforeMount() {
    console.log('before mount');
  },
  mounted() {
    console.log('mounted');
  },
  beforeUpdate() {
    console.log('before update');
  },
  updated() {
    console.log('updated');
  },
  beforeUnmount() {
    console.log('before unmount');
  },
  unmounted() {
    console.log('unmounted');
  },
  activated() {
    console.log('activated');
  },
  deactivated() {
    console.log('deactivated');
  },
```

< 28 >

```
errorCaptured(err, vm, info) {
    console.error('Error captured:', err, vm, info);
  },
};
</script>
```

在示例代码中出现了两个新的生命周期钩子函数 activated 与 deactivated，它们在 keep-alive 组件被激活的时候才会被调用，因此在 3.1 节中并没有介绍。

在该示例代码中，首先一个名为 LifecycleDemo 的组件被创建，并传递了一个名为 msg 的属性。然后在 setup 函数中，我们通过 ref 函数创建了一个名为 message 的响应式数据，并将传递的 msg 属性赋值给它。

其次，示例代码中使用 Vue 3 提供的生命周期钩子函数来处理组件的生命周期。在 setup 函数中，我们使用 onBeforeMount 和 onMounted 生命周期钩子函数分别在组件即将挂载和挂载完成时输出相应的信息。也可以使用 Vue 2 中的 beforeMount 和 mounted 生命周期钩子函数来处理相同的任务，但在 Vue 3 中建议使用 onBeforeMount 和 onMounted 生命周期钩子函数。

接下来，使用 onBeforeUpdate 和 onUpdated 生命周期钩子函数分别在组件即将更新和更新完成时输出相应的信息。同样，也可以使用 Vue 2 中的 beforeUpdate 和 updated 生命周期钩子函数来完成这些任务。

使用 onBeforeUnmount 和 onUnmounted 生命周期钩子函数分别在组件即将卸载和卸载完成时输出相应的信息。同样，也可以使用 Vue 2 中的 beforeDestroy 和 destroyed 生命周期钩子函数来完成这些任务。

示例代码中还使用 onActivated 和 onDeactivated 两个生命周期钩子函数分别在组件被激活和失活时输出相应的信息。这两个生命周期钩子函数通常与 keep-alive 组件一起使用，用于处理组件的缓存和复用。

最后，我们使用 errorCaptured 生命周期钩子函数来捕获组件中出现的错误。当组件中发生错误时，控制台会输出相应的错误信息。这个生命周期钩子函数通常用于处理一些全局错误，例如网络请求失败或者接口返回的数据格式错误。

需要注意的是，在 Vue 3 中，beforeCreate 和 created 生命周期钩子函数被 setup 函数替代，并在 setup 函数中被使用，而 beforeDestroy 和 destroyed 生命周期钩子函数分别被改名为 onBeforeUnmount 和 onUnmounted 生命周期钩子函数。此外，一些生命周期钩子函数被废弃或者移除了，如 activated 和 deactivated 生命周期钩子函数在 Vue 3 中被废弃，可以使用 onActivated 和 onDeactivated 钩子函数代替它们。

3.3　本章小结

本章首先介绍了 Vue 的生命周期钩子函数及其使用场景，然后以表格形式进行 Vue 2 与 Vue 3 的生命周期钩子函数对比，使读者对生命周期有更清晰的认识，最后以示例代码来展示整个生命周期的执行顺序。读者可以按照示例代码在编辑器中实际运行查看，这样更能加深对生命周期的理解。虽然这一章内容较少，但理解 Vue 组件的生命周期钩子函数对于编写高质量、高性能的 Vue 应用程序是非常重要的。掌握生命周期钩子函数还可以使开发者更好地管理组件的状态和数据、调试和诊断组件问题以及优化应用程序性能。

习题

一、判断题

1. 在 Vue 中，每个组件实例都有一个完整的生命周期，包含一系列钩子函数，这些钩子函数会在不同的时刻被自动调用。　　　　　　　　　　　　　　　　　　　　　　　　　（　　）

< 29 >

2. 在 Vue 3 中，新增的生命周期函数 setup 会在组件实例创建之前被调用，用于初始化组件的状态、定义响应式数据和方法等。（　　）

3. 在 setup 函数中可以使用 reactive、ref、computed 等函数创建响应式数据。（　　）

4. 在 Vue 3 中，beforeCreate 和 created 生命周期钩子函数被废弃，推荐使用 setup 函数代替它们。（　　）

5. 在 Vue 3 中，onUnmounted 钩子函数在组件卸载之后被调用，可用于清除 DOM 节点、销毁插件或服务、取消事件侦听器和进行其他资源的订阅。（　　）

二、选择题

1. Vue 的生命周期是指（　　）。
   A. 组件的创建到销毁的过程　　　　　　B. 组件的渲染过程
   C. 组件的数据处理过程　　　　　　　　D. 组件的样式处理过程

2. 在 Vue 3 中，用于在组件实例创建之前初始化组件状态、定义响应式数据和方法的函数是（　　）。
   A. beforeCreate　　　B. created　　　C. setup　　　D. beforeMount

3. 在 Vue 3 中，setup 函数中可以使用（　　）函数来创建响应式数据。
   A. reactive　　　B. ref　　　C. computed　　　D. 以上都是

4. Vue 3 中的 onBeforeUpdate 钩子函数在（　　）被调用。
   A. 组件更新之前　　B. 组件更新之后　　C. 组件卸载之前　　D. 组件卸载之后

5. 在 Vue 3 中，可以使用（　　）钩子函数来捕获组件中出现的错误。
   A. onErrorCaptured　　B. onBeforeUpdate　　C. onMounted　　D. onActivated

三、简答题

1. 简述什么是 Vue 3 的生命周期，它有哪些阶段。
2. 简述 Vue 3 中的 setup 函数的作用。
3. 简述 mounted 钩子函数在生命周期中的哪个阶段被触发以及该函数的作用。

上机实操

创建一个包含简单组件的 Vue 3 应用程序，演示如何使用生命周期钩子函数。该组件将显示一个消息，并在一定的时间间隔后更新消息内容。

目标：学会使用 Vue 3 的生命周期钩子函数（如 onMounted 和 onUnmounted）在组件创建和销毁阶段执行任务。理解生命周期钩子函数对于在 Vue 3 应用程序中有效地管理组件状态和交互是至关重要的。

< 30 >

第 **4** 章 Vue 指令

Vue 指令是 Vue 的核心特性之一，它包含常用的内置指令和自定义指令两大功能。本章将介绍 Vue 指令的概念，并详细介绍内置指令的用法，以及通过示例展示如何创建自定义指令。通过学习本章内容，读者将掌握 Vue 指令的用法及在实际项目开发中的应用。

4.1 Vue 指令简介

Vue 指令是作用于 HTML 元素并为其添加特殊行为的语法，是以 "v-" 开头的特殊 HTML 属性，如 v-bind、v-on、v-if 等，通常会以一个表达式作为参数，并根据这个表达式的值来执行相应的操作。它应用非常广泛，可以用于实现各种各样的 DOM 操作和交互行为。以下列出 Vue 指令的一些常见的使用场景。

1. 动态渲染元素属性

v-bind 指令可以用于动态地将一个或多个属性绑定到一个表达式，例如动态绑定 CSS 样式、绑定链接、绑定 class 等。

2. 侦听 DOM 事件

v-on 指令可以用于侦听 DOM 事件并在触发时执行一些 JavaScript 代码，例如侦听按钮的 click 事件、侦听文本框的 input 事件等。

3. 条件渲染

v-if 指令可以用于根据表达式的值动态地添加或删除 DOM 元素，例如根据用户的登录状态显示不同的页面内容，根据数据是否为空显示不同的提示信息等。

4. 列表渲染

v-for 指令可以用于循环渲染一组元素，例如渲染商品列表、渲染评论列表等。

5. 双向绑定表单元素

v-model 指令可以用于对表单元素的值与 Vue 实例中的数据进行双向绑定，例如绑定文本框的值、绑定选择框的选项、绑定复选框的选中状态等。

6. 自定义指令

Vue 中还可以通过自定义指令来实现各种复杂的交互行为，例如拖曳、滚动、懒加载、过渡动画等。

总之，指令是 Vue 中非常重要的概念，可以用于实现各种各样的 DOM 操作和交互行为，使用户能够更加方便地开发各种复杂的 Web 应用。

4.2 内置指令

为了便于开发人员构建交互性强的动态应用程序，Vue 内置了一些常用的指令，这些指令是在 Vue 核心库中预定义的，可以直接在应用中使用，无须额外引入或安装。

4.2.1 条件渲染

1．v-if 指令

描述：根据条件判断是否渲染元素，如果条件不满足，则不渲染该元素。

示例代码如下。

```
<template>
  <div>
    <p v-if="isShow">这是需要显示的内容</p>
  </div>
</template>

<script>
export default {
  data() {
    return {
      isShow: true
    }
  }
}
</script>
```

2．v-else 指令

描述：与 v-if 指令搭配使用，表示如果 v-if 指令的条件不满足，则渲染 v-else 指令所在的元素。

示例代码如下。

```
<template>
  <div>
    <p v-if="isShow">这是需要显示的内容</p>
    <p v-else>这是需要隐藏的内容</p>
  </div>
</template>

<script>
export default {
  data() {
    return {
      isShow: false
    }
  }
}
</script>
```

3．v-else-if 指令

描述：与 v-if 指令和 v-else 指令搭配使用，表示如果前面的 v-if 指令或 v-else-if 指令的条件不满足，则判断当前条件是否满足，如果满足，则渲染该元素。

< 32 >

示例代码如下。

```
<template>
  <div>
    <p v-if="type === 'A'">这是类型 A 的内容</p>
    <p v-else-if="type === 'B'">这是类型 B 的内容</p>
    <p v-else-if="type === 'C'">这是类型 C 的内容</p>
    <p v-else>这是其他类型的内容</p>
  </div>
</template>

<script>
export default {
  data() {
    return {
      type: 'B'
    }
  }
}
</script>
```

4. v-show 指令

描述：根据条件判断是否显示元素，如果条件不满足，则将元素隐藏；如果条件满足，则将元素显示出来。

示例代码如下。

```
<template>
  <div>
    <p v-show="isShow">这是需要显示的内容</p>
  </div>
</template>

<script>
export default {
  data() {
    return {
      isShow: true
    }
  }
}
</script>
```

条件渲染指令被应用于模板中的元素，根据不同的条件控制元素的显示或隐藏，从而实现动态渲染的效果。需要注意的是，在使用 v-if 指令时，如果条件经常变化，会频繁地添加或删除 DOM 元素，可能会对性能造成一定的影响，此时可以考虑使用 v-show 指令来代替。

4.2.2　循环渲染

1. v-for 指令

描述：循环渲染数组或对象的元素。

2. v-for 中的 key 属性

描述：用于为每个被渲染的元素指定唯一的键，以便 Vue 可以更好地追踪每个元素的变化。

示例代码如下。

< 33 >

```
<template>
  <div>
    <ul>
      <li v-for="(item, index) in items" :key="item.id">{{ item.name }} - {{ index }}</li>
    </ul>
  </div>
</template>

<script>
export default {
  data() {
    return {
      items: [
        { id: 1, name: 'item 1' },
        { id: 2, name: 'item 2' },
        { id: 3, name: 'item 3' },
        { id: 4, name: 'item 4' }
      ]
    }
  }
}
</script>
```

在这个例子中，v-for 指令用于循环渲染 items 数组中的元素，使每个元素都被渲染成一个列表项。":key"属性用于指定每个列表项的唯一键值，以便 Vue 可以更好地追踪每个列表项的变化，提高渲染性能。

4.2.3　数据插入

1. v-text 指令

描述：v-text 指令用于将指定的数据对象的值作为文本插入元素中，可以简化模板中对于数据的输出。如下面的代码所示，我们可以使用 v-text 指令将消息文本输出到页面上。

```
<template>
  <div>
    <p>使用 v-text 指令输出普通文本: <span v-text="message"></span></p>
  </div>
</template>

<script>
export default {
  data() {
    return {
      message: 'Hello, Vue!'
    }
  }
}
</script>
```

2. v-html 指令

描述：v-html 指令用于将指定数据对象的值作为 HTML 代码插入元素中。与 v-text 指令不同，v-html 指令可以用于渲染 HTML 标签和属性。但需要注意的是，由于该指令可以执行任意的 HTML 代码，因此容易受到跨站脚本攻击（cross site scripting，XSS）的威胁，故使用时需要格外小心。最好只在可信的内容上使用，或者先使用其他方法来过滤不安全的 HTML 标签和属性。

示例代码如下。

< 34 >

```
<template>
  <div>
    <p>使用 v-html 指令输出 HTML: <span v-html="htmlMessage"></span></p>
  </div>
</template>

<script>
export default {
  data() {
    return {
      htmlMessage: '<b>Hello, Vue!</b>'
    }
  }
}
</script>
```

3. v-pre 指令

描述：v-pre 是 Vue 模板编译器中的一个指令，可以用于优化页面渲染性能，即告知编译器不需要编译当前标签及其子元素。在 Vue 的模板中，使用双花括号 {{ }} 可以绑定数据，Vue 会把这些绑定转化为相应的 JavaScript 代码，然后在页面渲染时执行这些代码。但是有时候模板中可能会包含大量的绑定，这样会影响页面渲染性能，此时，可以使用 v-pre 指令来避免编译这些标签及其子元素，从而提高页面渲染性能。

示例代码如下。

```
<template>
  <div v-pre>{{ message }}</div>
</template>
```

需要注意的是，由于 v-pre 指令会跳过当前标签及其子元素的编译过程，因此在这些标签中不能使用 Vue 的其他指令或插值表达式，否则这些指令或插值表达式会被当作普通的文本输出。

4.2.4　属性绑定

v-bind 指令

描述：v-bind 指令用于将指定数据对象的值绑定到元素的属性上，其语法比较灵活，可以通过简单的表达式或者对象来进行属性绑定。

（1）简单的属性绑定

最简单的用法是将一个变量绑定到元素的属性上，如下所示。

```
<img v-bind:src="imageSrc">
```

在这个例子中，imageSrc 是一个变量，它的值会被绑定到 img 元素的 src 属性上。v-bind 也可以缩写成一个冒号 ":"，如下所示。

```
<img :src="imageSrc">
```

（2）对象语法

通过 v-bind 指令还可以使用对象语法进行属性绑定，这样可以绑定多个属性，如下所示。

```
<button v-bind="{ id: 'myButton', class: 'btn', disabled: isDisabled }">Click me</button>
```

示例中使用一个 v-bind 对象语法来对组件 button 进行多个属性绑定，包括 id、class 和 disabled 属性。对象中的属性名即需要绑定的属性名，属性值可以是变量、表达式或者常量。例如，isDisabled 可以是一个布尔变量，它的值会被绑定到 disabled 属性上。

< 35 >

（3）缩写语法

v-bind 还有一种缩写语法，可以用于将属性绑定简化为一个简单的属性名，如下所示。

```
<button :id="'myButton'" :class="'btn'" :disabled="isDisabled">Click me</button>
```

示例中使用冒号缩写语法来绑定 id、class 和 disabled 属性，冒号后面的字符串表示需要绑定的属性名，字符串的值可以是常量或者表达式。例如，:id="'myButton'"表示将 id 属性绑定为字符串'myButton'。

需要注意的是，在绑定属性时，如果属性值是对象或者数组，则需要使用 JavaScript 表达式来进行计算和转换，如下所示。

```
<div :style="{ color: textColor, fontSize: fontSize + 'px' }">Hello, Vue!</div>
```

示例中使用对象语法来绑定 style 属性，对象中包括 color 和 fontSize 属性。textColor 和 fontSize 可以是变量或者表达式，它们的值会被计算并转换为 CSS 样式。

4.2.5 事件绑定

v-on 指令用于将事件侦听器绑定到元素上，其语法比较灵活，可以使用简单的方法调用或者内联语句来绑定事件。

（1）方法调用

最简单的用法是将一个方法绑定到元素的事件上，示例如下。

```
<button v-on:click="handleClick">Click me</button>
```

在这个例子中，handleClick 是一个方法名，在单击按钮时被调用。

"v-on"也可以缩写成一个@符号，示例如下。

```
<button @click="handleClick">Click me</button>
```

（2）内联语句

除了方法调用外，v-on 指令还支持以内联语句的方式来绑定事件，如下所示。

```
<button v-on:click="counter++">Click me</button>
```

示例中使用内联语句 counter++来绑定按钮的 click 事件。每次按钮被单击时，counter 的值会自增。需要注意的是，内联语句只能使用简单的 JavaScript 表达式定义，不能使用语句或者函数定义。

（3）事件修饰符

在事件绑定中，还可以使用事件修饰符来修改事件的行为。常用的事件修饰符如下所示。

.stop：阻止事件冒泡。

.prevent：阻止默认事件。

.capture：使用捕获模式侦听事件。

.self：只当事件在该元素本身（而不是子元素）触发时触发。

.once：只触发一次事件。

.passive：告知浏览器该事件侦听器不会调用 preventDefault 方法，可以优化滚动性能。

如下所示，可以使用.stop 修饰符来阻止事件冒泡。

```
<div @click="handleDivClick">
  <button @click.stop="handleButtonClick">Click me</button>
</div>
```

示例中，当按钮被单击时，事件会被阻止冒泡到父元素，因此 handleDivClick 方法不会被调用。

（4）按键修饰符

除了常见的鼠标事件外，v-on 指令还可以用于侦听键盘事件。使用按键修饰符可以限制事件触发的

< 36 >

条件，常用的按键修饰符如下所示。

　　.enter：Enter 键。

　　.tab：Tab 键。

　　.delete：Delete 键（注意区分 Backspace 键）。

　　.esc：Escape 键。

　　.space：Space 键。

　　.up：上箭头键。

　　.down：下箭头键。

　　.left：左箭头键。

　　.right：右箭头键。

　　.ctrl：Control 键。

　　.alt：Alt 键。

　　.shift：Shift 键。

　　.meta：Meta 键（指 Command 键或 Windows 键）。

　　如下所示，可以使用.enter 修饰符来侦听 Enter 键。

```
<input type="text" @keyup.enter="handleEnterKey">
```

　　在这个例子中，当用户在文本框中按 Enter 键时 handleEnterKey 方法会被调用。

　　（5）动态参数

　　除了常规的事件名称外，v-on 指令还支持使用表达式来动态地绑定事件名称。如下所示，可以使用一个变量来绑定不同的事件名称。

```
<button v-for="event in events" v-on:[event]="handleEvent">{{ event }}</button>
```

　　示例中，events 是一个包含多个事件名称的数组。使用 v-for 指令将数组中的每个事件名称渲染成一个按钮，并使用动态参数来将不同的事件名称绑定到 handleEvent 方法上。

　　（6）$event 对象

　　在事件处理函数中，可以通过$event 对象来访问事件的相关信息，例如事件类型、目标元素等。如下所示，在一个鼠标单击事件处理函数中，我们可以通过$event 对象来获取单击位置。

```
<div @click="handleClick($event)">Click me</div>
methods: {
  handleClick(event) {
    console.log(event.clientX, event.clientY);
  }
}
```

　　在这个例子中，$event 对象被传递给 handleClick 方法，并在方法中使用 event.clientX 和 event.clientY 属性来获取单击位置。

　　（7）修饰符顺序

　　如果一个事件绑定同时使用了多个修饰符，那么修饰符的顺序很重要。具体来说，修饰符的顺序应该遵循以下规则。

　　.capture 和.once 应该在前面。

　　.passive 应该在最后面。

　　.stop 和.prevent 可以随意排列。

　　如下所示的两个事件绑定的效果是不同的。

```
<!-- 不会阻止事件冒泡 -->
<div @click.prevent>Click me</div>
```

< 37 >

```
<!-- 会阻止事件冒泡
<div @click.stop.prevent>Click me</div>
```

（8）自定义事件

除了内置的 DOM 事件之外，Vue 还支持自定义事件。我们可以使用 v-on 指令来侦听自定义事件，使用$emit 方法来触发自定义事件。如下所示定义一个 hello 自定义事件，并在组件内触发该事件。

```
Vue.component('my-component', {
  methods: {
    sayHello() {
      this.$emit('hello', 'Hello, world!');
    }
  }
});
```

然后，如下所示在另一个组件中侦听 hello 自定义事件，并在事件触发时执行一个方法。

```
<my-component @hello="handleHello"></my-component>
methods: {
  handleHello(message) {
    console.log(message);
  }
}
```

在这个例子中，当 my-component 组件触发 hello 自定义事件时，handleHello 方法会被调用，并输出一个消息到控制台中。

（9）事件修饰符的实现原理

Vue 实现事件修饰符的原理基于事件代理。具体来说，Vue 在组件根节点上绑定了一个事件代理，然后根据修饰符的要求来判断是否需要执行事件处理函数。例如，如果我们使用.stop 修饰符来阻止事件冒泡，那么 Vue 会在组件根节点上绑定一个 click 事件，并在事件处理函数中使用 event.stopPropagation 方法来阻止事件冒泡。

这种事件代理的实现方式可以大大减少内存占用，并提高事件绑定的效率。

4.2.6　双向数据绑定

v-model 指令

描述：v-model 指令可以用于在表单控件和组件上创建双向数据绑定。在使用 v-model 时，Vue 会自动根据表单控件的类型和绑定的值来选择合适的方式进行数据绑定。

（1）绑定文本框的值

```
<template>
  <div>
    <input type="text" v-model="message">
    <p>{{ message }}</p>
  </div>
</template>

<script>
export default {
  data() {
    return {
      message: ''
    }
  }
}
</script>
```

< 38 >

示例中创建了一个文本框，并将其绑定到组件的 message 属性上。通过使用 v-model 指令，我们可以轻松地对文本框的值与 message 属性进行双向绑定。当文本框的值发生变化时，message 属性也会相应地更新。

（2）绑定单选按钮的值

```
<template>
  <div>
    <label>
      <input type="radio" value="male" v-model="gender">
      Male
    </label>
    <label>
      <input type="radio" value="female" v-model="gender">
      Female
    </label>
    <p>Gender: {{ gender }}</p>
  </div>
</template>

<script>
export default {
  data() {
    return {
      gender: ''
    }
  }
}
</script>
```

示例中创建了两个单选按钮，并将它们绑定到组件的 gender 属性上。使用 v-model 指令，我们可以轻松地对单选按钮的值与 gender 属性进行双向绑定。当单选按钮的值发生变化时，gender 属性也会相应地更新。

（3）绑定复选框的值

```
<template>
  <div>
    <input type="checkbox" id="agree" v-model="agreed">
    <label for="agree">I agree to the terms and conditions</label>
    <p>Agreed: {{ agreed }}</p>
  </div>
</template>

<script>
export default {
  data() {
    return {
      agreed: false
    }
  }
}
</script>
```

示例中创建了一个复选框，并将其绑定到组件的 agreed 属性上。使用 v-model 指令，我们可以轻松地对复选框的值与 agreed 属性进行双向绑定。当复选框的值发生变化时，agreed 属性也会相应地更新。

4.2.7 插槽

v-slot 指令

描述：v-slot 是一个用于渲染插槽内容的指令，可以将组件的插槽内容传递给子组件，让子组件渲染

< 39 >

该插槽内容。

（1）简写语法 "#"

"#" 适用于只有一个默认插槽的情况。示例代码如下。

```
<template>
  <my-component>
    <template #default>
      <div>插槽内容</div>
    </template>
  </my-component>
</template>
```

（2）完整语法 "v-slot"

适用于多个插槽或者需要指定插槽名的情况。示例代码如下。

```
<template>
  <my-component>
    <template v-slot:header>
      <div>头部插槽内容</div>
    </template>
    <template v-slot:footer>
      <div>尾部插槽内容</div>
    </template>
  </my-component>
</template>
```

在子组件中，可以通过 slot 标签来渲染父组件传递过来的插槽内容。示例代码如下。

```
<template>
  <div>
    <slot name="header"></slot>
    <div>组件内容</div>
    <slot name="footer"></slot>
  </div>
</template>
```

这样，在使用<my-component>的地方，头部插槽内容和尾部插槽内容会被渲染到相应的位置上。

4.2.8　性能提升相关指令

1. v-once 指令

描述：v-once 指令用于标记一个元素或组件，使之只被渲染一次。该指令可以用于优化页面渲染性能，避免不必要的重复渲染。在 Vue 中，当一个组件或元素的数据发生变化时，它们会被重新渲染。但是在有些情况下，例如在一些静态组件或元素中，其内容不会发生变化，这时候就可以使用 v-once 指令，让它们只被渲染一次。

示例代码如下。

```
<template>
  <div v-once>{{ message }}</div>
</template>
```

2. v-memo 指令

描述：v-memo 指令用于记住一个模板的子树，在元素和组件上都可以使用。该指令接收一个固定长

< 40 >

度的数组作为依赖值进行记忆比对。如果数组中的每个值都和上次被渲染时的值相同，则整个该子树的更新会被跳过。

示例代码如下。

```
<div v-memo="[valueA,]">
  ...
</div>
```

当组件被重新渲染时，如果 valueA 维持不变，那么对这个<div>以及它的所有子节点的更新都将被跳过。事实上，即使是虚拟 DOM 的 VNode 创建也将被跳过，因为子树的记忆副本可以被复用。

假设有个筛选条件，前端需要进行筛选，选出符合条件的数据进行展示。如果没有符合条件的，则保持上次的展示。这时就可以使用 v-memo 指令来提高页面渲染性能。示例代码如下所示。

```
<template>
  <div class="home">
    <input type="text" v-model="food">
    <!-- v-memo 中"valueA"若不发生变化，则不会进行更新 -->
    <div v-memo="[valueA]">
      ...
    </div>
  </div>
</template>
<script setup>
import { ref, watch } from "vue"

//定义一个对象
const foodObj = {
  'hb':' ',
  'nc':' ',
  'st':' ',
}

//input 绑定的值
const food = ref('hb')

//v-memo 依赖的值
const valueA = ref(0)

//如果数据发生变化，并且在 foodObj 对象中存在，视图进行更新，否则视图不进行更新
watch(()=>food.value,()=>{
  if(Object.keys(foodObj).includes(food.value)){
    valueA.value = Math.ceil(Math.random()*10000)
  }
})
</script>

<style>
.box {
  display: inline-block;
  width: 80px;
}
</style>
```

需要注意的是，当搭配 v-for 使用 v-memo 时，请确保两者都绑定在同一个元素上，或者 v-memo 在 v-for 父元素上，v-memo 不能用在 v-for 内部。

< 41 >

4.3 自定义指令

自定义指令

自定义指令用于扩展 Vue 模板语法的功能。开发者通过自定义指令能够自定义处理 DOM 的行为，从而更好地满足业务需求。本节将介绍自定义指令使用场景、创建与使用自定义指令、生命周期钩子函数，并提供一些常见的自定义指令应用示例，以方便读者理解自定义指令的功能。

4.3.1 自定义指令使用场景

自定义指令分为全局指令和局部指令两种类型。全局指令可以在整个应用程序中使用，而局部指令仅在特定 Vue 实例中使用。

以下是 3 种常见的使用场景。

1. 提供自定义行为

Vue 内置的指令，如 v-show、v-if、v-for 等，有一些常见的行为。但有时候需要自定义一些行为，如让一个元素在鼠标指针悬停时高亮显示，或者在一个元素失去焦点时触发某些事件，这时就可以通过自定义指令来实现。

2. 封装常见操作

某些操作可能会在应用中多次出现，如在一个列表中滚动到底部加载更多数据，这时我们可以把这个操作封装在一个自定义指令中，从而避免在多个组件中重复编写相同的代码。

3. 与第三方库集成

有些第三方库（如 jQuery、D3 等）可能没有 Vue 的组件库那么强大，但是我们又需要在 Vue 应用中使用这些库。此时就可以通过自定义指令来实现与第三方库的集成。

总之，使用自定义指令可以使开发人员更好地控制和操作 DOM，提高开发效率，同时也可以使代码更加清晰、易于维护。

4.3.2 创建与使用自定义指令

1. 创建自定义指令

创建自定义指令需要使用 Vue 的 directive 方法。该方法需要两个参数，即指令名称和对象，该对象包含指令的生命周期钩子函数。下面是创建全局指令的示例代码。

```
Vue.directive('my-directive', {
  mounted(el, binding) {
    //当指令挂载到元素上时做一些事情
  },
  updated(el, binding) {
    //当元素被更新时做一些事情   },
  unmounted(el, binding) {
    //当指令被从元素中移除时，做一些事情   }
})
```

示例代码中创建了一个名为 my-directive 的指令，并定义了三个生命周期钩子函数 mounted、updated 和 unmounted。这些钩子函数将在指令生命周期的不同阶段被调用，并允许用户执行自定义行为。

在指令的钩子函数中，第一个参数 el 表示指令的绑定元素，第二个参数 binding 表示指令的绑定对

< 42 >

象。绑定对象包含指令的一些信息，例如指令的值、参数和修饰符等。

2．使用自定义指令

自定义指令一旦被创建，就可以在 Vue 实例的模板中被使用。在模板中使用自定义指令，只需将指令名称添加到元素上，并使用 v-前缀。如下所示使用名为 my-directive 的指令。

```
<div v-my-directive></div>
```

当需要向指令传递参数或值时，可以在指令名称后面添加冒号，并在冒号后面添加参数或值。例如，需要向指令传递一个名为 myParam 的参数，示例代码如下。

```
<div v-my-directive:myParam="someValue"></div>
```

在指令的钩子函数中，可以使用 binding.value 属性访问传递给指令的值。同样，如果需要访问传递给指令的参数，则可以使用 binding.arg 属性访问该参数。例如，需要在 mounted 钩子函数中访问 myParam 参数，其示例代码如下。

```
Vue.directive('my-directive', {
  mounted(el, binding) {
    const myParam = binding.arg;
    const myValue = binding.value;
    …
  },
  …
})
```

除了参数和值，还可以在指令名称后面添加修饰符。例如，需要在 click 事件上使用指令，其示例代码如下。

```
<div v-my-directive.click></div>
```

在指令的钩子函数中，可以使用 binding.modifiers 属性访问修饰符。例如，需要检查是否存在 click 修饰符，其示例代码如下。

```
Vue.directive('my-directive', {
  mounted(el, binding) {
    const hasClickModifier = binding.modifiers.click;
    …
  },
  …
})
```

4.3.3　生命周期钩子函数

Vue 的自定义指令也包括多个生命周期钩子函数，允许用户在不同阶段执行自定义行为。下面是自定义指令的生命周期钩子函数。

（1）beforeMount：指令第一次绑定到元素之前时被调用。

（2）mounted：指令第一次绑定到元素时被调用。

（3）beforeUpdate：元素更新之前被调用。

（4）updated：元素更新后被调用。

（5）beforeUnmount：指令从元素上解绑之前被调用。

（6）unmounted：指令从元素上解绑时被调用。

这些钩子函数允许用户在指令的生命周期不同阶段执行自定义行为。例如，可以在 mounted 钩子函数中执行初始化逻辑，在 updated 钩子函数中执行更新逻辑，在 unmounted 钩子函数中清理资源。

< 43 >

下面是使用自定义指令的示例代码，包括必要的生命周期钩子函数。该指令会在元素上添加一个动画效果。

```
<template>
  <div v-my-animation></div>
</template>

<script>
export default {
  directives: {
    myAnimation: {
      mounted(el) {
        el.classList.add('animate');
      },
      updated(el) {
        el.classList.add('animate');
      },
      unmounted(el) {
        el.classList.remove('animate');
      },
    },
  },
};
</script>

<style>
.animate {
  animation: my-animation 1s ease-in-out;
}
</style>
```

上面的示例代码中创建了一个名为 myAnimation 的局部指令，并定义了三个生命周期钩子函数。在 mounted 和 updated 钩子函数中，animate 类被添加到元素上，以启动动画效果。在 unmounted 钩子函数中，animate 类被从元素上移除，以清理资源。

4.3.4 自定义指令应用示例

自定义指令是一个非常有用的功能，可以帮助用户轻松扩展 Vue 应用程序的功能。无论是编写小型组件还是大型应用程序，自定义指令都可以帮助用户更轻松地管理和维护代码。因此本小节提供一些常用的自定义指令应用示例，方便读者掌握自定义指令。

1. 自动聚集指令

创建：

```
Vue.directive('focus', {
  mounted(el) {
    el.focus();
  },
});
```

使用：

```
<input v-focus>
```

2. 防抖指令

创建：

```
Vue.directive('debounce', {
```

< 44 >

```
mounted(el, binding) {
  const delay = parseInt(binding.arg) || 300;
  let timeoutId;

  el.addEventListener('input', () => {
    clearTimeout(timeoutId);
    timeoutId = setTimeout(() => {
      binding.value();
    }, delay);
  });
},
});
```

使用:

```
<input v-debounce="myFunction">
```

3. 限制输入指令

创建:

```
Vue.directive('input-limit', {
  mounted(el, binding) {
    const maxLength = parseInt(binding.arg) || 10;

    el.addEventListener('input', () => {
      const value = el.value;
      if (value.length > maxLength) {
        el.value = value.slice(0, maxLength);
      }
    });
  },
});
```

使用:

```
<input v-input-limit="5">
```

4. 拖动指令

创建:

```
Vue.directive('draggable', {
  mounted(el) {
    let dragging = false;
    let x;
    let y;

    el.addEventListener('mousedown', (e) => {
      dragging = true;
      x = e.clientX;
      y = e.clientY;
    });

    el.addEventListener('mousemove', (e) => {
      if (dragging) {
        const dx = e.clientX - x;
        const dy = e.clientY - y;
        el.style.transform = `translate(${dx}px, ${dy}px)`;
      }
    });

    el.addEventListener('mouseup', () => {
```

< 45 >

```
      dragging = false;
    });
  },
});
```

使用：

```
<div v-draggable>Drag me!</div>
```

5. 权限控制指令

创建：

```
Vue.directive('permission', {
  mounted(el, binding) {
    const permission = binding.value;
    const userPermissions = ['admin', 'editor'];

    if (!userPermissions.includes(permission)) {
      el.style.display = 'none';
    }
  },
});
```

使用：

```
<button v-permission="'admin'">Delete user</button>
```

6. 单击外部隐藏指令

创建：

```
Vue.directive('click-outside', {
  mounted(el, binding) {
    const handler = (e) => {
      if (!el.contains(e.target)) {
        binding.value();
      }
    };

    document.addEventListener('click', handler);

    el._clickOutsideHandler = handler;
  },

  unmounted(el) {
    document.removeEventListener('click', el._clickOutsideHandler);
  },
});
```

使用：

```
<div v-click-outside="hideMenu">Menu</div>
```

4.4 本章小结

本章主要介绍了 Vue 中指令的概念和使用场景。Vue 指令是一种特殊的 HTML 属性，用于对 DOM 元素进行操作和绑定数据。Vue 提供了许多内置指令，如 v-bind、v-if、v-for 等，这些指令可以大大简化开发人员对 DOM 元素的操作。

< 46 >

除了内置指令，Vue 还支持自定义指令。自定义指令是 Vue 中非常强大的扩展功能，可以帮助开发者更好地满足项目的需求。

总之，Vue 指令是 Vue 框架的核心之一。开发者熟练掌握指令的用法和使用场景，可以更高效地开发 Vue 应用程序。

习题

一、判断题

1. Vue 3 中的 v-if 指令可以用于条件性地渲染 DOM 元素。　　　　　　　　（　　）
2. v-model 指令在 Vue 3 中仍然用于实现表单元素与 Vue 实例数据的双向绑定。（　　）
3. Vue 3 中的 v-show 指令与 v-if 指令的作用完全相同，可以互换使用。　　（　　）
4. v-html 指令在 Vue 3 中用于解析包含 HTML 代码的字符串，并将其渲染为 DOM 元素。（　　）
5. v-for 指令可以用于在列表渲染中遍历数组和对象。　　　　　　　　　　　（　　）

二、选择题

1. 在 Vue 3 中，（　　）指令用于条件性地渲染 DOM 元素。
   A．v-if　　　　　　　　B．v-for　　　　　　　　C．v-bind　　　　　　　　D．v-show
2. Vue 3 中的 v-for 指令主要用于（　　）。
   A．侦听 DOM 事件　　　　　　　　　　　B．实现表单元素与 Vue 实例数据的双向绑定
   C．条件性渲染 DOM 元素　　　　　　　　D．在列表渲染中遍历数组和对象
3. 在 Vue 3 中，（　　）指令用于绑定 HTML 特性到 Vue 实例数据。
   A．v-if　　　　　　　　B．v-bind　　　　　　　C．v-on　　　　　　　　D．v-model
4. Vue 3 中的 v-slot 指令主要用于（　　）。
   A．在父组件中插入子组件的内容　　　　　B．实现表单元素与 Vue 实例数据的双向绑定
   C．在列表渲染中遍历数组和对象　　　　　D．绑定 HTML 特性到 Vue 实例数据
5. 在 Vue 3 中，自定义指令的名称必须以（　　）前缀开头。
   A．v-bind　　　　　　　B．v-on　　　　　　　　C．v-　　　　　　　　　D．v-slot

三、简答题

1. 简述 Vue 指令的概念及作用。
2. 简述 v-if 与 v-show 指令的区别，以及它们都在何时被使用。
3. 简述 v-memo 指令的主要作用场景以及使用注意事项。
4. 简述如何自定义一个指令。
5. 简述自定义指令生命周期钩子函数都有哪些。

上机实操

修改第 3 章上机实操中创建的 Vue 3 应用程序，使用 Vue 3 的组合式 API 来实现指令的创建和使用。

目标：使用 Vue 3 的组合式 API 来实现指令的创建和使用。自定义指令通过函数的形式进行定义，内置指令的使用也在组合式 API 的 setup 函数中完成。理解指令的创建和使用对于开发复杂的 Vue 应用程序是非常有帮助的。

实操指导：

（1）观察页面的标题和段落的样式，看看自定义指令是否被正确应用到标题上；

（2）单击按钮切换段落的显示状态，观察内置指令 v-if 是否按预期工作。

< 47 >

第 **5** 章　Vue 组件

第 4 章介绍的"指令"是用于在 HTML 中添加特殊行为的语法，来实现 DOM 操作和 UI 交互。本章所要介绍的"组件"是 Vue 中将 HTML 模板以及 JavaScript 封装在一起，用来构建用户界面（UI）的、可复用的代码块。

本章将详细介绍组件的注册、组件的使用、Props 与组件间通信、插槽、组件间切换和内置组件。通过学习本章内容，读者需要重点掌握如何使用组件轻松构建用户界面。

5.1　组件简介

当使用 Vue 进行应用开发时，组件是构建用户界面的基本单位。组件是一种可复用的、自包含的代码模块，具有独立的功能和样式。它用于将模板、逻辑和样式封装在一起，使开发者可以通过组合不同的组件来构建复杂的用户界面。

在 Vue 中，组件可以看作自定义元素，每个组件都有自己的模板、数据、方法和样式。它们可以接收输入数据，称为 Props，用于定制组件的行为和外观。组件还可以通过事件和触发函数来与父组件或其他组件进行通信。

组件的优点在于其模块化和可复用性。通过将界面分解为多个组件，开发人员可以更好地组织代码、提高可维护性，并在不同的上下文中重复使用组件。

Vue 组件的基本特性如下。

1. 模板

组件通过编写模板（Template）来定义其结构和外观。模板可以使用 Vue 的模板语法，包括插值、指令和事件绑定等，用以描述组件的渲染结果。

2. 数据

组件可以拥有自己的数据（Data）对象，用于存储和管理组件内部的状态。数据可以通过响应式系统实现双向绑定，使得数据的变化能够自动更新到组件的视图。

3. 方法

组件可以定义方法（Method）来处理用户的交互或执行其他业务逻辑，这些方法可以在模板中通过事件绑定调用。

4. 样式

组件允许开发者定义自己的样式（Style），使用 CSS、Sass、Less 等方式进行样式编写。此外，可以通过作用域化或 CSS 模块化来防止样式冲突。

5. 生命周期钩子函数

组件在不同的阶段会触发一系列的生命周期钩子函数，例如创建前、创建后、更新前和更新后等。开发者可以通过这些钩子函数来执行自定义逻辑，以便在不同的生命周期阶段做出相应的处理。

6. 组件通信

组件之间可以通过 Props 和事件实现通信。父组件可以向子组件传递数据和属性，子组件可以通过触发事件来通知父组件发生的变化。

下面是一个名为 MyComponent 的 Vue 组件示例代码，包含模板、脚本（Script）和样式三部分。

```
<!-- MyComponent.vue -->
<template>
  <div>
    <h2>{{ title }}</h2>
    <p>{{ message }}</p>
<button @click="incrementCounter">增加计数器</button>
<div>计数: {{ counter }}</div>
  </div>
</template>

<script>
import { ref } from 'vue';

export default {
  name: 'MyComponent',
  setup() {
    const title = '欢迎使用 Vue 3 组件';
    const message = '这是一个简单的组件示例';
    const counter = ref(0);

    const incrementCounter = () => {
      counter.value++;
    };

    return {
      title,
      message,
      counter,
      incrementCounter,
    };
  },
};
</script>

<style scoped>
h2 {
  color: blue;
}
button {
  background-color: #4CAF50;
  color: white;
  padding: 10px;
  border: none;
  cursor: pointer;
}
</style>
```

在模板中，使用了 Vue 的模板语法，通过双向数据绑定的方法绑定 title 和 message 的数据（该语法见第 4 章介绍），并使用@click 事件侦听器绑定了 incrementCounter 方法。

< 49 >

脚本部分使用了 ref 函数来创建响应式数据 counter，并在 incrementCounter 方法中通过修改 counter 的值来实现计数器的增加。

样式部分使用了 scoped 修饰符，使样式只作用于当前组件，避免了样式的冲突。

上述示例展示了一个简单 Vue 组件的基本结构和使用方式，我们可以通过在其他地方引入和使用 MyComponent 来展示与这个组件的交互。

注意：上述代码中使用了 Vue 3 中组合式 API 的 setup 函数来替代 Vue 2 中的 data 和 methods 选项。组合式 API 内容会在后文中详细介绍。示例效果如图 5-1 所示。

图 5-1　组件示例

5.2 注册组件与使用组件

在 Vue 中，注册组件是指将组件声明和定义后，使其可在应用程序中被使用的过程。注册组件是将组件与 Vue 应用程序关联起来的关键步骤，通过注册组件来创建、渲染和处理特定的组件。

通常情况下，组件注册包括以下几个步骤。

1. 创建组件

在 Vue 中，可以使用选项式 API 或者组合式 API 来定义组件。组件定义包括组件的数据、方法、计算属性、生命周期钩子函数等。

2. 注册组件

组件定义完成后，需要将其注册到 Vue 应用程序中，以便在应用程序的其他地方使用。为方便引用，一般在注册组件时为组件指定一个名称。

3. 使用组件

一旦组件注册完成，就可以在 Vue 应用程序的模板或其他组件中使用该组件。通过组件名称，可以在模板中使用自定义的 HTML 标签形式或 Vue 的特殊语法（如<component>标签或动态组件）来引入组件。

5.2.1　注册组件

在 5.1 节中我们学习了如何创建一个 Vue 组件，本小节将详细介绍 Vue 中注册组件的两种方式。

1. 全局注册

在 main.js 入口文件中通过 app.component 方式进行组件全局注册，这样该组件在整个应用程序中可用。示例代码如下。

```
// 全局注册示例
import { createApp } from 'vue';
import App from './App.vue';
import MyComponent from './components/ MyComponent.vue';

const app = createApp(App);

app.component('MyComponent', MyComponent);

app.mount('#app');
```

< 50 >

注意事项：在大型项目中全局注册组件会使项目中的组件依赖关系变得不那么明确，如在父组件中使用子组件时，不容易定位子组件的实现位置，这样可能会影响应用长期的可维护性。因此，项目中只有公用组件使用全局注册，其他组件建议使用局部注册。

2．局部注册

由于组件本身就是可以复用和嵌套使用的，因此在其他组件中可以直接注册需要使用的另一个组件，注册的组件只能在当前组件可用。使用 components 字段来局部注册组件，使该组件仅在当前组件中可用。示例代码如下。

```
// 局部注册示例
import MyComponent from './components/ MyComponent.vue';

export default {
  components: {
    MyComponent,
  },
  // 组件的其他属性
};
```

3．自动全局注册

在 Vue 3 中，可以通过 app.component 方法来实现全局组件批量自动注册功能，这样就省去了一个个手动注册的麻烦，提高开发效率。示例代码如下。

```
import { createApp } from 'vue';
import App from './App.vue';

const app = createApp(App);
// 使用 import.meta.glob 动态导入组件文件
const componentFiles = import.meta.glob('./components/Component/*.vue');
// 遍历组件文件并注册全局组件
for (const path in componentFiles) {
  if (Object.prototype.hasOwnProperty.call(componentFiles, path)) {
    const name = path.match(/\.\/components\/Component\/(.*)\.vue$/)[1];
    const component = (await componentFiles[path]()).default;
    app.component(name, component);
  }
}
app.mount('#app');
```

在上面示例中，首先将全局组件放在了一个名为 components 的目录下，并且每个组件的文件名以 Component 开头、以.vue 结尾。其次，遍历匹配的组件文件，并使用正则表达式从路径中提取组件名称。最后，通过 await componentFiles[path]方法获取组件的默认导出，并使用 app.component 方法将其注册为全局组件。

注意：import.meta.glob 是使用 Vite 构建工具时才用到的，其返回的是一个异步函数，因此需要使用 await 关键字来等待组件的导入和注册过程完成。如果项目使用的是 Webpack，那么需要使用 require.context 来获取指定目录下的所有文件。

5.2.2　使用组件

1．全局组件

当使用全局注册组件成功后，就可以在项目中的任何地方使用该组件。

< 51 >

（1）创建一个 Vue 3 项目，并在项目的根目录下创建一个名为 components 的文件目录，用于存放全局组件。

（2）在 components 文件目录中创建一个名为 GlobalComponent.vue 的文件，并定义一个简单的全局组件。示例代码如下。

```
<template>
  <div>
    <h1>This is a global component.</h1>
    <p>{{ message }}</p>
  </div>
</template>

<script>
export default {
  data() {
    return {
      message: 'Hello from the global component!'
    };
  }
};
</script>
```

（3）在应用的入口文件 main.js 中实现全局组件的自动注册。示例代码如下。

```
import { createApp } from 'vue';
import App from './App.vue';

const app = createApp(App);
// 使用 import.meta.glob 动态导入组件文件
const componentFiles = import.meta.glob('./components/*.vue');
// 遍历组件文件并注册全局组件
for (const path in componentFiles) {
  if (Object.prototype.hasOwnProperty.call(componentFiles, path)) {
    const name = path.match(/\.\/components\/(.*).vue$/)[1];
    const component = (await componentFiles[path]()).default;
    app.component(name, component);
  }
}
app.mount('#app');
```

（4）在应用的模板中使用全局组件。打开 App.vue 文件，并在模板中使用全局组件的标签。示例代码如下。

```
<template>
  <div>
    <h1>Hello Vue 3!</h1>
    <GlobalComponent ></GlobalComponent>
  </div>
</template>
<script>
import GlobalComponent from './components/GlobalComponent.vue';
export default {
  components: {
    GlobalComponent
  }
};
</script>
```

在示例中首先导入了全局组件 GlobalComponent，其次在 components 选项中注册了该组件，最后在模板中以<global-component>标签来使用全局组件。

< 52 >

2．局部组件

在实际项目开发中，局部注册的组件更为常见。下面详细介绍局部注册组件的方式。

（1）创建一个 Vue 3 项目，并在需要使用局部组件的文件中进行局部注册。

（2）在需要注册组件的组件文件中，使用 import 导入组件。示例代码如下。

```
<template>
  <div>
    <h1>Hello Vue 3!</h1>
    < LocalComponent ></LocalComponent >
  </div>
</template>

<script>
import LocalComponent from './LocalComponent.vue';

export default {
  components: {
    LocalComponent
  }
};
</script>
```

示例中从./LocalComponent.vue 文件中导入了 LocalComponent 组件，并在 components 选项中进行了局部注册。

（3）创建一个局部组件文件。在需要注册的局部组件的组件文件相同的目录下，创建一个名为 LocalComponent.vue 的文件，并定义局部组件的内容。

```
<template>
  <div>
    <h2>This is a local component.</h2>
    <p>{{ message }}</p>
  </div>
</template>

<script>
export default {
  data() {
    return {
      message: 'Hello from the local component!'
    };
  }
};
</script>
```

上述示例中定义了一个简单的局部组件 LocalComponent，并在模板中进行使用。

综上步骤所示，在需要使用组件的文件中，使用 import 导入组件，并在 components 选项中进行局部注册，然后在模板中使用该局部组件的标签。以这种方式可以更好地控制组件的作用域，并将组件仅用于特定的组件中。

5.3　Props 与组件间通信

Props 属性是在 Vue 中用于父组件向子组件传递数据的一种机制。本节将详细介绍 Props 的优势以及组件间是如何通信的。

< 53 >

5.3.1 Props

Props 属性允许在父组件中定义数据，并将这些数据作为 Props 传递给子组件，在子组件中可以使用这些 Props 来渲染内容或执行其他操作。

使用 Props 的优势包括以下几项。

1. 数据流的单向性

Props 的传递是单向的，从父组件传递给子组件，这种单向数据流使应用程序的数据流动更可控和可预测。

2. 组件的复用性

通过将数据作为 Props 传递给子组件，可以在不同的上下文中复用子组件，因为子组件可以根据接收到的 Props 来显示不同的内容。

3. 分离关注点

通过使用 Props，父组件负责管理数据，子组件负责显示和使用这些数据，这样可以更好地分离关注点，使代码更易于维护。

在 Vue 3 中，使用 Props 的方式与 Vue 2 中的相似，但有一个重要的改变，即 Vue 3 中 Props 是由 defineComponent 函数定义的。示例代码如下。

```
import { defineComponent } from 'vue';

export default defineComponent({
  props: {
    message: String,
    count: {
      type: Number,
      default: 0
    }
  },
  …
});
```

在父组件中使用子组件时，可以通过属性传递数据。示例代码如下。

```
<template>
  <ChildComponent :message="parentMessage" :count="parentCount" />
</template>

<script>
import ChildComponent from './ChildComponent.vue';

export default {
  components: {
    ChildComponent
  },
  data() {
    return {
      parentMessage: 'Hello',
      parentCount: 10
    };
  }
};
</script>
```

在子组件中，可以通过 Props 对象来访问传递的数据。示例代码如下。

< 54 >

```
import { defineComponent, PropType } from 'vue';

export default defineComponent({
  props: {
    message: {
      type: String,
      required: true
    },
    count: {
      type: Number as PropType<number>,
      default: 0
    }
  },
  …
});
```

需要注意的是，使用 defineComponent 来定义 Props 时，类型可以通过 PropType 指定。

5.3.2　组件间通信

组件间通信

项目开发中各个组件间通信是必不可少的，Vue 提供了多种组件通信方式。本小节将详细介绍各个组件间通信的方式以及应用场景。

1. Props

应用场景如下。

父组件向子组件传递属性来通信。该属性介绍见 5.3.1 小节。

2. 自定义事件

应用场景如下。

（1）子组件向父组件通信。子组件通过自定义事件将一些重要的事件或数据传递给父组件。

（2）兄弟组件间通信。父组件作为中介，一个子组件通过自定义事件将数据传递给父组件，父组件再通过 Props 将数据传递给另一个子组件。

自定义事件用于子组件向父组件发送消息或通知某个特定事件的发生。子组件通过 $emit 方法触发自定义事件，并可以传递额外的数据。父组件可以在子组件上通过 v-on 指令或简化的 "@" 符号来侦听自定义事件，并在相应的处理函数中响应事件。

子组件的示例代码如下。

```
<template>
  <button @click="notifyParent">Click me</button>
</template>
<script>
export default {
  methods: {
    notifyParent() {
      this.$emit('custom-event', 'Some data')
    }
  }
}
</script>
```

父组件的示例代码如下。

```
<template>
  <child-component @custom-event="handleEvent"></child-component>
</template>
```

< 55 >

```
<script>
export default {
  methods: {
    handleEvent(data) {
      console.log('Received event with data:', data)
    }
  }
}
</script>
```

父组件通过侦听子组件的 custom-event 事件来调用 handleEvent 方法，并传递子组件触发事件时携带的数据。

3．Provide/Inject

应用场景如下。

跨层级组件通信。祖先组件通过 Provide 提供数据，后代组件通过 Inject 注入数据，这样可以实现祖先组件向所有后代组件传递数据。其适用于在需要深层嵌套的组件中共享数据或配置信息。

祖先组件的示例代码如下。

```
<template>
  <child-component></child-component>
</template>
<script>
import { provide } from 'vue'
export default {
  setup() {
    const sharedData = 'Shared data'
    provide('sharedData', sharedData)
  }
}
```

后代组件的示例代码如下。

```
<template>
  <div>{{ injectedData }}</div>
</template>
<script>
import { inject } from 'vue'
export default {
  setup() {
    const injectedData = inject('sharedData')
    return {
      injectedData
    }
  }
}
</script>
```

祖先组件通过 Provide 提供名为 sharedData 的数据，后代组件通过 Inject 注入同名的数据，并在组件中使用。通过这种方式，祖先组件的数据可以被任何后代组件访问。

4．refs

应用场景如下。

（1）访问子组件的属性和方法。在父组件中使用 ref 属性引用子组件，可以通过.value 来访问子组件的属性和方法。这样开发者可以直接调用子组件的方法或访问其数据，以实现组件间的通信和协作。

（2）访问 DOM 元素或组件实例。除了访问子组件，refs 还可以用来获取组件中的 DOM 元素或组件实例。这样对于需要直接操作 DOM 或访问组件实例的情况非常有用，例如手动触发某个 DOM 事件或直

< 56 >

接调用组件实例上的方法。

（3）表单操作和验证。在表单处理中，可以使用 refs 来直接访问表单元素，例如重置表单字段或验证表单输入。通过引用表单元素的 ref 属性，即可在需要的时候直接访问表单元素的属性和方法。

（4）访问第三方库或插件。在 Vue 3 中使用第三方库或插件时，有时需要直接操作库或插件提供的实例或元素。通过使用 refs 引用相关的元素或实例，就可以在需要时直接调用第三方库或插件的方法，以实现更灵活的集成和交互。

当需要在 Vue 3 组合式 API 中使用 refs 进行组件间通信时，可以按照如下步骤进行操作。

（1）在需要引用的组件上使用 ref 属性，给它一个唯一的名称。例如，在一个父组件中，可以给子组件添加一个 ref 属性。示例代码如下。

```
<template>
  <child-component ref="childRef"></child-component>
</template>
```

（2）在父组件中，可以通过.value 来访问子组件的实例，并使用之前定义的 ref 名称来引用子组件。示例代码如下。

```
<script>
…
export default {
  setup() {
    const childRef = ref(null)
    onMounted() {
    //现在可以访问子组件的属性和方法
        childRef.value.someMethod()
    }
    return {
      childRef
    }
  }
}
</script>
```

注意事项：

（1）在访问 refs 之前，确保子组件已经被渲染并且 ref 属性已经被赋值。

（2）当在组件中使用 v-if 或 v-for 等指令动态生成子组件时，refs 的更新可能会有延迟，因为 Vue 需要在 DOM 中创建组件实例后才能将其添加到 refs 中。

尽管 refs 在某些情况下很便于使用，但请注意，它主要用于组件之间的引用和通信，而不应该被滥用。如果可能，应该优先使用 Vue 的响应式数据流和组件通信机制（如 Props 和 Events）来实现组件间的数据传递和通信。

5．Pinia

应用场景如下。

（1）跨组件状态共享。当多个组件需要共享相同的状态时，Pinia 的组件通信功能可以用于使这些组件共享同一个状态存储，并在状态更新时保持同步。这样，无论哪个组件修改了状态，其他组件都能立即感知到状态的变化。

（2）父子组件通信。Pinia 的组件通信功能使得父组件与子组件之间能够进行有效的通信。子组件可以通过访问共享的状态来获取数据或者修改状态，而父组件可以通过触发相应的动作来影响子组件的行为。

（3）兄弟组件通信。Pinia 的组件通信功能还可以用于在兄弟组件之间建立通信渠道。如果两个兄弟组件需要相互协作，则可以通过共享状态或者通过订阅状态的变化来实现。

< 57 >

（4）跨路由组件通信。在复杂的应用程序中，不同路由下的组件可能需要进行通信。Pinia 的组件通信功能可以用于让跨路由的组件通过共享状态来交换数据或者通过动作来实现跨路由的操作。

（5）组件之间的事件传递。Pinia 的组件通信功能还可以用于传递事件，一个组件可以触发一个事件，并将事件传递给其他组件进行处理。这样可以实现组件之间的解耦和灵活的交互。

Pinia 为第三方状态管理工具，专门负责管理组件之间的状态和交互，适用于各种应用场景，包括状态共享、父子组件通信、兄弟组件通信、跨路由组件通信以及事件传递等。具体使用方式将在后文中详细介绍。

以上介绍的组件通信方式可以满足项目中所有开发需求，读者可以根据具体需求和场景选择合适的通信方式。一般来说，简单的父子组件通信可以使用 Props 和自定义事件方式，复杂的组件通信可以考虑使用 Provide/Inject 或者 Pinia 等机制。

5.4 插槽

插槽

插槽（slot）用于在父组件中向子组件传递内容。它允许在组件的模板中定义一些带有特殊用途的占位符，然后在使用组件时，通过插槽将内容注入这些占位符中。

插槽与 5.3.2 小节所介绍的组件间通信方式不同的是，使用插槽可以在父组件中传递任何类型的内容（文本、HTML 和其他组件等），并在子组件中使用它们。这样可以实现更灵活和可复用的组件设计。

在 Vue 中，插槽有三种主要类型，分别是默认插槽、具名插槽和作用域插槽。本节将分别通过代码示例详细介绍插槽的使用方法。

5.4.1 默认插槽

默认插槽是组件模板中没有具名插槽的情况下使用的插槽。它允许在组件中放置任意内容，并在使用该组件时传递内容给它。默认插槽在组件模板中使用<slot></slot>语法定义。

在子组件的模板中使用<slot></slot>来定义一个默认插槽。示例代码如下。

```
<template>
    <div>
        <h1>子组件</h1>
        <p>父组件中的内容将在这里被显示出来：</p>
        <slot></slot>
    </div>
</template>
```

在这个例子中，子组件会将插入组件标签中的任何内容渲染到<slot></slot>的位置。

在父组件中，可以通过在组件标签内部插入内容来使用默认插槽。示例代码如下。

```
<template>
  <div>
    <MyComponent>
      <p>这是父组件放置在子组件默认插槽中的内容</p>
    </MyComponent>
  </div>
</template>
```

在这个例子中，"<p>这是父组件放置在子组件默认插槽中的内容</p>"的内容将被传递到子组件的默认插槽处进行渲染。效果如图 5-2 所示。

< 58 >

```
子组件
父组件中的内容将在这里被显示出来:
这是父组件放置在子组件默认插槽中的内容
```

图 5-2　默认插槽

5.4.2　具名插槽

当一个组件中使用多个插槽时，可以使用具名插槽。具名插槽用于在组件模板中定义多个命名插槽，以方便外部组件可以选择性地向它们传递内容。具名插槽使用<slot name="slotName"></slot>语法定义，其中 slotName 是插槽的名称。示例代码如下。

子组件模板：

```html
<div>
    <h1>子组件</h1>
    <h3>具名插槽</h3>
    <p>这里将显示父组件传递 header 内容: </p>
    <slot name="header"></slot>
    <h3>默认插槽</h3>
    <p>这里将显示父组件传递的默认插槽内容: </p>
    <slot></slot>
</div>
```

父组件模板：

```html
<template>
  <main>
    <MyComponent>
      <template #header>
        <p>这是放置在 header 插槽中的内容</p>
      </template>
      <p>这是父组件放置在子组件默认插槽中的内容</p>
    </MyComponent>
  </main>
</template>
```

上面的示例中，"<p>这是放置在 header 插槽中的内容</p>"将替换到"<slot name="header"></slot>"的位置，而"<p>这是父组件放置在子组件默认插槽中的内容</p>"将替换到"<slot></slot>"的位置。效果如图 5-3 所示。

```
子组件
具名插槽
这里将显示父组件传递header内容:
这是放置在header插槽中的内容
默认插槽
这里将显示父组件传递的默认插槽内容:
这是父组件放置在子组件默认插槽中的内容
```

图 5-3　具名插槽

5.4.3　作用域插槽

作用域插槽允许子组件将其内部数据传递给父组件使用的作用域插槽，并使父组件能够根据需要渲染这些数据。示例代码如下。

作用域插槽

父组件模板：

```html
<template>
  <div>
    <child-component>
```

< 59 >

```
      <template v-slot:default="slotProps">
        <p>父组件数据: {{ slotProps.childData }}</p>
        <p>父组件按钮控件: <button @click="slotProps.childMethod">Click</button></p>
      </template>
    </child-component>
  </div>
</template>

<script>
import ChildComponent from './ChildComponent.vue';

export default {
  components: {
    ChildComponent,
  },
  data() {
    return {
      parentData: 'Hello from parent component',
    };
  },
  methods: {
    parentMethod() {
      console.log('Parent method called');
    },
  },
};
</script>
```

子组件模板：

```
<template>
    <div>
      <slot :parentData="childData" :parentMethod="childMethod"></slot>
      <p>{{ parentHanldData }}</p>
    </div>
</template>
<script>
export default {
  data() {
    return {
      childData: 'Hello from child component',
      parentHanldData: ""
    };
  },
  methods: {
    childMethod() {
      this.parentHanldData = '子组件按钮 Click 事件回调的方法'
    },
  },
};
</script>
```

　　在上面的示例中，父组件（ParentComponent）包含一个子组件（ChildComponent）。父组件中使用作用域插槽来访问子组件的数据和方法。

　　子组件通过使用<slot>元素可以将自己的数据和方法作为属性传递给作用域插槽，进而父组件即可在作用域插槽中使用子组件的这些数据和方法。

　　在父组件的作用域插槽中，我们可以访问子组件传递的数据 slotProps.childData，并将其渲染到模板中。同样，也可以调用子组件传递的方法 slotProps.childMethod。

< 60 >

这样，父组件与子组件之间就实现了数据和方法的传递，使得它们之间可以更加灵活地协同工作。效果如图 5-4 所示。

父组件数据: Hello from child component
父组件按钮控件: Click

父组件数据: Hello from child component
父组件按钮控件: Click
子组件按钮Click事件回调的方法

图5-4　作用域插槽

组件间切换

5.5　组件间切换

组件间切换在实际开发项目应用场景中非常普遍，如导航菜单、标签页/选项卡、模态框/弹窗、条件渲染以及列表渲染等。因此在 Vue 中，组件间切换可以通过条件渲染和动态组件来实现，本节将展示两种方式的代码实现。

5.5.1　条件渲染

在模板中使用 v-if 或 v-show 指令可以根据条件决定组件是否显示。当条件满足时，组件会被渲染，否则不会被渲染。

```
<template>
  <div>
    <button @click="toggleComponent">切换组件</button>
    <template v-if="showComponentA">
      <component-a />
    </template>
    <template v-else>
      <component-b />
    </template>
  </div>
</template>

<script>
import { ref } from 'vue'
import ComponentA from './ComponentA.vue'
import ComponentB from './ComponentB.vue'

export default {
  components: {
    ComponentA,
    ComponentB
  },
  setup() {
    const showComponentA = ref(true)

    const toggleComponent = () => {
      showComponentA.value = !showComponentA.value
    }

    return {
      showComponentA,
```

< 61 >

```
            toggleComponent
    }
  }
}
</script>
```

示例中使用 ref 来创建一个名为 showComponentA 的响应式变量，并将其初始值设置为 true。通过单击按钮，在 toggleComponent 方法中切换 showComponentA 的值，从而实现组件的条件渲染。

注意：在模板中使用<template>标签来包裹条件渲染的内容。使用 v-if 指令来根据条件决定是否渲染 ComponentA，使用 v-else 指令来渲染 ComponentB。

5.5.2 动态组件

组件的切换还可以通过 Vue 的动态组件来实现。动态组件可以用于通过 is 特性接收一个组件的名称或组件选项对象，然后根据该值来动态渲染不同的组件。示例代码如下。

```
<template>
  <div>
    <button @click="toggleComponent">切换组件</button>
    <component :is="currentComponent" />
  </div>
</template>

<script>
import { ref } from 'vue'
import ComponentA from './ComponentA.vue'
import ComponentB from './ComponentB.vue'

export default {
  components: {
    ComponentA,
    ComponentB
  },
  setup() {
    const currentComponent = ref('ComponentA')

    const toggleComponent = () => {
      currentComponent.value = currentComponent.value === 'ComponentA' ? 'ComponentB' :
'ComponentA'
    }

    return {
      currentComponent,
      toggleComponent
    }
  }
}
</script>
```

在 Vue 3 中，使用 ref 函数来创建响应式数据，并使用.value 访问和修改其值。将 currentComponent 定义为 ref 响应式数据，就可以在 toggleComponent 方法中修改其值，从而实现组件间的切换。

注意：在 Vue 3 中，不再需要将 data 选项作为函数返回数据对象，而是使用 setup 函数来进行组件的初始化。在 setup 函数中，定义了 currentComponent 和 toggleComponent，并通过 return 将它们暴露给模板进行使用。

< 62 >

5.6　内置组件

Vue 中提供了一些常用的、可在 Vue 应用程序中直接使用的内置组件，本节将详细介绍它们的应用场景及其代码示例。

5.6.1　Transition

Transition 为在元素插入、更新或删除时可使用的过渡效果。当需要为组件的出现和消失添加过渡效果时，可以使用<transition>组件。示例代码如下。

```
<template>
  <div>
    <button @click="toggle">Toggle</button>
    <transition name="fade">
      <p v-if="show">This paragraph will fade in and out</p>
    </transition>
  </div>
</template>

<script>
import { ref } from 'vue';

export default {
  setup() {
    const show = ref(false);

    const toggle = () => {
      show.value = !show.value;
    };

    return {
      show,
      toggle
    };
  }
};
</script>

<style>
.fade-enter-active,
.fade-leave-active {
  transition: opacity 0.5s;
}
.fade-enter,
.fade-leave-to {
  opacity: 0;
}
</style>
```

该组件是用于实现 Vue 项目中的过渡动画的、非常好用的组件，会在第 7 章中单独进行详细介绍。

5.6.2　Teleport

Teleport 用于将组件的内容移动到 DOM 中的另一个位置。当需要在组件内部的某个位置插入内容，但这些内容需要在 DOM 中的另一个位置显示时，可以使用<teleport>组件。具体示例代码如下。

< 63 >

```
<template>
  <div>
    <button @click="showModal = true">Open Modal</button>
    <teleport to="body">
      <div v-if="showModal" class="modal">
        <h2>Modal Content</h2>
        <button @click="showModal = false">Close</button>
      </div>
    </teleport>
  </div>
</template>

<script>
import { ref } from 'vue';

export default {
  setup() {
    const showModal = ref(false);

    return {
      showModal
    };
  }
};
</script>

<style>
.modal {
  position: fixed;
  top: 50%;
  left: 50%;
  transform: translate(-50%, -50%);
  background: white;
  padding: 20px;
  border: 1px solid gray;
}
</style>
```

5.6.3 Suspense

Suspense 用于在异步组件加载时显示等待状态。当有某个异步组件需要加载，并且希望在加载过程中显示等待状态时，可以使用<suspense>组件。示例代码如下。

```
<template>
  <div>
    <button @click="loadData">Load Data</button>
    <suspense>
      <template #default>
        <div v-if="loading">Loading...</div>
        <div v-else>{{ data }}</div>
      </template>
      <template #fallback>
        <div>Loading...</div>
      </template>
    </suspense>
  </div>
</template>

<script>
```

< 64 >

```
import { ref, reactive } from 'vue';

export default {
  setup() {
    const loading = ref(false);
    const data = ref(null);

    const loadData = () => {
      loading.value = true;
      // Simulating an asynchronous API call
      setTimeout(() => {
        data.value = "Data loaded successfully!";
        loading.value = false;
      }, 2000);
    };

    return {
      loading,
      data,
      loadData
    };
  }
};
</script>
```

5.6.4 Keep-alive

Keep-alive 用于缓存动态组件，以避免在切换时进行重复渲染。当有一个动态组件需要在多次切换时保留其状态并避免被重新渲染时，可以使用<keep-alive>组件。示例代码如下。

```
<template>
  <div>
    <button @click="toggleComponent">Toggle Component</button>
    <keep-alive>
      <component :is="currentComponent"></component>
    </keep-alive>
  </div>
</template>

<script>
import { ref } from 'vue';
import ComponentA from './components/ComponentA.vue';
import ComponentB from './components/ComponentB.vue';

export default {
  components: {
    ComponentA,
    ComponentB
  },
  setup() {
    const currentComponent = ref('ComponentA');

    const toggleComponent = () => {
      currentComponent.value = currentComponent.value === 'ComponentA' ? 'ComponentB' :
'ComponentA';
    };

    return {
      currentComponent,
```

< 65 >

```
        toggleComponent
    };
  }
};
</script>
```

以上是 Vue 3 中几个内置组件的应用场景和部分代码示例。读者可以根据实际需求选择合适的组件，并根据示例进行相应的配置和使用。

5.7 本章小结

组件是构建用户界面的核心概念之一。本章介绍了几个重要的主题，包括组件简介、注册组件与使用组件、Props 与组件间通信、插槽、组件间切换以及内置组件。

通过理解和掌握这些内容，开发人员可以更好地利用 Vue 3 的组件系统来构建灵活、可维护的应用程序。

习题

一、判断题

1. 在 Vue 3 中，创建组件可以使用选项式 API 和组合式 API。 （   ）
2. 在 Vue 3 中，使用组合式 API 创建的组件必须使用 setup 函数来进行配置。 （   ）
3. 在 Vue 3 中，全局注册组件使用的是 Vue.component 方法。 （   ）
4. 在 Vue 3 中，通过 defineComponent 函数定义的组件选项对象必须包含 template 属性。 （   ）
5. 在 Vue 3 中，使用组合式 API 可以更好地组织和复用组件逻辑。 （   ）

二、选择题

1. 在 Vue 3 中，组件的逻辑（   ）方式来编写。
    A. 仅能使用选项式 API
    B. 仅能使用组合式 API
    C. 既可以使用选项式 API，也可以使用组合式 API
    D. 既不能使用选项式 API，也不能使用组合式 API

2. 在 Vue 3 中，组合式 API 中用于配置组件的函数是（   ）。
    A. setup   B. createComponent   C. configure   D. defineComponent

3. 在 Vue 3 中，（   ）函数用于创建一个响应式数据引用。
    A. createRef   B. defineRef   C. ref   D. reactiveRef

4. 在 Vue 3 中，组件的 Props 选项用于（   ）。
    A. 向子组件传递数据   B. 从子组件接收数据
    C. 定义组件的模板   D. 配置组件的逻辑

5. 在 Vue 3 中，在子组件中触发父组件的自定义事件的是（   ）。
    A. this.$emit('event-name', data)   B. this.emit('event-name', data)
    C. emit('event-name', data)   D. this.$dispatch('event-name', data)

三、简答题

1. 简述组件的定义，并说明它在应用程序中的作用。

< 66 >

2. 简述在 Vue 3 中，全局注册组件和局部注册组件的区别。请举例说明何时使用何种注册方式。

3. 请解释 Vue 3 中父子组件之间的属性传递是如何实现的，并提供一个示例。

4. 解释什么是插槽，以及它在 Vue 3 组件中的作用。

5. 列举几种在 Vue 3 中实现组件间切换的方式，并说明它们的适用场景。

6. 列举 Vue 3 提供的几个常用内置组件，并说明它们的用途。

上机实操

创建一个带有表单验证和数据交互的动态表格组件。在这个实操题中，将创建一个包含多个子组件的复杂 Vue 3 应用程序，并使用组合式 API 和自定义事件来实现表格的动态添加和删除功能。

目标：创建一个复杂的 Vue 3 应用程序，包含多个子组件，并使用组合式 API 和自定义事件来实现动态表格的添加和删除功能。通过使用 Vue 3 的组合式 API，可以更清晰地组织组件的逻辑和状态，并实现复杂的数据交互和表单验证功能。掌握组件化开发和 Vue 3 的新特性能够提高代码的复用性和可维护性，使应用程序更加模块化和易于管理。

实操指导：

（1）单击 Add Column 按钮，尝试添加新的列到表格中；

（2）单击 Remove 按钮，尝试删除表格中的列。

< 67 >

第6章 计算属性和侦听器

本章标题中的"计算属性"和"侦听器"从字面上看是很抽象的概念，其实在实际项目开发中是比较常用的两个重要概念，它们用于使数据在发生变化时能够自动更新相关的依赖，进而方便更新视图。因此，本章将分别从概念、用法、使用示例等多个维度介绍这两个概念。

通过学习本章内容，读者需要深入理解计算属性和侦听器，并能够将其灵活运用于实际项目中，进而提升 Vue 3 应用程序的开发和维护能力。

6.1 计算属性

计算属性（Computed Property）是 Vue 框架中一种特殊的属性，可以用于更好地组织和管理代码，将复杂的逻辑抽象为简单且可复用的部分。本节将介绍计算属性的概念、计算属性与方法的对比、计算属性的用法和几个常用示例。

6.1.1 计算属性简介

计算属性用于根据其他响应式数据的变化进行计算，并返回一个新的值，这可以被视为对数据的衍生或派生，而不是直接存储的值。它提供了一种声明式的方式来定义数据的依赖关系，使数据在发生变化时能够自动更新计算属性的值，而无须手动进行追踪和更新。

与方法相比，计算属性具有缓存机制。当计算属性依赖的响应式数据发生变化时，计算属性会重新计算其值。但是，如果计算属性依赖的数据没有发生变化，它会立即返回之前缓存的值，而不进行重复计算。这种缓存机制能够提高性能，避免不必要的计算操作。

计算属性的语法非常简单，以一个函数的形式进行定义，函数内部可以访问和操作其他响应式数据，然后通过返回一个值来表示计算属性的结果。以下是一个计算属性的基本示例。

```
computed: {
  fullName() {
    return this.firstName + ' ' + this.lastName;
  }
}
```

示例中定义了一个计算属性 fullName，它通过将 firstName 和 lastName 拼接在一起来计算一个完整的名字。

在模板中使用计算属性非常简单，只需像访问普通属性一样使用即可，代码如下所示。

```
<div>{{ fullName }}</div>
```

每当 firstName 或 lastName 发生变化时，fullName 会自动重新计算，并在模板中更新显示。

　　因此，计算属性是一种基于其他响应式数据进行计算的属性，它提供了一种简洁且自动更新的方式来管理衍生数据的值，同时具备缓存机制以提高性能。计算属性的应用对于组织复杂逻辑、简化模板和提高代码可读性都非常重要。

6.1.2　计算属性与方法的对比

　　初学者在使用计算属性时常常会将其与方法相混淆，本小节将详细介绍二者之间的区别。

1. 语法声明

　　计算属性使用 computed 关键字进行声明，其值为一个函数。
　　方法使用 methods 关键字进行声明，其值也为一个函数。

2. 缓存机制

　　计算属性具有缓存机制，只有依赖的响应式数据发生变化时才会重新计算其值，并在下次访问时返回缓存的值。

3. 调用方式

　　计算属性可以像普通属性一样在模板中被使用，通过属性名进行访问，不需要在模板中添加额外的括号。
　　方法需要在模板中使用括号进行调用，即在方法名后添加括号，例如@click="myMethod()"。

4. 使用场景

　　计算属性适用于那些依赖其他响应式数据进行计算的场景，特别是当计算结果需要被多次访问时，可以避免重复计算。
　　方法适用于那些需要进行事件处理、执行一些操作或进行复杂计算的场景，每次调用时都会执行函数体中的代码。
　　下面的示例将展示计算属性和方法的使用方式。

```
<template>
  <div>
    <p>计算属性: {{ fullName }}</p>
    <p>方法: {{ getFullName() }}</p>
  </div>
</template>

<script>
import { computed } from 'vue';

export default {
  data() {
    return {
      firstName: 'John',
      lastName: 'Doe'
    };
  },
  computed: {
    fullName() {
      return this.firstName + ' ' + this.lastName;
    }
  },
  methods: {
    getFullName() {
```

< 69 >

```
      return this.firstName + ' ' + this.lastName;
    }
  }
};
</script>
```

在上述示例中，fullName 是一个计算属性，它根据 firstName 和 lastName 计算出完整的名字。getFullName 是一个方法，也实现了相同的逻辑。在模板中，可以直接通过属性名访问计算属性，而方法需要使用括号进行调用。

因此，计算属性适用于依赖其他响应式数据进行计算的场景，并具有缓存机制，而方法适用于执行操作和计算复杂的场景，每次调用时都会重新执行函数体中的代码。是选择使用计算属性还是选择使用方法取决于具体的应用场景和需求。

6.1.3 计算属性的用法

本小节将深入介绍计算属性的用法，包括基本用法、计算属性的依赖关系、计算属性的缓存机制以及计算属性的 getter 与 setter 函数。

1. 基本用法

在 6.1.1 小节中已经介绍了计算属性是通过 computed 关键字来定义的，其值为一个包含 getter 函数的对象。计算属性的 getter 函数将根据其他响应式数据的变化进行计算，并返回一个新的值。其示例代码如下。

```
computed: {
  propertyName() {
    // 计算属性的计算逻辑
    return /* 计算结果 */;
  }
}
```

在模板中，我们可以像访问普通属性一样使用计算属性，通过计算属性的名称进行访问，示例代码如下。

```
<div>{{ propertyName }}</div>
```

2. 计算属性的依赖关系

计算属性可以依赖于其他响应式数据，当这些数据发生变化时，计算属性会重新计算其值。Vue 会自动追踪计算属性的依赖关系，以确保在依赖的数据发生变化时，计算属性能够自动更新。

例如，在 6.1.1 小节中创建的计算属性 fullName，它依赖于 firstName 和 lastName 两个响应式数据，代码如下。

```
computed: {
  fullName() {
    return this.firstName + ' ' + this.lastName;
  }
}
```

当 firstName 或 lastName 发生变化时，fullName 会自动重新计算，并在模板中更新显示。

3. 计算属性的缓存机制

计算属性具有缓存机制，只有当计算属性依赖的数据发生变化时，它才会重新计算。然而，如果计算属性依赖的数据没有发生变化，它会立即返回之前缓存的值，而不进行重复计算。这种缓存机制可以提高性能，避免不必要的计算操作。以下是一个完整的代码示例，用于详细说明计算属性的缓存机制。

< 70 >

```
<template>
  <div>
    <p>Count: {{ count }}</p>
    <p>Double Count: {{ doubleCount }}</p>

    <button @click="incrementCount">Increment Count</button>
  </div>
</template>

<script>
export default {
  data() {
    return {
      count: 0
    };
  },
  computed: {
    doubleCount: {
      get() {
        console.log('Computing doubleCount...');
        return this.count * 2;
      },
      cache: true // 开启计算属性的缓存
    }
  },
  methods: {
    incrementCount() {
      this.count++;
    }
  }
};
</script>
```

示例中通过 data 选项创建了一个响应式数据 count，并通过 computed 关键字创建了一个计算属性 doubleCount。计算属性的 get 方法包含一个计算逻辑，即将 count 的值乘 2。

计算属性的缓存机制默认是开启的，无须额外设置。通过将 cache 选项设置为 true，即可明确地指示 Vue 开启计算属性的缓存。

模板中展示了 count 和 doubleCount 的值，并提供了一个按钮，单击按钮会递增 count 的值。当递增 count 的值时，可以看到控制台仅输出了一次 "Computing doubleCount..."，即计算属性只在第一次访问时进行了计算。当 count 的值发生变化时，计算属性会立即返回之前缓存的值，而不会重复计算。

这个示例清楚地展示了计算属性的缓存机制，它可以避免不必要的计算操作，提高性能，并确保只有计算属性依赖的数据发生变化时才重新计算。

4．计算属性的 getter 与 setter 函数

在 Vue 中，计算属性可以通过提供 getter 和 setter 函数来自定义其行为（如 6.1.2 小节代码中的 get 函数）。getter 函数用于获取计算属性的值，而 setter 函数用于设置计算属性的值。这样可以使开发者在计算属性中实现更复杂的逻辑，例如对计算属性进行监听或执行其他操作。

Vue 3 计算属性中的 getter 和 setter 函数的详细解释如下。

（1）getter 函数

① getter 函数用于获取计算属性的值。当访问计算属性时，getter 函数将被调用并返回计算属性的值。

② getter 函数没有参数，因为它只负责返回计算属性的值，而不负责执行任何其他操作。

③ 在计算属性的定义中，可以通过提供一个箭头函数或常规函数来指定 getter 函数。

< 71 >

（2）setter 函数

① setter 函数用于设置计算属性的值。当对计算属性进行赋值时，setter 函数将被调用，并传入新的值作为参数。

② setter 函数负责将新的值分配给计算属性内部使用的其他数据。这样，当修改计算属性时，实际上是在修改底层的数据。

③ 在计算属性的定义中，可以通过提供一个对象来指定 getter 和 setter 函数。

示例代码如下。

```
import { computed } from 'vue';

const myComputed = computed({
  // 这是 getter 函数
  get() {
    return someValue;
  },
  // 这是 setter 函数
  set(newValue) {
    // 执行一些操作，例如更新其他数据
    someValue = newValue;
  }
});
```

使用 getter 和 setter 函数可以使开发者在计算属性中实现更高级的逻辑。开发者可以根据需要执行各种操作，例如依赖跟踪、数据更新或触发其他响应式行为。请注意，计算属性的 setter 函数是可选的，如果不需要设置计算属性的值，可以只提供 getter 函数。

下面通过一个完整示例展示如何使用 getter 和 setter 函数来计算圆的面积和设置半径，具体示例代码如下。

```
<template>
  <div>
    <input type="number" v-model="radius" placeholder="输入半径" />
    <p>半径: {{ radius }}</p>
    <p>面积: {{ area }}</p>
  </div>
</template>

<script>
export default {
  data() {
    return {
      radius: 0
    };
  },
  computed: {
    area: {
      get() {
        return Math.PI * this.radius * this.radius;
      },
      set(newValue) {
        this.radius = Math.sqrt(newValue / Math.PI);
      }
    }
  }
};
</script>
```

< 72 >

在上述代码中，首先使用 data 选项来定义半径的初始值，然后使用 computed 关键字来定义一个名为 area 的计算属性。在 computed 选项中，使用 getter 函数来计算圆的面积，通过访问 this.radius 获取半径的当前值。在 setter 函数中，根据新的面积值反推半径值，并更新 this.radius 的值。

通过示例可以学习如何使用 getter 和 setter 函数来自定义计算属性的行为，并根据需要执行适当的逻辑。

注意事项：

① 不要在 getter 函数中做异步请求或者更改 DOM，getter 函数应只负责计算和返回该值；

② 在 setter 函数中避免直接修改依赖其本身的响应数据。

6.1.4 计算属性的使用示例

1．表单数据的计算属性

在 Vue 中，可以使用计算属性来处理表单数据。示例代码如下，展示如何在 Vue 中使用计算属性来计算表单数据。

计算属性的使用示例
（1~2）

```
<template>
  <div>
    <input v-model="firstName" placeholder="First Name" />
    <input v-model="lastName" placeholder="Last Name" />

    <p>Full Name: {{ fullName }}</p>
  </div>
</template>

<script>
export default {
  data() {
    return {
      firstName: '',
      lastName: '',
    };
  },
  computed: {
    fullName() {
      return `${this.firstName} ${this.lastName}`;
    },
  },
};
</script>
```

示例中首先声明 firstName 和 lastName 的初始值，然后使用 computed 关键字来定义计算属性 fullName，它会根据 firstName 和 lastName 的值来计算完整的姓名。

在模板中，使用 v-model 指令对文本框与 firstName 和 lastName 进行双向绑定，这样改变文本框中的值会自动更新 firstName 和 lastName 的值。然后通过插值语法 {{ fullName }} 来显示计算属性 fullName 的值，这样每当 firstName 或 lastName 的值发生变化时，计算属性 fullName 也会自动更新。

2．过滤与排序

以下示例代码将演示如何在 Vue 中使用计算属性来过滤和排序数据。

```
<template>
  <div>
    <input type="text" v-model="filterText" placeholder="Filter">
    <ul>
      <li v-for="item in filteredItems" :key="item.id">{{ item.name }}</li>
    </ul>
```

< 73 >

```
    </div>
</template>

<script>
import { ref, computed } from 'vue';

export default {
  data() {
    return {
      items: [
        { id: 1, name: 'Item 1' },
        { id: 2, name: 'Item 2' },
        { id: 3, name: 'Item 3' },
      ],
      filterText: '',
    };
  },
  computed: {
    filteredItems() {
      // 过滤数据
      const filtered = this.items.filter(item => {
        return item.name.toLowerCase().includes(this.filterText.toLowerCase());
      });

      // 按名称排序
      const sorted = filtered.sort((a, b) => {
        return a.name.localeCompare(b.name);
      });

      return sorted;
    },
  },
};
</script>
```

示例中定义了一个 items 数组和一个 filterText 变量，用于存储过滤条件。计算属性 filteredItems 通过过滤和排序操作来计算最终要显示的数据。

模板中使用一个文本框来绑定 filterText，用户可以在文本框中输入过滤条件。然后使用 v-for 指令遍历 filteredItems 计算属性的结果，并渲染每个项目的名称。

请注意，计算属性 filteredItems 在 filterText 变化时会自动更新，因为它依赖于 filterText 变量。这样过滤和排序操作会在过滤条件改变时实时更新。

3．条件渲染与样式计算

下面的示例代码将展示如何在 Vue 3 中使用计算属性来实现条件渲染和样式计算功能。

计算属性的使用示例
（3~4）

```
<template>
  <div>
    <p v-if="isRed" :style="redStyle">This is red text</p>
    <p v-else :style="blueStyle">This is blue text</p>
  </div>
</template>

<script>
export default {
  data() {
    return {
```

< 74 >

```
      isRed: true
    };
  },
  computed: {
    redStyle() {
      return {
        color: 'red',
        fontSize: '20px'
        // 其他样式属性
      };
    },
    blueStyle() {
      return {
        color: 'blue',
        fontSize: '16px'
        // 其他样式属性
      };
    }
  }
};
</script>
```

在 data 选项中定义了一个名为 isRed 的响应式数据，它控制了条件渲染的逻辑。在 computed 选项中，定义了两个计算属性——redStyle 和 blueStyle，它们根据 isRed 的值动态计算出相应的样式对象。

在模板中，使用了 v-if 和 v-else 指令来根据 isRed 的值决定显示哪个段落。对应的样式通过:style 指令动态绑定到段落元素上。这样，当 isRed 的值为 true 时，第一个段落将显示红色的文本，应用 redStyle 的样式；当 isRed 的值为 false 时，第二个段落将显示蓝色的文本，应用 blueStyle 的样式。

4．响应式图表数据

Vue 中可以使用计算属性来实现响应式图表数据的计算。计算属性是一种特殊的属性，它的值是根据其他响应式数据计算得出的，并且具有缓存机制，只有依赖的数据发生变化时，才会重新计算。下面的示例代码用于演示如何在 Vue 中使用计算属性实现响应式图表数据的计算。

```
<template>
  <div>
    <button @click="increment">增加值</button>
    <p>值: {{ value }}</p>
    <p>计算属性: {{ computedChartData }}</p>
    <chart :data="computedChartData"></chart>
  </div>
</template>

<script>
export default {
  data() {
    return {
      value: 0
    };
  },
  computed: {
    computedChartData() {
      // 在这里进行图表数据的计算
      // 可以使用 this.value 或其他响应式数据进行计算
      // 这里只是一个示例，假设图表数据是 value 的两倍
      return this.value * 2;
    }
```

< 75 >

```
  },
  methods: {
    increment() {
      this.value++;
    }
  }
};
</script>
```

在 data 选项中定义了一个响应式数据 value，并在模板中使用了 value 的当前值。使用 computed 关键字定义了一个计算属性 computedChartData，它的值是根据 value 计算得出的。

示例中假设图表数据是 value 的值的两倍。使用 methods 关键字定义了一个 increment 方法，用于增加 value 的值。当按钮被单击时，value 的值会增加，并触发计算属性 computedChartData 的重新计算。在模板中展示了 value 的当前值和 computedChartData 的值，并将 computedChartData 作为图表组件的数据属性。

需要注意的是，这里的图表组件（chart）是一个第三方组件，该代码只是为了展示可以作为响应式图表的计算属性来动态更新图表，但没有真实将图表组件引入，所以直接复制该代码，不会达到预期效果。

6.2 侦听器

侦听器（Watcher）是一种用于侦听数据变化的特殊函数。它是 Vue 响应式系统的一部分，用于观察 Vue 实例中的数据变化，并在数据发生变化时执行相应的逻辑。本节将介绍侦听器的类型、用法、常见的使用场景及示例。

6.2.1 侦听器简介

Vue 3 中的侦听器有两种形式，分别是基于选项的侦听器（Option-based Watcher）和基于函数的侦听器（Function-based Watcher）。

1. 基于选项的侦听器

在 Vue 组件的 watch 选项中，可以定义一个或多个侦听器。每个侦听器都是一个键值对，其中键是要侦听的数据属性名，值是处理变化的回调函数。示例代码如下。

```
export default {
  data() {
    return {
      message: 'Hello',
    };
  },
  watch: {
    message(newValue, oldValue) {
      console.log('message changed:', newValue, oldValue);
    },
  },
};
```

在上面的例子中，当 message 属性发生变化时，侦听器中的回调函数将被触发。回调函数接收两个参数，分别是 newValue（新值）和 oldValue（旧值）。

2. 基于函数的侦听器

Vue 3 中可以使用 watch 函数来创建基于函数的侦听器。它接收两个参数，即要侦听的数据源（可以是一个响应式对象、计算属性或 ref 属性）和一个回调函数。回调函数在数据源发生变化时被调用。示例

< 76 >

代码如下。

```
import { watch, reactive } from 'vue';

const state = reactive({
  message: 'Hello',
});

watch(
  () => state.message,
  (newValue, oldValue) => {
    console.log('message changed:', newValue, oldValue);
  }
);
```

示例中首先使用 reactive 函数创建了一个响应式对象 state，然后使用 watch 函数来侦听 state.message 的变化。当 state.message 发生变化时，回调函数将被调用。

无论是基于选项的侦听器还是基于函数的侦听器，都可以用于执行任意逻辑，例如更新其他数据、触发方法或发送网络请求等。它们为开发者提供了一种便捷的方式来响应数据的变化，并做出相应的处理。

6.2.2　侦听器的用法

本小节将以代码示例的方式介绍侦听器的常见用法，包括侦听单个数据的变化、侦听多个数据的变化、深度侦听、立即触发、接收回调函数、基于计算属性进行侦听以及取消侦听。

1. 侦听单个数据的变化

```
export default {
  data() {
    return {
      count: 0
    };
  },
  watch: {
    count(newValue, oldValue) {
      // 在 count 发生变化时执行操作
      console.log('count 发生变化', newValue, oldValue);
    }
  }
};
```

上面的示例中，当 count 的值发生变化时，侦听器会被触发，并执行相应的操作。

2. 侦听多个数据的变化

```
export default {
  data() {
    return {
      firstName: '',
      lastName: '',
      fullName: ''
    };
  },
  watch: {
    firstName(newValue, oldValue) {
      this.updateFullName();
    },
    lastName(newValue, oldValue) {
```

< 77 >

```
    this.updateFullName();
  }
},
methods: {
  updateFullName() {
    this.fullName = this.firstName + ' ' + this.lastName;
  }
}
};
```

上面的示例中有三个响应式数据，即 firstName、lastName 和 fullName。通过侦听器侦听 firstName 和 lastName 的变化，并在变化时调用 updateFullName 方法更新 fullName。

3. 深度侦听

默认情况下，侦听器只会侦听对象或数组的引用变化，而不会侦听对象或数组内部数据的变化。如果需要深度侦听对象或数组内部数据的变化，则可以使用 deep 选项。示例代码如下。

```
export default {
  data() {
    return {
      user: {
        name: 'John',
        age: 30
      }
    };
  },
  watch: {
    user: {
      handler(newValue, oldValue) {
        // 在 user 对象或其内部数据发生变化时执行操作
        console.log('user 发生变化', newValue, oldValue);
      },
      deep: true
    }
  }
};
```

上面的示例中通过将 deep 选项设置为 true，实现了对 user 对象及其内部数据的深度侦听。

4. 立即触发

默认情况下，侦听器在初始渲染时不会被调用。如果希望在组件首次被渲染时立即触发侦听器，则可以使用 immediate 选项。

```
export default {
  data() {
    return {
      count: 0
    };
  },
  watch: {
    count: {
      handler(newValue, oldValue) {
        console.log('count 发生变化', newValue, oldValue);
      },
      immediate: true
    }
  }
};
```

< 78 >

上面的示例中，侦听器在组件首次渲染时立即被调用，并执行相应的操作。

5. 接收回调函数

侦听器可以接收一个回调函数作为参数，用于在数据变化时执行自定义的操作。

```
export default {
  data() {
    return {
      count: 0
    };
  },
  watch: {
    count(newValue, oldValue) {
      this.handleCountChange(newValue, oldValue);
    }
  },
  methods: {
    handleCountChange(newValue, oldValue) {
      // 自定义操作
      console.log('count 发生变化', newValue, oldValue);
    }
  }
};
```

上面的示例中，侦听器调用 handleCountChange 方法，并将 newValue 和 oldValue 作为参数传递给该方法，以执行自定义的操作。

6. 基于计算属性进行侦听

侦听器还可以基于计算属性进行侦听。当计算属性的值发生变化时，侦听器会被触发。

```
export default {
  data() {
    return {
      firstName: 'John',
      lastName: 'Doe'
    };
  },
  computed: {
    fullName() {
      return this.firstName + ' ' + this.lastName;
    }
  },
  watch: {
    fullName(newValue, oldValue) {
      // 在 fullName 计算属性的值发生变化时执行操作
      console.log('fullName 发生变化', newValue, oldValue);
    }
  }
};
```

7. 取消侦听

在某些情况下可能需要取消侦听器的侦听，这可以通过侦听器返回的取消函数来实现。

```
export default {
  data() {
    return {
      count: 0
    };
```

< 79 >

```
  },
  watch: {
    count(newValue, oldValue) {
      // 在 count 发生变化时执行操作
      console.log('count 发生变化', newValue, oldValue);
    }
  },
  mounted() {
    // 在 mounted 生命周期钩子函数中取消侦听
    const unwatch = this.$watch('count', () => {});
    unwatch();
  }
};
```

上面的示例中，在 mounted 生命周期钩子函数中使用$watch 方法创建了一个侦听器，并通过调用返回的取消函数 unwatch 来取消侦听。

以上是 Vue 3 中侦听器的一些常见用法。通过灵活运用侦听器，开发者可以方便地侦听和响应数据的变化。

6.2.3 侦听器的使用示例

在了解侦听器的用法后，本小节将专门列举一些常用示例供读者深入理解侦听器在项目中的作用和使用场景。

侦听器的使用示例
（1～3）

1. 表单验证

开发者可以使用侦听器来侦听表单输入的变化，并在输入发生变化时执行验证逻辑，以实时验证表单字段的有效性。

```
<template>
  <div>
    <input type="text" v-model="username" />
    <p v-if="usernameError" style="color: red;">{{ usernameError }}</p>

    <input type="password" v-model="password" />
    <p v-if="passwordError" style="color: red;">{{ passwordError }}</p>
  </div>
</template>

<script>
export default {
  data() {
    return {
      username: '',
      password: '',
      usernameError: '',
      passwordError: '',
    };
  },
  watch: {
    username(newValue) {
      if (newValue.length < 5) {
        this.usernameError = '用户名长度至少为 5 个字符';
      } else {
        this.usernameError = '';
      }
    },
```

< 80 >

```
    password(newValue) {
      if (newValue.length < 8) {
        this.passwordError = '密码长度至少为 8 个字符';
      } else {
        this.passwordError = '';
      }
    },
  },
};
</script>
```

示例中，首先在组件的 data 选项中定义了 username、password、usernameError 和 passwordError 四个响应式的数据属性，然后通过 watch 选项来侦听 username 和 password 的变化，并在变化时执行相应的验证逻辑。

当用户名或密码的长度不符合要求时，将相应的错误信息赋值给 usernameError 和 passwordError，然后在模板中使用 v-if 指令来根据错误信息的存在与否显示相应的错误信息。

2. 异步操作

当某个异步操作完成后，可以使用侦听器来侦听响应式数据的变化，并在响应式数据变化时执行后续的操作，例如刷新列表、更新 UI 等。下面的示例代码演示了如何使用 watch 侦听一个异步操作。

```
<template>
  <div>
    <p>Status: {{ status }}</p>
    <button @click="startAsyncOperation">Start Async Operation</button>
  </div>
</template>

<script>
export default {
  data() {
    return {
      status: 'Idle',
    };
  },
  methods: {
    async startAsyncOperation() {
      this.status = 'Running';

      try {
        // 模拟异步操作，例如发送 HTTP 请求或执行定时任务
        await this.doAsyncOperation();
        this.status = 'Success';
      } catch (error) {
        this.status = 'Error';
        console.error(error);
      }
    },
    async doAsyncOperation() {
      return new Promise((resolve, reject) => {
        // 模拟异步操作，例如发送 HTTP 请求或执行定时任务
        setTimeout(() => {
          const random = Math.random();
          if (random < 0.8) {
            resolve('Async operation completed');
          } else {
            reject(new Error('Async operation failed'));
          }
```

< 81 >

```
      }, 2000);
    });
  },
},
watch: {
  status(newValue) {
    console.log('Status changed:', newValue);
  },
},
};
</script>
```

在上述示例中，status 是一个响应式的数据属性，用于表示异步操作的状态。当单击 Start Async Operation 按钮时，startAsyncOperation 方法会被调用。该方法首先将 status 设置为'Running'，然后执行异步操作。

异步操作使用 doAsyncOperation 方法模拟，其返回一个 Promise，并在 2s 后通过 resolve 或 reject 来模拟异步操作的成功或失败。

通过 watch 选项来侦听 status 的变化。当 status 发生变化时，回调函数会被触发，并将新的 status 值作为参数传递给回调函数。

读者可以根据需要修改该示例代码，以适应自己在开发中的具体场景和异步操作。

3. 数据联动

当多个数据之间存在依赖关系时，可以使用侦听器来侦听数据的变化，并在数据发生变化时更新其他相关的数据，以保持数据的一致性和同步。下面是简单的示例代码，将展示如何在 Vue 中使用 watch 选项来实现数据联动。

```
<template>
  <div>
    <input v-model="firstName" placeholder="First Name">
    <input v-model="lastName" placeholder="Last Name">
    <p>Full Name: {{ fullName }}</p>
  </div>
</template>

<script>
export default {
  data() {
    return {
      firstName: '',
      lastName: '',
      fullName: ''
    };
  },
  watch: {
    firstName(newFirstName, oldFirstName) {
      this.fullName = newFirstName + ' ' + this.lastName;
    },
    lastName(newLastName, oldLastName) {
      this.fullName = this.firstName + ' ' + newLastName;
    }
  }
}
</script>
```

上面的示例中使用 data 选项返回一个包含 firstName、lastName 和 fullName 字段的数据对象。然后在 watch 选项中定义了两个侦听器：一个用于侦听 firstName 字段的变化；另一个用于侦听 lastName 字段的

< 82 >

变化。每个侦听器都接收两个参数,即字段的新值和旧值。在侦听器的回调函数中,将 firstName 和 lastName 拼接成完整的姓名,并将结果赋值给 fullName 字段。最后模板中使用 v-model 指令对 firstName 和 lastName 与文本框进行双向绑定,并通过插值表达式{{ fullName }}显示 完整的姓名。

侦听器的使用示例
(4~5)

4. 响应式数据的衍生计算

通过侦听器结合计算属性,开发者可以创建基于响应式数据的衍生数据。当原始数据变化时,侦听器会自动更新衍生数据。下面的示例代码将展示如何使用 watch 选项来创建侦听器。

```
export default {
  data() {
    return {
      num1: 0,
      num2: 0,
      sum: 0
    };
  },
  watch: {
    num1(newNum1, oldNum1) {
      this.calculateSum();
    },
    num2(newNum2, oldNum2) {
      this.calculateSum();
    }
  },
  methods: {
    calculateSum() {
      this.sum = this.num1 + this.num2;
    }
  }
};
```

上面的示例中首先使用 data 选项来声明响应式数据 num1、num2 和 sum。这些数据将成为组件实例的属性,并且可以在模板中使用。

然后使用 watch 选项来创建侦听器。watch 选项是一个包含侦听器函数的对象,每个侦听器函数都会在指定的响应式数据发生变化时被调用。在示例中分别为 num1 和 num2 创建了侦听器,并在每个侦听器函数中调用了 calculateSum 方法。

calculateSum 方法是一个自定义方法,用于执行计算逻辑。它将 num1 和 num2 的值相加,并将结果赋给 sum。通过调用 this.calculateSum 方法来确保在 num1 或 num2 的值发生变化时,计算逻辑会被执行。

这里读者也许会有疑问,在 6.1 节的计算属性中也是可以实现响应式数据生成侦听的,代码如下。

```
computed: {
  sum() {
    return this.num1 + this.num2;
  }
}
```

代码中,sum 是一个计算属性,它依赖于 num1 和 num2 这两个响应式数据。每当 num1 或 num2 的值发生变化时,sum 会自动重新计算并更新。开发者可以直接在模板中使用 sum,而不需要手动调用或触发更新。

由上可知,与侦听器相比,计算属性具有更高的表达性和更直观的语法,适用于大多数简单的衍生

< 83 >

计算场景。但对于一些需要处理异步操作或需要侦听多个数据变化的场景，侦听器可能更适合。

因此，读者需要根据实际需求选择合适的方式来实现衍生计算。有时为满足更复杂的需求，也可以结合使用计算属性和侦听器。

5. 实时搜索

当用户在搜索框中输入关键词时，可以使用侦听器来侦听搜索词条的变化，并根据搜索词条实时更新搜索结果。以下示例代码将展示如何在 Vue 中实现实时搜索侦听器。

```
<script>
export default {
  data() {
    return {
      searchQuery: "",
      searchResults: [],
      items: [ // 假设的数据源
        { id: 1, name: "Item 1" },
        { id: 2, name: "Item 2" },
        { id: 3, name: "Item 3" }
        // 添加更多项目...
      ]
    };
  },
  watch: {
    searchQuery(newQuery) {
      this.searchResults = this.performSearch(newQuery);
    }
  },
  methods: {
    performSearch(query) {
      // 执行实际的搜索逻辑，返回搜索结果数组
      return this.items.filter(item => item.name.includes(query));
    }
  }
};
</script>
```

示例中首先使用 data 选项定义了 searchQuery、searchResults 和 items，其次使用 watch 函数来侦听 searchQuery 的变化，并在回调函数中执行搜索逻辑，然后定义了 performSearch 方法来执行实际的搜索逻辑，根据查询字符串过滤数据并返回结果数组。

以上是一些常见的使用场景和使用示例，但在实际使用中，侦听器在 Vue 中非常灵活，用户可以根据具体的业务需求和数据变化情况，自由地使用侦听器来处理响应式数据的变化。

6.3 本章小结

通过对本章的学习，我们可以清楚地知道，计算属性是一种在 Vue 中使用的特殊属性，它可以根据响应式数据的变化而自动更新，而不需要显式地定义更新逻辑。计算属性的使用场景包括对数据进行过滤、格式化或者进行复杂的计算操作，以便在模板中直接使用。

侦听器是 Vue 提供的另一个功能，它允许开发人员观察和响应数据的变化。侦听器提供了一种手动跟踪数据变化的方法，开发者可以定义自己的逻辑来响应数据的变化。使用场景包括在数据发生变化时执行异步操作、进行复杂的数据验证或者在特定条件下执行一些逻辑。

< 84 >

　　计算属性和侦听器存在一些区别。首先，计算属性是基于它们的依赖进行缓存的，只有当依赖发生变化时，计算属性才会重新计算，这样使得计算属性在处理复杂的计算逻辑时更高效。而侦听器则是在数据变化时被触发的，没有缓存机制。

　　计算属性使用起来更类似普通属性，可以在模板中直接被使用。而侦听器需要定义一个回调函数，并在回调函数中处理数据变化。计算属性适合处理同步的计算逻辑，而侦听器适合处理异步的、复杂的逻辑。

　　综上所述，计算属性和侦听器是 Vue 提供的两种响应式数据处理方式。计算属性通过缓存和自动更新来处理同步的计算逻辑；而侦听器提供了更灵活的响应式数据处理方式，适用于处理异步的、复杂的逻辑。读者可以根据具体的需求，选择合适的方式来处理数据变化，最终达到更好地利用 Vue 特性来构建强大的应用程序的目的。

习题

一、判断题

1. 计算属性是用来处理模板中的复杂逻辑和表达式的，而侦听器用来侦听数据的变化并在数据变化时执行自定义的逻辑。　　　　　　　　　　　　　　　　　　　　（　　）

2. 在 Vue 3 中，可以使用 computed 关键字来定义计算属性。　　　　　　　　　（　　）

3. 侦听器可以侦听单个数据属性的变化，也可以侦听多个数据属性的变化。　　（　　）

4. 使用计算属性时，应该优先考虑使用 methods 函数来替代，因为 methods 函数更加灵活和高效。　　　　　　　　　　　　　　　　　　　　　　　　　　　　　　（　　）

5. 侦听器在侦听数据变化时可以执行异步操作。　　　　　　　　　　　　　　（　　）

二、选择题

1. 以下（　　）选项描述了计算属性的特点。

　　A. 会在模板渲染时立即计算并返回结果

　　B. 值会被缓存，只有依赖的数据变化时才会重新计算

　　C. 用于侦听数据变化并执行自定义的逻辑

　　D. 用于侦听事件并执行自定义的逻辑

2. 以下（　　）选项描述了侦听器的作用。

　　A. 用于处理模板中的复杂逻辑和表达式

　　B. 值会被缓存，只有依赖的数据变化时才会重新计算

　　C. 用于侦听数据变化并执行自定义的逻辑

　　D. 用于侦听事件并执行自定义的逻辑

3. 在 Vue 3 中，计算属性的定义写在（　　）选项中。

　　A. data　　　　　　　　B. methods　　　　　　C. computed　　　　　　D. watch

4. 以下（　　）选项描述了侦听器的特点。

　　A. 可以定义为 getter 和 setter 的组合，用来实现对数据属性的双向绑定

　　B. 会在模板渲染时立即计算并返回结果

　　C. 用于侦听事件并执行自定义的逻辑

　　D. 可以执行异步操作

< 85 >

5. 在 Vue 3 中，是否可以使用侦听器侦听多个数据的变化（　　　）。
   A. 可以，但需要分别定义多个侦听器
   B. 可以，直接在一个侦听器中侦听多个数据
   C. 不可以，每个数据需要一个单独的侦听器
   D. 不可以，需要每个数据分别创建一个单独的侦听器

三、简答题

1. 创建一个计算属性，用于计算一个数组中元素的总和。
2. 创建一个计算属性，将一个字符串转换为大写。
3. 创建一个侦听器，侦听一个数据属性的变化，并在属性发生变化时输出新的值。
4. 创建一个侦听器，侦听两个数据属性的变化，并在任一属性发生变化时执行某个特定的操作。
5. 请根据自己的理解描述计算属性与侦听器的区别以及不同的使用场景。

上机实操

　　创建一个实用的 Vue 3 应用程序，其中包含一个文本框和一个按钮。用户在文本框中输入一段文字，单击按钮后，应用程序会对文本中的每个单词的长度进行计算，并显示出来。同时，使用侦听器来侦听输入文字的变化并实时更新结果。

　　目标：创建一个更实用的 Vue 3 应用程序，并使用计算属性和侦听器来实时计算输入文本中每个单词的长度，并实时显示结果。计算属性用于实时计算每个单词的长度，侦听器用于侦听输入文本的变化并实时更新结果。Vue 3 的计算属性和侦听器使得数据的处理和响应更加灵活和高效，能够帮助开发者构建更复杂的应用程序，并实现实时的数据交互和计算功能。

　　实操指导：

（1）在文本框中输入一段文字，单击 Calculate 按钮，观察每个单词的长度是否正确显示；

（2）继续输入不同的文本，观察应用程序是否实时更新每个单词的长度；

（3）单击 Calculate 按钮后再单击 Clear 按钮，观察计算结果是否被清空。

< 86 >

第 7 章 样式绑定和过渡动画

在 Vue 中，样式绑定和过渡动画对提升用户体验、增加视觉吸引力、强调重点和提供交互反馈起着重要作用。它们能够使界面更具吸引力和友好性，突出关键信息，并在用户交互时提供流畅的过渡效果，同时可与组件状态和属性进行绑定，实现动态管理。通过学习本章内容，读者需要重点掌握如何通过样式绑定和过渡动画为应用程序添加各种视觉效果和动画。

7.1 样式绑定

样式绑定的方法包括:class（v-bind:class 的缩写）和:style（v-bind:style 的缩写）两种指令。这些指令允许开发者动态地绑定 CSS 类名和内联样式到 Vue 组件或元素上。

7.1.1 :class 指令

:class 指令用于动态地绑定 CSS 类名。我们可以将对象、数组、计算属性或直接类名字符串绑定到:class 上。

1. 对象语法

通过一个对象字面量来绑定多个类名。对象的键表示类名，值表示是否应用该类名。值为 true 时，类名将被应用；值为 false 时，类名将被忽略。示例代码如下。

```
<template>
  <div :class="{ 'red': isRed, 'bold': isBold }"></div>
</template>

<script>
export default {
  data() {
    return {
      isRed: true,
      isBold: false
    };
  }
};
</script>
<style>
.red {
  color: red;
}
.bold {
  font-weight: bold;
}
</style>
```

2. 数组语法

通过一个数组来绑定多个类名。数组中的每个元素都表示一个 class 属性，它们都将被应用到 div 标签上。示例代码如下。

```
<template>
  <div :class="[colorClass, 'bold']"></div>
</template>

<script>
export default {
  data() {
    return {
      colorClass: 'red'
    };
  }
};
</script>
<style>
.red {
  color: red;
}
.bold {
  font-weight: bold;
}
</style>
```

3. 计算属性

通过计算属性动态地计算需要绑定的类名。示例代码如下。

```
<template>
  <div :class="computedClasses"></div>
</template>

<script>
export default {
  computed: {
    computedClasses() {
      return {
        'red': this.isRed,
        'bold': this.isBold
      };
    }
  },
  data() {
    return {
      isRed: true,
      isBold: false
    };
  }
};
</script>
<style>
.red {
  color: red;
}
.bold {
  font-weight: bold;
}
</style>
```

< 88 >

7.1.2　:style 指令

:style 指令用于动态地绑定内联样式，我们可以将对象、数组或计算属性绑定到:style 上。

1. 对象语法

通过一个对象字面量来绑定多个样式。对象的键表示 CSS 属性，值表示对应的属性值。示例代码如下。

```
<template>
  <div :style="{ color: textColor, fontSize: fontSize + 'px' }"></div>
</template>

<script>
export default {
  data() {
    return {
      textColor: 'red',
      fontSize: 16
    };
  }
};
</script>
```

2. 数组语法

通过一个数组来绑定多个样式对象。数组中的每个对象都表示一个样式对象，它们会被依次应用到 div 标签上。示例代码如下。

```
<template>
  <div :style="[styleObject1, styleObject2]"></div>
</template>

<script>
export default {
  data() {
    return {
      styleObject1: {
        color: 'red'
      },
      styleObject2: {
        fontSize: '16px'
      }
    };
  }
};
</script>
```

3. 计算属性

通过计算属性动态地计算需要绑定的样式对象。示例代码如下。

```
<template>
  <div :style="computedStyles"></div>
</template>

<script>
export default {
  computed: {
    computedStyles() {
```

< 89 >

```
    return {
      color: this.textColor,
      fontSize: this.fontSize + 'px'
    };
  }
},
data() {
  return {
    textColor: 'red',
    fontSize: 16
  };
}
};
</script>
```

7.1.3 动态绑定 Class

使用动态绑定的方式来设置 Class。在模板中使用三元表达式或对象属性来切换类名。

```
<template>
  <div :class="isActive ? 'active' : 'inactive'"></div>
</template>

<script>
export default {
  data() {
    return {
      isActive: true
    };
  }
};
</script>
```

7.1.4 动态绑定 Style

使用动态绑定的方式来设置 Style。在模板中使用三元表达式或对象属性来切换样式。

```
<template>
  <div :style="{ color: isActive ? 'red' : 'blue' }"></div>
</template>

<script>
export default {
  data() {
    return {
      isActive: true
    };
  }
};
</script>
```

7.1.5 动态绑定样式对象

我们可以将一个计算属性返回的样式对象绑定到:class 或:style 上，实现更复杂的样式动态绑定。

```
<template>
  <div :class="classObject" :style="styleObject"></div>
```

< 90 >

```
</template>

<script>
export default {
  computed: {
    classObject() {
      return {
        active: this.isActive,
        'text-bold': this.isBold
      };
    },
    styleObject() {
      return {
        color: this.textColor,
        fontSize: this.fontSize + 'px'
      };
    }
  },
  data() {
    return {
      isActive: true,
      isBold: false,
      textColor: 'red',
      fontSize: 16
    };
  }
};
</script>
```

以上是 Vue 中常用的样式绑定方法。读者可以根据具体的需求选择合适的方式来进行样式的动态绑定。

7.2　过渡动画

Vue 提供了一种方便的方式来实现过渡动画，即使用 transition 和 transition-group 组件。通过这些组件，我们可以很简单地实现在元素插入、更新或移除时应用过渡效果。

7.2.1　基本用法

1. transition 组件

transition 组件用于在单个元素插入、更新或移除时应用过渡效果。其所具有的属性如表 7-1 所示。

transition 组件

表 7-1　transition 组件的属性

名称	描述
name	指定过渡的名称，这个名称可以用来定义过渡的 CSS 类名，默认为 v
appear	指定是否在初始渲染时应用过渡效果，默认为 false
mode	指定过渡模式，可以是 in-out（新元素先进入，旧元素后移除）或 out-in（旧元素先移除，新元素后进入），默认为 in-out
type	指定过渡类型，可以是 transition（CSS 过渡）或 animation（CSS 动画），默认为 transition
duration	指定过渡持续时间，可以是一个表示毫秒数的数字或包含进入和离开过渡时间的对象，默认为 300
enterFromClass	指定进入过渡的起始 CSS 类名，默认为 null
enterActiveClass	指定进入过渡的活动 CSS 类名，默认为 null

< 91 >

名称	描述
enterToClass	指定进入过渡的目标 CSS 类名，默认为 null
leaveFromClass	指定离开过渡的起始 CSS 类名，默认为 null
leaveActiveClass	指定离开过渡的活动 CSS 类名，默认为 null
leaveToClass	指定离开过渡的目标 CSS 类名，默认为 null

下面是使用 transition 组件的示例代码。

```
<template>
  <div>
    <button @click="toggle">Toggle</button>
    <transition name="fade" mode="out-in" appear>
      <div v-if="show" key="content" class="box">
        Content
      </div>
    </transition>
  </div>
</template>

<script>
export default {
  data() {
    return {
      show: false
    };
  },
  methods: {
    toggle() {
      this.show = !this.show;
    }
  }
};
</script>

<style>
.fade-enter-active,
.fade-leave-active {
  transition: opacity 300ms;
}

.fade-enter,
.fade-leave-to {
  opacity: 0;
}
</style>
```

在示例中单击 Toggle 按钮时，v-if 指令用于控制<div>元素的显示和隐藏。transition 组件用于包裹这个元素，并根据过渡效果的名称 fade 和过渡模式 out-in 进行配置。CSS 类名 .fade-enter-active 和 .fade-leave-active 用于控制过渡效果的持续时间，.fade-enter 和 .fade-leave-to 用于控制元素的起始和目标状态。

2. transition-group 组件

transition-group 组件用于在多个元素同时插入、更新或移除时应用过渡效果。其用法与 transition 组件的用法非常类似，但是需要使用 v-for 指令渲染一组元素，并为每个元素指定 key 属性。下面是使用 transition-group 组件的示例代码。

```
<template>
```

< 92 >

```
  <div>
    <button @click="addItem">Add Item</button>
    <transition-group name="fade" mode="out-in">
      <div v-for="item in items" :key="item.id" class="box">
        {{ item.text }}
        <button @click="removeItem(item)">Remove</button>
      </div>
    </transition-group>
  </div>
</template>

<script>
export default {
  data() {
    return {
      items: [
        { id: 1, text: 'Item 1' },
        { id: 2, text: 'Item 2' },
        { id: 3, text: 'Ttem 3' }
      ],
      nextItemId: 4
    };
  },
  methods: {
    addItem() {
      this.items.push({ id: this.nextItemId, text: `Item ${this.nextItemId}` });
      this.nextItemId++;
    },
    removeItem(item) {
      const index = this.items.findIndex(i => i.id === item.id);
      if (index !== -1) {
        this.items.splice(index, 1);
      }
    }
  }
};
</script>

<style>
.fade-enter-active,
.fade-leave-active {
  transition: opacity 300ms;
}

.fade-enter,
.fade-leave-to {
  opacity: 0;
}
</style>
```

在示例代码中单击 Add Item 按钮可以添加新的项目，单击 Remove 按钮可以移除对应的项目。v-for 指令用于根据 items 数组渲染一组元素，每个元素都有唯一的 key 属性。transition-group 组件用于包裹这组元素，并使用过渡效果名称 fade 和过渡模式 out-in 进行配置。CSS 类名.fade-enter-active 和.fade-leave-active 用于控制过渡效果的持续时间，.fade-enter 和.fade-leave-to 用于控制元素的起始和目标状态。

7.2.2 高级用法

1. 自定义过渡类名

在过渡过程中，Vue 会根据不同的阶段为元素添加 / 移除一系列的 CSS 类名。这些类名可以用于自

< 93 >

定义过渡效果的样式。过渡过程中出现的类名如表 7-2 所示。

表 7-2　自定义过渡类名

名称	描述	名称	描述
v-enter	元素插入前的起始状态	v-leave	元素移除前的起始状态
v-enter-from	元素插入前的起始状态	v-leave-from	元素移除前的起始状态
v-enter-to	元素插入后的目标状态	v-leave-to	元素移除后的目标状态
v-enter-active	元素插入过程中的活动状态	v-leave-active	元素移除过程中的活动状态

下面的代码示例中使用 enter-from-class、enter-to-class、leave-from-class 和 leave-to-class 属性来自定义过渡的类名，而不使用默认的类名，这样可以更灵活地控制过渡效果。

```
<template>
  <div>
    <button @click="show = !show">Toggle</button>
    <transition name="fade"
            enter-from-class="custom-enter-from"
            enter-to-class="custom-enter-to"
            leave-from-class="custom-leave-from"
            leave-to-class="custom-leave-to">
      <div v-if="show" class="box"></div>
    </transition>
  </div>
</template>

<script>
export default {
  data() {
    return {
      show: false
    };
  }
};
</script>

<style>
.custom-enter-from {
  opacity: 0;
  transform: translateY(-100px);
}
.custom-enter-to {
  opacity: 1;
  transform: translateY(0);
}
.custom-leave-from {
  opacity: 1;
  transform: translateY(0);
}
.custom-leave-to {
  opacity: 0;
  transform: translateY(100px);
}
.box {
  width: 200px;
  height: 200px;
  background-color: red;
```

< 94 >

```
}
</style>
```

　　代码示例中使用 enter-from-class、enter-to-class、leave-from-class 和 leave-to-class 属性自定义了过渡的
类名，然后在 CSS 中定义了对应的样式。

2. 过渡的 JavaScript 钩子函数

　　除了在过渡过程中应用 CSS 类名外，Vue 还提供了一些 JavaScript 钩子函数，可以用于在过渡的不同
阶段执行自定义的逻辑。表 7-3 中是可用的过渡 JavaScript 钩子函数。

表 7-3　过渡的 JavaScript 钩子函数

名称	描述
beforeEnter(el)	在元素进入过渡之前立即触发，可以在此时设置元素的初始状态
enter(el, done)	在元素进入过渡之后立即触发，可以在此时设置元素进入过渡的状态。done 是一个回调函数，用于通知 Vue 过渡已经完成
afterEnter(el)	在元素进入过渡和过渡动画都完成之后触发
enterCancelled(el)	如果在元素进入过渡过程中被中止（例如在 enter 钩子函数中调用了 done(false)），则会触发此钩子函数
beforeLeave(el)	在元素离开过渡之前立即触发，可以在此时设置元素的初始状态
leave(el, done)	在元素离开过渡之后立即触发，可以在此时设置元素离开过渡的状态。done 是一个回调函数，用于通知 Vue 过渡已经完成
afterLeave(el)	在元素离开过渡和过渡动画都完成之后触发
leaveCancelled(el)	如果在元素离开过渡过程中被中止（例如在 leave 钩子函数中调用了 done(false)），则会触发此钩子函数

　　下面的代码示例介绍了如何使用过渡的 JavaScript 钩子函数。

```
<template>
  <div>
    <button @click="show = !show">Toggle</button>
    <transition name="fade" @before-enter="beforeEnter"
            @enter="enter" @after-enter="afterEnter"
            @before-leave="beforeLeave" @leave="leave"
            @after-leave="afterLeave">
      <div v-if="show" class="box"></div>
    </transition>
  </div>
</template>

<script>
export default {
  data() {
    return {
      show: false
    };
  },
  methods: {
    beforeEnter(el) {
      // 在元素进入过渡之前执行的逻辑
    },
    enter(el, done) {
      // 在元素进入过渡过程中执行的逻辑
      // 通过调用 done 函数告知过渡结束
      done();
    },
    afterEnter(el) {
```

< 95 >

```
        // 在元素进入过渡之后执行的逻辑
      },
      beforeLeave(el) {
        // 在元素离开过渡之前执行的逻辑
      },
      leave(el, done) {
        // 在元素离开过渡过程中执行的逻辑
        // 通过调用 done 函数告知过渡结束
        done();
      },
      afterLeave(el) {
        // 在元素离开过渡之后执行的逻辑
      }
    }
};
</script>

<style>
.box {
  width: 200px;
  height: 200px;
  background-color: red;
}
}
</style>
```

示例代码中定义了 beforeEnter、enter、afterEnter、beforeLeave、leave 和 afterLeave 等方法作为过渡的钩子函数。读者可以在这些函数中编写自定义的逻辑，例如在进入过渡过程中执行动画或在过渡完成后执行一些操作。

7.2.3 应用示例

1. 列表排序动画

我们可以使用 Vue 的 transition-group 组件和自定义的排序方法，为列表中的项添加排序动画。示例代码如下。

```
<template>
  <div>
    <button @click="shuffle">Shuffle</button>
    <transition-group name="list" tag="ul">
      <li v-for="item in shuffledItems" :key="item" class="list-item">{{ item }}</li>
    </transition-group>
  </div>
</template>

<script>
export default {
  data() {
    return {
      items: [1, 2, 3, 4, 5]
    };
  },
  computed: {
    shuffledItems() {
      return this.items.slice().sort(() => Math.random() - 0.5);
    }
  },
```

< 96 >

```
  methods: {
    shuffle() {
      this.items.sort(() => Math.random() - 0.5);
    }
  }
};
</script>

<style>
.list-item {
  margin: 10px;
  padding: 10px;
  background-color: lightblue;
  transition: transform 0.5s;
}
.list-enter-active,
.list-leave-active {
  transition-delay: 0.1s;
}
.list-enter,
.list-leave-to {
  opacity: 0;
  transform: translateY(-20px);
}
</style>
```

上面的示例代码中有一个包含数字 1 到 5 的数组 items。单击 Shuffle 按钮时会随机打乱 items 数组的顺序。通过使用 shuffledItems 计算属性根据打乱的顺序渲染列表项。

在 transition-group 组件上指定了 name 属性为 list，并使用 tag 属性指定包裹元素的标签名为 ul。

在 CSS 中定义了.list-item 类的过渡样式，当列表项发生排序变化时会应用过渡效果。

这样，当单击 Shuffle 按钮时，列表中的项会以淡入淡出和位移的过渡效果重新排序。

2．复杂动画组合

在 Vue 中可以结合使用 CSS 动画和 JavaScript 钩子函数来创建复杂的过渡动画效果。示例代码如下。

```
<template>
  <div>
    <button @click="toggle">Toggle</button>
    <transition name="fade"
                @before-enter="beforeEnter"
                @enter="enter"
                @after-enter="afterEnter"
                @before-leave="beforeLeave"
                @leave="leave"
                @after-leave="afterLeave">
      <div v-if="show" class="box"></div>
    </transition>
  </div>
</template>

<script>
export default {
  data() {
    return {
      show: false
    };
  },
  methods: {
```

< 97 >

```
    toggle() {
      this.show = !this.show;
    },
    beforeEnter(el) {
      el.style.opacity = 0;
      el.style.transform = 'scale(0.5)';
    },
    enter(el, done) {
      el.style.opacity = 1;
      el.style.transform = 'scale(1)';
      el.addEventListener('transitionend', done);
    },
    afterEnter(el) {
      el.style.transition = '';
    },
    beforeLeave(el) {
      el.style.opacity = 1;
      el.style.transform = 'scale(1)';
    },
    leave(el, done) {
      el.style.opacity = 0;
      el.style.transform = 'scale(0.5)';
      el.addEventListener('transitionend', done);
    },
    afterLeave(el) {
      el.style.transition = '';
    }
  }
};
</script>

<style>
.box {
  width: 200px;
  height: 200px;
  background-color: red;
  transition: all 0.5s;
}
.fade-enter-active,
.fade-leave-active {
  transition-delay: 0.1s;
}
.fade-enter,
.fade-leave-to {
  opacity: 0;
  transform: scale(0.5);
}
</style>
```

示例代码中使用 CSS 动画和 JavaScript 钩子函数来创建一个复杂的过渡动画效果。当单击 Toggle 按钮时，元素会以淡入淡出和缩放的过渡效果出现和消失。

在 transition 组件上，我们定义了不同阶段的过渡逻辑，例如在 beforeEnter 函数中设置元素的初始样式，在 enter 函数中设置元素的最终样式，并通过添加 transitionend 事件侦听器来通知过渡结束。在 CSS 中定义了过渡效果的样式。

以上是一个复杂动画组合的示例，读者可以根据需要使用更多的 CSS 动画和 JavaScript 钩子函数来实现更复杂的过渡动画效果。

< 98 >

7.3 本章小结

通过使用 Vue 的样式绑定和过渡动画功能，读者可以轻松地为应用程序添加各种视觉效果和动画，从而提升用户体验。无论是简单的样式绑定还是复杂的过渡动画，Vue 提供了丰富的工具和功能来满足读者的需求。

习题

一、判断题

1. Vue 3 中的过渡动画仅支持 CSS 过渡，不支持 JavaScript 过渡。   （   ）
2. 在 Vue 3 中，过渡动画可以仅通过 CSS 类名的切换来实现。   （   ）
3. 如果想要在 Vue 3 的过渡动画中使用 JavaScript 钩子函数，则可以通过<transition>组件的 Props 来配置。   （   ）
4. 在 Vue 3 中，可以使用<style>标签来定义组件的样式。   （   ）
5. Vue 3 支持使用 CSS 模块来作用于组件的样式。   （   ）

二、选择题

1. 在 Vue 3 中，可以使用（   ）标签来定义组件的样式。
   A. <style>　　　　　B. <css>　　　　　C. <script>　　　　　D. <template>
2. 在 Vue 3 中，可以使用（   ）组件来定义过渡动画。
   A. <transition>　　　B. <animate>　　　C. <effect>　　　　D. <motion>
3. 下面（   ）是 Vue 3 过渡动画的 class 名称约定。
   A. v-enter、v-exit、v-active   B. v-enter、v-enter-active、v-exit、v-exit-active
   C. v-animate、v-transition、v-effect   D. v-start、v-end、v-progress

三、操作题

1. 创建一个 Vue 组件，其中包含一个按钮。当按钮被单击时，使用 Vue 的过渡动画效果渐变显示一个框。
2. 创建一个 Vue 组件，其中包含一个文本框和一个段落。当用户在文本框中输入内容时，使用 Vue 的样式绑定功能，动态改变段落的颜色。
3. 使用 Vue 的过渡动画效果创建一个图片轮播组件。当用户单击"下一张"按钮时，当前显示的图片淡出，下一张图片淡入。

上机实操

创建一个图片画廊应用，单击缩略图时，显示大图并实现平滑的过渡动画效果。

目标：使用 Vue 3 的过渡动画功能实现所需过渡效果。Vue 3 的过渡动画功能使应用程序的界面更加生动和具有交互性，极大地提升用户体验。因此，掌握 Vue 3 的过渡动画功能能够使开发者在开发中更灵活地处理过渡效果，为应用程序增添更多动态元素。

实操指导：
（1）单击缩略图，观察大图是否会出现并实现平滑的过渡动画效果；
（2）单击大图上的"关闭"按钮，观察大图是否会消失并实现平滑的过渡动画效果。

< 99 >

第 *8* 章 　混入

　　混入（Mixin）提供了一种非常灵活的方式来分发 Vue 组件中的可复用功能。混入对象能够成为一个可复用功能，即在另外的组件中引入已定义的混入对象，以实现同样的逻辑与功能。本章将介绍混入的概念、定义、使用、示例、相关选项合并规则和使用建议。通过学习本章内容，读者需要理解混入的使用及其可复用功能。

8.1 　混入简介

　　混入是一种将可复用的功能逻辑注入组件中的技术。它允许在多个组件之间共享相同的逻辑，并且可以在不同的组件中重复使用。混入对象是一个普通的 JavaScript 对象，其中包含一些选项（如 data、methods、computed 等）。我们可以将混入对象传递给 Vue 组件的 mixins 选项来应用混入。

　　当一个组件使用混入时，混入对象中的选项会与组件的选项合并，形成最终的选项配置。如果选项之间存在冲突，如具有相同名称的数据属性或方法，组件的选项将优先于混入对象的选项。

　　混入提供了一种简单而灵活的方式来扩展组件的功能。开发者可以将一些通用的逻辑封装到混入对象中，并在多个组件中重复使用，从而避免代码重复。这对于实现跨组件的复用逻辑非常有用，如日志记录、权限控制、事件处理等。

　　需要注意的是，在使用混入时要小心命名冲突。由于混入对象的选项会与组件的选项合并，如果命名冲突，可能会导致意外的行为和错误。

8.2 　混入的定义

　　Vue 中可以通过创建一个普通的 JavaScript 对象来定义混入，该对象可以包含要混入组件中的各种选项。混入对象的基本结构代码如下。

```
const myMixin = {
  data() {
    return {
      // 混入的数据
    }
  },
  methods: {
    // 混入的方法
  },
  created() {
```

```
   // 混入的生命周期钩子函数
  }
}
```

示例中 myMixin 是一个包含 data、methods 和 created 选项的普通 JavaScript 对象。这些选项将在混入组件时与组件的选项进行合并。

8.3 混入的使用

要将混入应用于组件，可以使用 mixins 选项将混入对象添加到组件的选项中。以下代码是组件如何使用混入的一个示例。

```
import myMixin from './myMixin.js'

const MyComponent = {
  mixins: [myMixin],
  // 组件的其他选项
}
```

示例中 mixins 选项接收一个包含混入对象的数组。Vue 会对混入对象中的选项与组件的选项进行合并，从而创建最终的组件选项。

请注意，混入对象中的选项将与组件的选项进行合并。如果混入对象和组件具有相同的选项，那么组件的选项将覆盖混入对象的选项。

8.4 混入的完整示例

混入的完整示例

下面的示例将展示如何在 Vue 中使用混入。

```
<!DOCTYPE html>
<html lang="en">
<head>
  <meta charset="UTF-8">
  <meta name="viewport" content="width=device-width, initial-scale=1.0">
  <title>Vue 3 Mixin Example</title>
  <script src="https://unpkg.com/vue@next"></script>
</head>
<body>
  <div id="app">
    <button @click="logMessage">Click me</button>
  </div>

  <script>
    // 定义一个混入对象
    const myMixin = {
      data() {
        return {
          message: 'Hello from mixin!',
        };
      },
      methods: {
        logMessage() {
```

< 101 >

```
        console.log(this.message);
      },
    },
  };

  // 创建一个组件并应用混入
  const MyComponent = {
    mixins: [myMixin],
    template: `
      <div>
        <p>{{ message }}</p>
        <button @click="logMessage">Click me too</button>
      </div>
    `,
  };

  // 渲染组件
  const app = Vue.createApp(MyComponent);
  app.mount('#app');
</script>
</body>
</html>
```

示例中首先创建了一个包含混入逻辑的混入对象 myMixin。它通过一个 data 选项来定义 message 数据属性，以及一个 methods 选项来定义 logMessage 方法。其次，创建了一个名为 MyComponent 的组件，并在 mixins 选项中应用了 myMixin 混入对象。在组件的模板中展示了 message 的值，并在按钮上绑定了 logMessage 方法。最后，使用 Vue.createApp 创建 Vue 应用，并将 MyComponent 作为根组件进行挂载。

运行上述代码，读者将看到一个包含按钮和文本的页面。单击按钮会在浏览器的控制台中输出混入对象中的 message 值，同时页面上的文本也会发生变化。

8.5 混入选项的合并规则

混入是一种将可复用的逻辑和选项合并到组件中的方式。当一个组件使用多个混入时，Vue 会遵循一组规则来合并选项，规则如下。

1. 数据对象

当组件和混入具有同名的属性时，它们将被合并为一个新的数据对象（data）。组件的属性将覆盖混入的属性。

2. 生命周期钩子函数

所有混入的生命周期钩子函数将按照其声明的顺序一次被调用。如果组件和混入具有相同的生命周期钩子函数，则混入的生命周期钩子函数将在组件的生命周期钩子函数之前被调用。

3. 其他选项

除数据对象和生命周期钩子函数之外的其他选项，如 methods、computed 等，将被合并为组件的选项。如果组件和混入具有相同名称的选项，组件的选项将覆盖混入的选项。

需要注意的是，混入的选项合并是递归进行的。如果一个混入本身使用了混入，则该混入的选项也将按照相同的规则合并。

< 102 >

如果多个混入之间产生冲突，则可以使用组件选项中的 mixins 数组来指定混入的顺序。在数组中前面的混入将先被应用，后面的混入将覆盖前面的混入的冲突选项。下面是一个演示 Vue 中混入选项合并规则的示例。

```
const mixinA = {
  data() {
    return {
      message: 'Mixin A',
    };
  },
  created() {
    console.log('Mixin A created');
  },
  methods: {
    mixinMethodA() {
      console.log('Mixin Method A');
    },
  },
};

const mixinB = {
  data() {
    return {
      message: 'Mixin B',
    };
  },
  created() {
    console.log('Mixin B created');
  },
  methods: {
    mixinMethodB() {
      console.log('Mixin Method B');
    },
  },
};

const component = {
  mixins: [mixinA, mixinB],
  data() {
    return {
      message: 'Component',
    };
  },
  created() {
    console.log('Component created');
  },
  methods: {
    componentMethod() {
      console.log('Component Method');
    },
  },
};

const vm = Vue.createApp(component).mount('#app');

// 输出:
// Mixin A created
// Mixin B created
// Component created
```

< 103 >

```
// 访问属性和方法
console.log(vm.message); // 输出: "Component"
vm.mixinMethodA(); // 输出: "Mixin Method A"
vm.mixinMethodB(); // 输出: "Mixin Method B"
vm.componentMethod(); // 输出: "Component Method"
```

示例中组件 component 使用了两个混入，即 mixinA 和 mixinB。根据规则，data 选项将被合并，组件的 created 生命周期钩子函数将在混入的生命周期钩子函数之后调用。因此，在控制台输出中，首先是 mixinA 和 mixinB 的 created 钩子函数输出，然后是组件的 created 钩子函数输出。另外，mixinA 和 mixinB 的方法 mixinMethodA 和 mixinMethodB 可以在组件中被访问和调用。

8.6 混入的使用建议

在使用混入时，以下建议可以帮助读者更好地应用混入功能。

1. 清楚混入的用途

混入应该用于提供可复用的逻辑，而不是用于共享样式或模板代码。确保使用混入的目的是提高代码的复用性和可维护性。

2. 谨慎使用混入

使用混入可以方便地共享代码，但也容易造成命名冲突和混乱的继承关系。在使用混入时要谨慎，确保混入的逻辑与组件的关系清晰明确。

3. 优先考虑组合式 API

Vue 3 中引入了组合式 API 的概念，它提供了更灵活、可组合的方式来共享逻辑。在一些情况下，组合式 API 可能比混入更合适。在设计代码结构时，请优先考虑使用组合式 API。关于组合式 API，将在下一章详细介绍。

8.7 本章小结

混入是 Vue 中一个强大的功能，可以帮助开发人员在组件之间共享可复用的逻辑代码。通过合理使用混入，我们可以提高代码的复用性和可维护性，同时减少冗余代码的存在。然而，在使用混入时需要注意潜在的命名冲突和继承关系。

虽然混入功能很强大，掌握它将有助于提升读者的 Vue 开发技能，但这并不是本书的重点内容，所以本章的篇幅也相对较短。在 Vue 3 中诞生了组合式 API，它能更好地将代码抽离，提高代码的复用性。

习题

一、判断题

1. Vue 3 中可以通过 mixins 选项来引入混入。 （　　）

< 104 >

2. Vue 3 中使用 createMixin 函数来定义混入。　　　　　　　　　　　（　　）

3. 在 Vue 3 中，混入的选项优先级高于组件本身的选项。　　　　　　　（　　）

4. Vue 3 中，混入可以用于将逻辑代码复用在多个组件中。　　　　　　（　　）

5. 在 Vue 3 中，建议尽量避免使用混入，而使用组合式 API 来实现代码复用。（　　）

二、选择题

1. 在 Vue 3 中，（　　）引入混入。

　　A. 使用 mixins 选项　　　　　　　　　B. 使用 createMixin 函数

　　C. 使用 extend 函数　　　　　　　　　D. 使用 import 语句

2. 在 Vue 3 中，引入混入的主要目的是（　　）。

　　A. 提供一种在组件之间复用逻辑代码的方式

　　B. 简化组件的模板和样式定义

　　C. 引入全局的状态管理机制

　　D. 在组件中引入第三方库和插件

3. Vue 3 中的组合式 API 与混入的主要区别是（　　）。

　　A. 组合式 API 可以在全局范围内使用，而混入仅能在组件内使用

　　B. 组合式 API 更适合处理响应式数据，而混入更适合处理组件的选项

　　C. 组合式 API 提供更灵活和强大的逻辑组合方式，而混入会导致代码复用难以维护

　　D. 组合式 API 只能在单文件组件中使用，而混入可以在任何地方使用

三、简答题

1. 简述混入的作用。

2. 创建一个 Vue 混入，该混入具有一个名为 logMessage 的方法，该方法接收一个字符串参数，并将该字符串输出到控制台。

上机实操

创建一个 Vue 3 购物车应用，包含多个组件和复杂的混入逻辑。购物车应用有以下功能。

（1）显示商品列表，包括名称和价格。

（2）可以将商品添加到购物车中，并实时显示购物车的商品总价和商品数量。

（3）可以从购物车中移除商品，并实时更新购物车的商品总价和商品数量。

目标：在 Vue 3 应用中使用混入将应用的共享逻辑抽象出来，并在不同的组件中复用，从而实现应用的复杂功能。混入使组件逻辑的共享和复用变得更加灵活和高效，同时提高了代码的可维护性和可读性。在实际项目中，混入可以用于共享多个组件之间的通用逻辑，从而提高开发效率并降低代码冗余。

实操指导：

（1）单击 Add to Cart 按钮，观察商品是否添加到购物车中，并实时更新购物车的商品总价和商品数量；

（2）单击 Remove 按钮，观察商品是否从购物车中移除，并实时更新购物车的商品总价和商品数量。

< 105 >

第 *9* 章　组合式 API

在第 3 章已有所介绍，Vue 3 中最大的变化是引入了组合式 API。组合式 API 提供了一种全新的组织和复用 Vue 组件逻辑的方式，使用它能够更好地处理组件复杂性和代码复用性。本章将对该内容进行深入解析，并通过实际示例和实践，帮助读者更好地理解和运用组合式 API。

组合式 API 是本书重点介绍的开发模式。它为开发带来了全新的 API 风格，也是 Vue 3 与 Vue 2 非常重要的区别。通过学习本章内容，读者需要重点掌握使用组合式 API 的动机和优势、组合式 API 的核心概念及开发应用。

9.1　使用组合式 API 的动机和优势

组合式 API 是 Vue 3 中引入的一项重要特性，旨在改善开发大型复杂应用的体验，并提供更好的代码组织和复用性。本节将详细介绍使用组合式 API 的动机和优势。

9.1.1　动机

在 Vue 2 中使用选项式 API 来编写组件逻辑，开发者需要在不同的选项中分散定义数据、计算属性、方法、生命周期钩子函数等。随着应用规模的增长，组件逻辑变得越来越复杂，导致代码难以维护和理解。为了解决这个问题，Vue 3 中引入了组合式 API。

动机

使用组合式 API 的动机主要有以下几点。

1. 更好的组织

组合式 API 允许将相关逻辑组织在一起，而不用按照选项的方式分散定义。这样，开发者可以更容易地查找和修改相关逻辑，使得代码更具可读性和可维护性。

2. 更好的复用

组合式 API 提供了更灵活的函数式编程方式，使得组件逻辑可以更容易地抽象和复用。开发者可以将一组相关的函数封装为自定义的逻辑，然后在不同的组件中进行复用，提高了代码的复用性和可测试性。

3. 更好的类型推断

组合式 API 支持更好的 TypeScript 类型推断。在选项式 API 中，由于分散的选项定义，类型推断存在一定的困难，而在组合式 API 中，组件逻辑被组织为函数，使得类型系统能够更准确地推断函数参数和返回值的类型，提供更好的开发工具支持和类型检查。

为了更好地理解使用组合式 API 的动机，下面看一个实际的例子。

假设某团队正在开发一个电子商务网站，其中有一个商品列表页面，需要展示商品的名称、价格和库存信息。在 Vue 2 中可能会使用选项式 API 来编写这个组件，示例代码如下。

```
<template>
  <div>
    <h1>商品列表</h1>
    <ul>
      <li v-for="product in products" :key="product.id">
        <span>{{ product.name }}</span>
        <span>{{ product.price }}</span>
        <span>{{ product.stock }}</span>
      </li>
    </ul>
  </div>
</template>

<script>
export default {
  data() {
    return {
      products: []
    }
  },
  mounted() {
    // 从后端获取商品数据
    this.fetchProducts()
  },
  methods: {
    fetchProducts() {
      // 发送请求获取商品数据，并更新到 products
    }
  }
}
</script>
```

在这个例子中，将数据、生命周期钩子函数和方法分散在不同的选项中，导致代码的组织和维护变得困难。如果组件逻辑更加复杂，代码将更加分散和冗杂。

作为改进方法，使用组合式 API 重写这个组件。示例代码如下。

```
<template>
  <div>
    <h1>商品列表</h1>
    <ul>
      <li v-for="product in products" :key="product.id">
        <span>{{ product.name }}</span>
        <span>{{ product.price }}</span>
        <span>{{ product.stock }}</span>
      </li>
    </ul>
  </div>
</template>

<script>
import { reactive, onMounted } from 'vue'

export default {
  setup() {
```

< 107 >

```
const products = reactive([])

const fetchProducts = async () => {
  // 发送请求获取商品数据，并更新到 products
  const response = await fetch('api/products')
  products.value = await response.json()
}

onMounted(fetchProducts)

return {
  products
  }
 }
}
</script>
```

在这个重写的代码版本中，使用了组合式 API 来组织组件逻辑。首先通过 reactive 函数创建了一个响应式对象 products，并将其初始化为空数组。其次使用 fetchProducts 函数来发送请求并更新 products 的值。通过 onMounted 钩子函数，在组件挂载后调用 fetchProducts 函数，以获取商品数据。

通过使用组合式 API，开发者可以将相关逻辑聚集在一起，并通过返回一个对象来暴露需要在模板中使用的数据。这样，代码变得更加集中、清晰和易于维护。

本示例展示了使用组合式 API 解决代码组织和复用的问题。通过将相关逻辑聚集在一起，并使用函数的方式来定义逻辑，开发者能够更好地组织和维护代码，提高开发效率和代码的可维护性。

9.1.2 优势

使用组合式 API 有以下几个主要的优势。

1. 组织和复用逻辑

组合式 API 通过将相关逻辑组织在一起，提供了更好的代码组织结构。开发者可以使用函数来定义逻辑块，将数据、计算属性、方法等逻辑聚集在一起，提高了代码的可读性和可维护性。此外，通过自定义函数的方式，逻辑可以更容易地被复用，减少了代码的重复性。

2. 更灵活的逻辑复用

组合式 API 提供了更灵活的逻辑复用方式。开发者可以根据需求将相关逻辑封装为自定义的函数，然后在不同的组件中进行复用。这种方式使得逻辑的复用更加方便，可以将一组相关的函数抽象为可复用的逻辑块，从而提高开发效率和代码的可维护性。

3. 更好的 TypeScript 支持

组合式 API 对 TypeScript 提供了更好的支持。使用组合式 API，开发者可以获得更准确的类型推断，使得开发时能够获得更好的类型检查和智能提示。这样大大提高了代码的可靠性和可维护性，减少了潜在的错误。

4. 更好的代码组织与可读性

组合式 API 使得代码的组织更加直观和一致。相关逻辑被组织在一个函数中，提供了更好的可读性，开发者能够更轻松地理解代码的结构和功能。同时，组合式 API 也使得组件的选项更为简洁，只需关注组件的模板和导出的逻辑函数即可，减少了代码冗余和混乱。

以下代码对比示例将展示使用组合式 API 所带来的优势。假设某团队正在开发一个待办事项列

< 108 >

表的应用程序。用户希望能够添加新的待办事项，标记事项为已完成，并过滤显示不同状态的待办事项。

Vue 2 中使用选项式 API 的实现示例代码如下。

```
<template>
  <div>
    <h1>待办事项列表</h1>
    <input type="text" v-model="newTodo" />
    <button @click="addTodo">添加</button>

    <ul>
      <li v-for="todo in filteredTodos" :key="todo.id">
        <span :class="{ 'completed': todo.completed }">{{ todo.text }}</span>
        <button @click="markCompleted(todo)">完成</button>
      </li>
    </ul>

    <div>
      <button @click="filterStatus = 'all'">全部</button>
      <button @click="filterStatus = 'completed'">已完成</button>
      <button @click="filterStatus = 'active'">未完成</button>
    </div>
  </div>
</template>

<script>
export default {
  data() {
    return {
      todos: [],
      newTodo: '',
      filterStatus: 'all'
    }
  },
  computed: {
    filteredTodos() {
      if (this.filterStatus === 'all') {
        return this.todos
      } else if (this.filterStatus === 'completed') {
        return this.todos.filter(todo => todo.completed)
      } else if (this.filterStatus === 'active') {
        return this.todos.filter(todo => !todo.completed)
      }
    }
  },
  methods: {
    addTodo() {
      const newId = this.todos.length + 1
      const newTodo = {
        id: newId,
        text: this.newTodo,
        completed: false
      }
      this.todos.push(newTodo)
      this.newTodo = ''
    },
    markCompleted(todo) {
```

< 109 >

```
        todo.completed = true
    }
  }
}
</script>
```

这个示例中将数据、计算属性和方法分散在不同的选项中，导致代码冗余和不易维护。现在，使用 Vue 3 的组合式 API 重写该组件的代码，示例代码如下。

```
<script>
import { reactive, ref, computed } from "vue"

export default {
  setup() {
    const todos = reactive([])
    const newTodo = ref("")
    const filterStatus = ref("all")

    const filteredTodos = computed(() => {
      if (filterStatus.value === "all") {
        return todos
      } else if (filterStatus.value === "completed") {
        return todos.filter(todo => todo.completed)
      } else if (filterStatus.value === "active") {
        return todos.filter(todo => !todo.completed)
      }
    })

    const addTodo = () => {
      const newId = todos.length + 1
      const todo = {
        id: newId,
        text: newTodo.value, // 使用.value 访问 newTodo 的值
        completed: false
      }
      todos.push(todo)
      newTodo.value = "" // 清空输入框
    }

    const markCompleted = (todo) => {
      todo.completed = true
    }

    return {
      todos,
      newTodo,
      filterStatus,
      filteredTodos,
      addTodo,
      markCompleted
    }
  }
}
</script>
```

通过使用组合式 API 可以将相关的状态、计算属性和方法聚集在一起，并使用一个 setup 函数来定义逻辑。这样，代码变得更加集中、清晰和易于维护。使用响应式的 reactive、ref 函数分别创建 todos、newTodo、filterStatus 三个响应式对象，这样当其中的数据发生变化时，相关的视图会自动更新。使用

< 110 >

computed 函数定义了计算属性 filteredTodos，它根据过滤状态来返回相应的待办事项列表。

从以上两个示例可以看出，使用组合式 API 能够更好地组织和复用组件逻辑。相关的状态、计算属性和方法被聚集在一起，代码变得更加集中、清晰和易于维护。这样，开发者能够以一种更简洁、灵活和可维护的方式编写组件。

9.2 组合式 API 的核心概念

本节详细介绍在编写组件时组合式 API 的几个核心概念，这些概念是使用组合式 API 的基础，理解它们将帮助读者更好地组织和复用组件逻辑。

9.2.1　setup 函数

在 Vue 3 中引入了一个新的特性，即 setup 函数。setup 函数是在组件创建过程中调用的一个函数，用于设置组件的状态、行为和生命周期钩子函数，取代了 Vue 2 中选项式 API 的 data、computed、methods 等方法。

setup 函数是一个标准的 JavaScript 函数，它接收两个参数，即 props 和 context，并返回一个值。

1．接收的参数

（1）作为 Props 组件的属性对象，props 包含从父组件传递给子组件的属性值。我们可以在 setup 函数内部使用解构语法来获取和使用这些属性值。

（2）作为 Context 组件的上下文对象，context 包含一些有用的属性和方法，如 attrs、slots、emit 等。attrs 属性包含父组件传递给子组件的非响应式属性；slots 属性用于处理插槽内容；emit 方法用于触发自定义事件。

2．返回值

setup 函数可以返回一个对象或一个渲染函数。如果返回一个对象，这个对象的属性将被合并到组件的模板上下文中，可以在模板中直接使用。如果返回一个渲染函数，它将完全接管组件的渲染过程。

3．使用方式

在 setup 函数内部可以执行各种操作，举例如下。

（1）处理组件的初始状态。使用 reactive、ref 或 readonly 可以创建响应式数据，具体内容会在后文中进行介绍。

（2）侦听组件的生命周期钩子函数。使用 onMounted、onUpdated、onUnmounted 等函数进行。

（3）引入组合式 API。如 computed、watch、provide、inject 等。

（4）处理事件。使用 emit 方法触发自定义事件。

（5）访问路由信息。使用 useRoute、useRouter 等函数进行。

4．代码示例

（1）下面是一个如何在 Vue 3 中使用 setup 函数的简单示例，代码如下。

```
<template>
  <div>
    <p>Count: {{ state.count }}</p>
    <button @click="increment">Increment</button>
  </div>
```

< 111 >

```
</template>

<script>
import { reactive } from 'vue';

export default {
  setup() {
    // 使用 reactive 创建响应式数据
    const state = reactive({
      count: 0,
    });

    // 定义一个方法来增加 count 的值
    const increment = () =>{
      state.count++;
    };

    // 返回 count 和 increment 方法供模板使用
    return {
      state,
      increment,
    };
  },
};
</script>
```

示例中首先创建了一个名为 state 的响应式对象，其中包含 count 属性。其次，定义了一个名为 increment 的方法，实现在单击按钮时将 count 值加一的功能。最后，通过返回一个包含 state 和 increment 的对象，将这些属性和方法暴露给模板进行使用。

（2）如下示例代码将展示在 setup 函数中如何使用 props 和 context 两个参数。

```
<template>
  <div>
    <p>Message: {{ message }}</p>
    <p>Username: {{ username }}</p>
    <button @click="sendMessage">Send Message</button>
  </div>
</template>

<script>
import { reactive, onMounted } from 'vue';

export default {
  props: {
    username: {
      type: String,
      required: true,
    },
  },

  setup(props, context) {
    // 使用 reactive 创建响应式数据
    const state = reactive({
      message: '',
    });

    // 在组件被挂载后执行的钩子
    onMounted(() => {
```

< 112 >

```
      console.log('Component mounted');
    });

    // 定义一个方法来发送消息
    const sendMessage = () => {
      const { emit } = context;

      // 发送自定义事件并传递消息内容和用户名
      emit('send-message', { state, username: props.username });
    };

    // 返回 message 和 sendMessage 方法供模板使用
    return {
      message: state,
      sendMessage,
    };
  },
};
</script>
```

　　示例中假设组件有一个名为 username 的必需属性，通过 props 参数来访问该属性的值。在 setup 函数内部，首先使用 reactive 创建一个名为 state 的响应式对象，其中包含 message 属性。其次，使用 onMounted 钩子函数在组件被挂载后执行一些操作，本示例中将在控制台输出一条消息。然后，定义一个名为 sendMessage 的方法。在这个方法中，通过解构赋值获取 state.message 的值，并通过解构赋值获取 context.emit 方法，该方法用于触发自定义事件。最后，在模板中绑定一个单击事件，调用了 sendMessage 方法。通过使用 props 和 context 参数，可以访问组件的属性和上下文信息，并在 setup 函数中执行相应的操作。这样可以更灵活地设置组件的状态和行为。

　　setup 函数是 Vue 3 中一种更灵活、更集中的组件设置方式。它可以用于设置响应式状态、计算属性、方法以及生命周期钩子函数，并且可以用于访问父组件传递的属性和方法。通过使用 setup 函数，组件的代码会更加清晰、简洁和易于维护。

9.2.2　reactive API

　　reactive API 在前面的示例代码中出现过，是组合式 API 中用于创建响应式数据的核心部分。通过 reactive 函数，可以将一个普通对象转换为响应式对象。响应式对象使得当其内部数据发生变化时，相关的视图会自动更新。使用 reactive API，可以将需要跟踪变化的数据转换为响应式对象，从而实现数据的双向绑定和自动更新。

reactive API

1. 使用方式

　　使用 reactive API，首先需要从 Vue 模块导入 reactive 函数，代码如下。

```
import { reactive } from 'vue';
```

　　然后，使用 reactive 函数来创建一个响应式对象，代码如下。这个函数接收一个普通的 JavaScript 对象作为参数，并返回一个代理对象，该代理对象会追踪响应式对象的变化。

```
const state = reactive({
  count: 0,
  message: 'Hello Vue 3!',
});
```

　　此时，state 对象就成为一个响应式对象，可以在 Vue 组件中使用。当 state 对象的属性发生变化时，Vue 会自动重新渲染相关的组件。

　　具体完成代码如下。

< 113 >

```
<template>
  <div>
    <p>{{ state.count }}</p>
    <p>{{ state.message }}</p>
    <button @click="increment">Increment</button>
  </div>
</template>

<script>
import { reactive } from 'vue';

export default {
  setup() {
    const state = reactive({
      count: 0,
      message: 'Hello Vue 3!',
    });

    const increment = () => {
      state.count++;
    };

    return {
      state,
      increment,
    };
  },
};
</script>
```

示例中当单击 Increment 按钮时，state.count 的值会增加，并自动更新到视图中。

reactive API 还提供了其他辅助函数，用于处理响应式对象。一些常用的辅助函数如下。

（1）toRefs：将响应式对象转换为普通的引用对象。这对于将响应式对象作为 Props 传递给子组件非常有用。

（2）isRef：检查一个值是否是引用对象。

（3）isReactive：检查一个对象是否是响应式对象。

（4）isReadonly：检查一个对象是否是只读对象。

（5）readonly：创建一个只读的响应式对象。

这些辅助函数使开发者在处理响应式数据时更加方便和灵活。

2．使用场景

（1）组件状态管理。reactive API 可以用于管理组件的状态。通过创建响应式对象，可以跟踪状态的变化并自动更新相关的组件，从而使组件之间的通信和状态管理更加简单和可维护。

（2）表单处理。在表单中使用 reactive API 可以轻松地跟踪表单字段的值和状态。通过创建一个包含表单字段的响应式对象，可以实时地响应用户输入的变化，并在需要时验证和提交表单数据。

（3）全局状态管理。reactive API 可以用于创建全局的状态管理。通过在应用的顶层创建一个响应式对象，可以在整个应用中共享和更新状态。这对于管理用户登录状态、主题设置、语言偏好等全局数据非常有用。

（4）数据驱动的动态 UI。reactive API 用于使构建数据驱动的动态 UI 更加容易。通过创建响应式对象，可以根据数据的变化来自动更新 UI，而无须手动操作 DOM 元素，从而使构建实时更新的数据可视化、实时通知等功能变得更加高效。

< 114 >

（5）插件和扩展开发。reactive API 还为开发插件和扩展提供了强大的基础。通过使用 reactive API，插件可以轻松地扩展 Vue 应用的功能，并且可以利用响应式系统来自动追踪和更新相关数据。

9.2.3　ref API

ref API 用于创建可变的、被包装的响应式对象。通过 ref 函数，可以将一个值包装成 ref 对象。ref 对象提供了一个 value 属性，用于访问包装的值。ref 对象的主要优势在于可以通过修改 value 属性来更改其内部值，而这种更改会被视为响应式的，从而触发相关的视图更新。

1. 使用方式

使用 ref API 首先需导入 ref 函数，代码如下。

```
import { ref } from 'vue'
const myRef = ref(initialValue)
```

参数：initialValue 为初始值，可以是任何 JavaScript 基本类型，也可以是对象类型。但是当参数是对象类型时，其底层的本质还是 reactive，ref(obj) 等同于 reactive({value: obj})。

返回值：ref 函数返回一个响应式的引用对象。

引用对象的属性：引用对象的 value 属性包含实际的值。我们可以通过读取或修改 value 属性来访问和更新值。

使用示例如下。

```
import { ref } from 'vue'
const count = ref(0)  // 创建一个初始值为 0 的响应式引用对象
console.log(count.value)  // 输出当前的值：0
count.value++  // 通过修改 value 属性来更新值
console.log(count.value)  // 输出更新后的值：1
```

示例中首先使用 ref 函数创建了一个响应式引用对象 count，并将初始值设置为 0。其次通过 count.value 来访问和更新引用对象的值。通过修改 value 属性，值从 0 增加到了 1。

需要注意的是，当在模板中使用 ref 函数创建响应式数据时，无须访问 value 属性。Vue 3 会自动处理这一点，可以直接使用 count 而不是使用 count.value。

2. 与 reactive 函数使用场景的区别

ref 函数和 reactive 函数是 Vue 3 组合式 API 中两个常用的函数，二者在使用场景和特性上有所区别。

（1）ref 函数的使用场景

适用于基本类型的响应式数据。ref 函数主要用于创建基本类型的响应式数据，如数字、字符串、布尔值等。它会返回一个包装了初始值的响应式引用对象。

在模板中，ref 函数也可引用 DOM 元素或组件实例，进而使自身可以在 JavaScript 中被访问。同时，其在模板中访问和修改数据时不需要使用 value 属性。

（2）reactive 函数的使用场景

适用于复杂对象的响应式数据。reactive 函数主要用于创建复杂对象的响应式数据，如对象、数组等。它会返回一个包装了传入对象的响应式代理对象。

在模板和 JS 代码中使用。reactive 函数创建的响应式数据在模板和 JavaScript 代码中都可以直接使用，不需要通过特定的属性访问。

区别总结如下。

< 115 >

ref 函数适用于简单的基本类型数据，需要通过.value 访问数据，适合在模板中使用。

reactive 函数适用于复杂的对象类型数据，可以直接访问数据，适合在模板和 JavaScript 代码中使用。

通常情况下，当需要创建单个简单数据，如一个计数器变量时，可以使用 ref 函数。而当需要创建一个包含多个属性或需要进行深层次的嵌套观察的对象时，则可以使用 reactive 函数。

需要注意的是，尽管 reactive 函数在很多情况下更为灵活，但在性能方面可能会稍微逊色于 ref 函数。因此，在选择是使用 ref 函数还是使用 reactive 函数时，我们可以根据具体的需求和场景来决定。

9.3 组合式 API 与混入比较

组合式 API 与混入
比较

9.3.1 两者的区别

组合式 API 与混入都是 Vue 中用于组合和复用代码的特性，但它们在实现方式和使用方式上有一些区别。

1. 实现方式

（1）组合式 API 是 Vue 3 中引入的一种新的 API。它允许将组件的逻辑拆分成更小的可复用函数，这些函数可以通过 setup 函数来定义。每个函数可以控制自己的状态和副作用，并通过 return 将数据暴露给模板使用。

（2）混入是 Vue 2 中的特性，通过将一组选项对象混入组件来实现代码的复用。混入对象是一个普通的 JavaScript 对象，可以包含组件的选项，如数据、方法和生命周期钩子函数等。

2. 使用方式

（1）组合式 API 使用起来更灵活，它允许以函数的形式组织代码，可以根据功能将相关逻辑组合在一起。使用 setup 函数可以定义响应式数据、计算属性、方法等，并可以返回一个包含模板中需要使用的数据和方法的对象。

（2）混入通过在组件中使用混入选项来引入。我们可以同时引入多个混入，并将其合并到组件选项中。这意味着混入中的选项会与组件的选项进行合并，可能会存在选项冲突的问题。

3. 依赖解决

（1）组合式 API 使用了更先进的响应式系统，可以更好地用于处理组件间的依赖关系。它使用了基于 Proxy 的响应式追踪，可以在函数内部自动追踪变量的依赖关系，从而实现精确的响应式更新。

（2）混入的依赖解决是通过简单的选项合并实现的。如果多个混入之间有相同的选项，后面的选项会覆盖前面的选项。

综上所述，组合式 API 更加灵活和强大，可以更好地用于组织和复用组件的代码，而混入则是一种简单的代码复用机制。因此，在 Vue 3 开发中建议优先考虑使用组合式 API。

9.3.2 代码示例

当使用混入时，可以通过 mixins 选项将混入对象混合到组件中，代码如下。

```
// 定义一个名为"exampleMixin"的混入
const exampleMixin = {
  data() {
    return {
```

< 116 >

```
      message: 'Hello, mixin!'
    };
  },
  methods: {
    logMessage() {
      console.log(this.message);
    }
  }
};

// 创建一个组件，并混合 exampleMixin
const component = Vue.component('example-component', {
  mixins: [exampleMixin],
  mounted() {
    this.logMessage(); // 调用混入中的方法
  }
});
```

而使用组合式 API 时，可以使用 setup 函数来定义组件的逻辑，代码如下。

```
// 创建一个组件，使用组合式 API
const component = Vue.component('example-component', {
  setup() {
    // 定义响应式状态
    const message = Vue.ref('Hello, Composition API!');

    // 定义方法
    const logMessage = () => {
      console.log(message.value);
    };

    // 返回响应式状态和方法等
    return {
      message,
      logMessage
    };
  },
  mounted() {
    this.logMessage(); // 调用定义的方法
  }
});
```

示例中使用混入时，将 exampleMixin 对象混合到组件中，并在组件的 mounted 钩子函数中调用了混入中的方法。而使用组合式 API 时，使用 setup 函数来定义组件的逻辑。在 setup 函数内，使用 vue.ref 来定义一个响应式状态 message，并定义一个方法 logMessage。最后，通过返回这些响应式状态和方法等，使其在组件中可用。在组件的 mounted 钩子函数中，调用了定义的方法。

上述两个示例展示了混入与组合式 API 的使用方式，它们可以实现相同的功能，但是使用组合式 API 可以更清晰地组织和复用代码。

9.4　本章小结

通过对本章的学习可以知道组合式 API 是一种灵活、可组合的编写 Vue 组件的方式。它通过引入 setup

< 117 >

函数和一系列核心函数（如 reactive、ref、computed 和 watch 函数等）来改变组件的编写方式，为 Vue 开发提供了许多优势。

第一，组合式 API 使代码逻辑更直观。通过将相关逻辑封装到 setup 函数中，开发者可以按照功能组织代码，而不是按照生命周期钩子函数的顺序。这样使代码更易于理解和维护。

第二，组合式 API 促进了代码的复用。开发者能够将可复用的逻辑封装到函数中，并在不同的组件中进行复用。这样既提高了代码的可维护性和可扩展性，又减少了重复编写代码的工作量。

第三，组合式 API 提供了更好的类型推导和 IDE 支持。它使用了严格的静态类型推导，使 IDE 能够更好地理解代码并提供准确的代码补全和错误检查。这样提高了开发效率并减少了潜在的错误。

第四，组合式 API 还有助于更好地组织和测试代码。开发人员可以更容易地进行单元测试，同时也可以更容易地对逻辑进行拆分和组合。这样提高了代码的可测试性和可组织性。

与传统的混入相比，组合式 API 具有明显的区别。组合式 API 使用 setup 函数和函数式来组织代码，而混入通过将共享选项合并到组件中来实现代码的复用。组合式 API 提供了更细粒度的控制和更好的 IDE 支持，避免了命名冲突，并且更符合现代 JavaScript 的开发习惯。

综上所述，Vue 3 的组合式 API 是一个强大而灵活的工具，它提供了直观的代码组织、代码复用、类型推导和 IDE 支持，以及更好的代码测试等功能。通过使用组合式 API，开发者可以更高效地构建可维护和可扩展的 Vue 应用程序。

习题

一、判断题

1. Vue 3 中的组合式 API 是一种全新的替代选项式 API 的开发方式。 （　　）
2. 在 Vue 3 中，你可以同时在一个组件中混用选项式 API 和组合式 API。 （　　）
3. 使用组合式 API 时，data 选项可以直接在 setup 函数中定义。 （　　）
4. 在组合式 API 中，可以使用 provide 和 inject 来进行组件间的数据传递。 （　　）
5. 组合式 API 使得在逻辑上相关的代码可以被组织在一起，组件更加可读和易于维护。 （　　）

二、选择题

1. Vue 3 中使用组合式 API 时，下列（　　）函数用于声明响应式数据。
    A. reactive　　　　　　B. computed　　　　　C. ref　　　　　　　D. watch
2. 在 Vue 3 中，下列（　　）用于替代 Vue 2 中的 data 选项。
    A. data 选项仍然可用　B. reactive 函数　　　C. setup 函数　　　　D. ref 函数
3. 组合式 API 的 setup 函数可以返回的类型的值是（　　）。
    A. 对象　　　　　　　B. 数组　　　　　　　C. 字符串　　　　　　D. 函数
4. 在 Vue 3 中，可以通过（　　）函数访问组件的实例。
    A. getInstance　　　　B. this.$refs　　　　　C. getCurrentInstance　D. this.$instance
5. 在 Vue 3 中，使用组合式 API 的主要目的是（　　）。
    A. 替代选项式 API　　　　　　　　　　B. 简化组件的导入和导出
    C. 提供更多内置的组件　　　　　　　　D. 改进模板语法

三、简答题

通过对本章的学习，读者应该能够熟练掌握组合式 API 开发方式，因此请将第 6 章中计算属性和侦听器的示例代码全部使用组合式 API 来重新实现。

< 118 >

上机实操

　　使用 Vue 3 的组合式 API 来实现一个简单的任务列表应用。

　　目标：使用组合式 API 将相关的逻辑组织在一起，并更好地管理组件的状态和行为。组合式 API 使得编写 Vue 3 应用程序更加灵活和高效，并提供了更好的可读性和可维护性。在实际项目中，组合式 API 可以用于处理更复杂的业务逻辑，并更好地组织代码结构。

　　实操指导：

　　（1）在文本框中输入任务标题，然后按 Enter 键或单击 Add Task 按钮，观察新任务是否被添加到任务列表中；

　　（2）单击 Toggle 按钮，观察任务的状态是否在 Active Tasks 和 Completed Tasks 之间切换；

　　（3）单击 Remove 按钮，观察任务是否从任务列表中移除。

< 119 >

第三部分

Vue生态

　　Vue 作为非常流行的前端框架，拥有一个强大的生态系统。Vue 的生态系统是指与 Vue 相关的库、工具、插件、框架、组件等。这些资源一起构成了 Vue 的庞大生态系统，为 Vue 的开发者提供了更多的工具和资源，使 Vue 成为一个功能丰富、灵活且易于扩展的框架。Vue Router 是 Vue 官方提供的路由管理器，为 Vue 应用程序提供了强大的导航、路由和路由守卫功能。作为现代化状态管理库的 Pinia，提供了类似 Vuex 的功能，但在使用上更加简洁和直观。下一代的前端构建工具 Vite 与传统的打包工具相比，采用了基于 ES 模块的原生浏览器支持，消除了打包步骤，实现了秒级的热更新和更快的冷启动，使开发过程更加流畅。使用 Axios 提供的简洁易用的 API，可以方便地进行网络请求、响应和错误的处理。基于 Vue 的第三方 UI 组件库 Element Plus 和 Vant，旨在为开发者提供丰富的 UI 组件或解决移动端开发中常见的问题。因此，掌握 Vue 生态中常用的工具、相关库和组件等可以使开发人员事半功倍地构建出交互性强、功能丰富、实用且美观、易于维护的高性能 Web 前端应用程序。

　　本部分介绍常用的 Vue 生态，包含如下 5 章内容。

第 10 章　Vue Router

第 11 章　Pinia——一个全新的状态管理库

第 12 章　Vite——下一代前端构建工具

第 13 章　Axios——一个 HTTP 网络请求库

第 14 章　Vue 组件库

　　通过对本部分的学习，读者能够熟练掌握 Vue Router 的基本使用，并通过合理使用路由配置和路由守卫，实现更高级的路由控制和管理；能够熟练安装、配置和使用 Pinia 并进行状态管理的各项实践，包含异步操作和插件的使用；能够熟练掌握下一代的前端构建工具 Vite 的特点、优势、安装与配置，以及 Vite 项目的开发与构建；能够学会如何在 Vue 3 中优化和重用 Axios 实例，以及处理一些公共逻辑，如请求的 Loading 状态、错误提示和日志记录等；能够安装和配置 Element Plus 和 Vant，并能在项目中灵活应用这些组件库。

第**10**章 Vue Router

Vue Router 是 Vue 官方提供的路由管理器，其使构建单页面应用程序变得易如反掌。本章将详细介绍 Vue Router 的概念、Vue Router 安装与配置、静态路由与动态路由及路由守卫等，本章的最后将介绍在 Vue Router 中可以通过 Vue 的过渡系统实现渐变、幻灯片、缩放、旋转等过渡效果，为用户提供流畅的页面切换体验。通过学习本章内容，读者需要重点掌握如何通过路由构建出交互性强、用户体验优秀的单页应用，以及实现更高级的路由控制和管理等功能。

10.1 Vue Router 入门

读者首先需要理解前端路由的概念和作用，从而进一步学习作为前端路由管理器的 Vue Router 的定义、特点、安装和配置等。

10.1.1 前端路由的概述

在学习前端路由管理器 Vue Router 之前，本小节将首先介绍前端路由的概念及作用，这样读者才会理解为什么会使用 Vue Router。

1. 前端路由的概念

前端路由是指在单页应用程序（SPA）中，根据 URL 的变化来动态加载不同的组件或视图的过程。传统的 Web 应用程序在每次进行页面切换时都会重新加载整个页面，而前端路由通过在客户端进行页面切换，只加载必要的组件或视图，实现了无刷新的页面跳转和动态加载内容的效果。

前端路由通过在 URL 中使用不同的路径、查询参数或散列（hash）来表示不同的页面状态或视图，从而实现不同页面之间的导航。当 URL 发生变化时，前端路由会根据配置的规则匹配相应的路由，然后加载对应的组件或视图，更新页面内容，同时可以管理页面状态和传递参数。

2. 前端路由的作用

前端路由在现代 Web 开发中起着至关重要的作用，它带来了许多优势和好处。

（1）无刷新页面跳转。传统的多页应用程序在页面切换时需要重新加载整个页面，而前端路由能够实现在不刷新整个页面的情况下进行页面跳转，提供更流畅的用户体验。

（2）URL 语义化表示。前端路由使用 URL 路径、查询参数或散列来表示不同的页面状态或视图，使得 URL 具有语义化的特点。这样不仅能够方便用户直接访问特定页面，还能够提高搜索引擎优化（search engine optimization，SEO）的效果。

（3）状态管理和传递。前端路由可以管理页面状态和传递参数。通过路由参数或路由状态，可以在不同页面之间传递数据和共享状态，使得页面之间的交互更加灵活和可控。

（4）组件化和模块化。前端路由将页面划分为不同的组件或视图，并根据路由规则动态加载对应的组件或视图。这种组件化和模块化的设计使得应用程序的开发、维护和扩展更加容易。

（5）前后端分离。前端路由对前端应用程序和后端服务器的职责进行分离，使得前后端开发团队可以并行工作，提高开发效率和灵活性。

总之，前端路由在现代 Web 开发中扮演着重要的角色。它通过实现无刷新页面跳转、URL 语义化表示、状态管理和传递等功能，提升了用户体验，优化了搜索引擎优化技术，同时支持组件化和前后端分离的开发模式。

10.1.2　Vue Router 概述

在 10.1.1 小节中介绍了前端路由的作用，本小节来学习针对 Vue 框架的前端路由管理器 Vue Router。

1．Vue Router 定义

Vue Router 是 Vue 官方提供的路由管理器。它可以在 Vue 单页面应用中实现客户端路由功能，允许用户在不同的 URL 之间进行导航，并展示相应的组件内容，而无须刷新整个页面。Vue Router 基于 Vue 的核心库，提供了一个功能强大且易于使用的路由系统，使构建复杂的 Vue 应用变得更加简单。

2．Vue Router 的特点

（1）声明式路由配置。Vue Router 使用简洁的声明式 API 来定义路由规则，让开发者可以通过配置路由映射关系来定义页面之间的导航，而不需要手动处理 URL 和页面的切换。

（2）嵌套路由与命名视图。Vue Router 支持嵌套路由和命名视图的概念，允许开发者在一个父级路由下嵌套子路由，并为不同的路由配置多个命名视图，以实现更灵活的页面组织和布局。

（3）路由参数与查询。通过 Vue Router 可以定义带有动态参数的路由，捕获 URL 中的参数值，并将其传递给对应的组件。此外，Vue Router 还支持查询参数，可以方便地处理 URL 中的查询字符串。

（4）导航控制与路由守卫。Vue Router 提供了多种路由守卫，如全局前置守卫、路由独享的守卫和组件内的守卫，用于控制导航行为并实现诸如权限验证、重定向等功能。

（5）历史管理与模式。Vue Router 在浏览器环境下支持两种路由模式，即散列模式（Hash Mode）和历史模式（History Mode）。散列模式使用 URL 中的散列值来模拟路由，适用于不支持 HTML5 History API 的环境；历史模式则利用 HTML5 的 History API，更加友好地处理 URL，不带有散列值。

（6）动态路由加载。通过结合 Pinia 等构建工具，Vue Router 可以实现路由的懒加载，即按需加载路由所对应的组件，提升应用的性能和加载速度。

3．Vue Router 路由的三种模式

（1）散列模式。散列模式是默认的路由模式。在散列模式下，URL 中的路由路径会以一个#符号开头，例如 http://liangdaye.cn/#/home。在这种模式下，路由信息会被存储在 URL 的散列部分，不会被发送到服务器。当浏览器 URL 的散列部分发生变化时，Vue Router 会根据散列值来匹配相应的路由。

（2）历史模式。在历史模式下，URL 中的路由路径不再有#符号，如 http://liangdaye.cn/home。在这种模式下，路由信息会被完整地发送到服务器。为了使历史模式正常工作，需要配置服务器以确保在直接访问 URL 时返回正确的页面，并且在刷新页面或者直接访问特定 URL 时，不会返回 404 错误。在开发环境中，可以使用 Vue 脚手架的 dev server 来自动处理这些配置。

（3）抽象模式（Abstract Mode）。在抽象模式下，路由器不会在 URL 中保留任何信息。相反，它会使用浏览器的 History API 来管理路由状态。这种模式适用于非浏览器环境，例如在服务端渲染时。

设置路由模式需要在 Vue Router 的实例化过程中进行配置。例如，在创建 Vue Router 实例时，可以传递一个 mode 选项来指定所需的路由模式，代码如下。

< 122 >

```
import { createRouter, createWebHistory } from 'vue-router';

const router = createRouter({
  history: createWebHistory(),
  routes: [...],
});
```

　　示例中，createWebHistory 方法用于创建历史模式的路由器实例。如果需要使用散列模式，则可以使用 createWebHashHistory 方法；使用 createMemoryHistory 方法可以创建抽象模式。

　　请注意，根据不同的路由模式，服务端的配置可能会有所不同。

Vue Router 安装与配置

10.1.3　Vue Router 安装与配置

　　2.2.1 "创建一个单页面项目"一节中已经提到，在创建项目时使用 Vue 官方脚手架就可以直接选择是否添加集成 Vue Router，而无须手动添加和配置。为了便于读者学习如何配置 Vue Router，本小节示例将展示在不包含 Vue Router 的项目中，如何手动配置 Vue Router。

　　安装和配置 Vue Router（本书以 Vue Router 4.x 为例）可以按照如下步骤进行操作。

1. 安装

　　（1）确保项目中已经安装有 Vue。如果还未安装，则可以使用 Vue 脚手架进行安装，安装命令如下所示。

```
npm init vue@latest
```

　　在选择命令操作时全部选择 "No"，如图 10-1 所示。

　　（2）安装 Vue Router。安装 Vue Router 可以使用如下命令。

```
npm install vue-router@4
```

2. 配置

　　（1）在创建的 Vue 项目中的 src 目录下创建一个 router 目录，并在 router 目录下新建一个 index.js 文件，具体如图 10-2 所示。

```
Vue.js - The Progressive JavaScript Framework

√ Add TypeScript? ... No / Yes
√ Add JSX Support? ... No / Yes
√ Add Vue Router for Single Page Application development? ... No / Yes
√ Add Pinia for state management? ... No / Yes
√ Add Vitest for Unit Testing? ... No / Yes
√ Add an End-to-End Testing Solution? » No
√ Add ESLint for code quality? ... No / Yes

Scaffolding project in D:\book\vue3\code\第10章\vue-router-demo...

Done. Now run:

  cd vue-router-demo
  npm install
  npm run dev
```

图 10-1　安装 Vue

图 10-2　router 目录

　　（2）在 index.js 文件中，导入 createRouter 及 createWebHistory 方法，代码如下。

```
import { createRouter, createWebHistory } from 'vue-router'
import HomeView from '../views/HomeView.vue'
```

< 123 >

```
import AboutView from '../views/AboutView.vue'

const router = createRouter({
  history: createWebHistory(),
  routes: [
    {
      path: '/',
      name: 'home',
      component: HomeView
    },
    {
      path: '/about',
      name: 'about',
      component: AboutView
    }
  ]
})
```

```
export default router
```

上述代码中首先从 vue-router 模块中导入 createRouter 和 createWebHistory。createRouter 是一个函数，用于创建路由的实例，createWebHistory 是路由提供的一个历史模式的实现，用于支持 HTML5 History API 的浏览器使用。

其次，导入两个视图组件，它们在 Vue 项目中的 views 目录下。然后，通过 createRouter 创建一个路由的实例，该函数接收一个配置对象，其中包含以下两个属性。

history：指定路由模式为历史模式，使用 createWebHistory 方法进行指定。

routes：定义路由的映射关系。路由实例中有两个路由，一个用于首页，一个用于相关页面。每个路由都由一个带有 path 和 component 属性的对象来表示。path 指定了触发组件时显示的 URL，component 指定了当前路由对应的 Vue 组件。

最后，通过 export default router 导出路由实例，以便在其他地方可以使用该实例。

（3）在 main.js 的入口文件中导入 router，代码如下。

```
import { createAPP } from 'vue'
Import  App  from './App.vue'
import router from './router'

const app = createApp(App)
app.use(router)
app.mount('#app')
```

10.2 静态路由与动态路由

静态路由是在应用程序启动时定义的路由，在应用程序运行期间保持不变，不会根据用户的操作或其他因素而改变。动态路由是在应用程序运行时根据特定条件动态添加或删除的路由，可以根据用户的输入、权限或其他因素进行调整。本节将介绍静态路由和动态路由的配置、使用以及路由间的参数传递过程。

静态路由

10.2.1 静态路由

静态路由适用于在应用程序的整个生命周期内保持不变的页面或视图，通常在

< 124 >

Vue Router 的路由配置文件中进行配置。

1. 定义路由配置

在项目目录 router/index.js 中，定义静态路由配置。每个路由都包含一个路径（path）和与之关联的组件（component），具体代码参见 10.1.3 小节中所介绍的 index.js 文件。

2. 创建组件

在项目的 views 目录下创建 Vue 组件以用于 HomeView 和 AboutView 页面。以下是这两个组件的代码示例。

```
<!-- HomeView.vue -->
<template>
  <div>
    <h1>欢迎来到首页! </h1>
    <!-- 这里放置用户的内容 -->
  </div>
</template>

<script>
export default {
  // 组件选项在这里
}
</script>
```

```
<!-- AboutView.vue -->
<template>
  <div>
    <h1>关于我们</h1>
    <!-- 这里放置用户的内容 -->
  </div>
</template>

<script>
export default {
  // 组件选项在这里
}
</script>
```

3. 使用静态路由

读者可以在 Vue 组件中使用 <router-link> 来链接到不同的静态路由，示例代码如下。

```
<!-- 在其他组件中使用 -->
<template>
  <div>
    <router-link to="/">Home</router-link>
    <router-link to="/about">About</router-link>
    <router-view ></router-view>   <!-- 当前路由的组件将在这里渲染 -->
  </div>
</template>
```

这样，当用户单击相应的链接时，Vue Router 将根据相应的路径加载对应的组件，从而实现页面的切换。

< 125 >

10.2.2 动态路由

动态路由

动态路由可以使应用程序根据不同情况动态生成和渲染不同的页面或视图。Vue Router 通过使用路由参数（route params）来实现动态路由。路由参数是一种特殊的路由路径，包含可变的部分，这些可变的部分可以通过参数进行传递。

1. 定义路由配置

我们可以直接在静态路由配置文件中添加动态路由占位符，用于表示动态参数，代码如下。

```
import { createRouter, createWebHistory } from 'vue-router';
import Home from '../views/HomeView.vue'; // 导入路由对应的组件
import About from '../views/AboutView.vue';
import User from '../views/User.vue';

const routes = [
{ path: '/', component: Home },
{ path: '/about', component: About },
{ path: '/user/:id', name: 'user',component: User }, // 定义动态路由，参数名称为:id
// 定义动态路由，参数名称为:id
{ path: '/userInfo/:id/:name',name: 'userInfo', component: User},和:name
];

const router = createRouter({
  history: createWebHistory(),
  routes,
});
export default router
```

2. 创建组件

现需要为动态路由定义的组件创建对应的视图组件。在下面的示例中，定义了一个名为 User.vue 的组件，代码如下。

```
<!-- User.vue -->
<template>
  <div>
    <h2>User Information</h2>
    <p>User ID: {{ $route.params.id }}</p>
    <!-- 这里的 $route.params.id 将获取路由中的动态参数 -->
    <p>User Name: {{ $route.params.name }}</p>
  </div>
</template>

<script>
export default {
  name: 'User'
}
</script>

<style>
/* 样式 */
</style>
```

3. 使用动态路由

如下所示，读者可以在其他组件中使用 <router-link> 来链接到动态路由，并传递参数。

< 126 >

```
<!-- 在其他组件中使用 -->
<template>
    <div>
       <nav>
         <router-link :to="{ name: 'user', params: { id: 1 } }">User 1</router-link> |
         <router-link :to="{ name: 'user', params: { id: 2 } }">User 2</router-link>|
         <router-link :to="{ name: 'userInfo', params: { id: 1, name: userName} }">UserInfo
</router-link>
       </nav>
       <router-view ></router-view>
    </div>
</template>

<script setup>
    import {ref} from 'vue'
    const userName =ref('Mamba')
</script>
```

通过上述的设置和代码，当用户单击“User 1”链接时，将进入/users/1 地址，并且 user 组件将被渲染，显示“User ID: 1”。类似地，如果单击“User 2”链接，将显示“User ID: 2”。

10.2.3　路由传参

在 Vue Router 中，路由传参是指在路由之间传递数据的过程。这些数据可以是简单的参数，也可以是复杂的对象。

路由传参有多种方式，本小节将详细介绍其中的三种，即动态路由参数、查询参数和路由元信息。

1. 动态路由参数

动态路由参数是将数据作为路由的一部分传递的方式，通常用于标识唯一资源的 ID 或标识符。相关内容在动态路由中已经详细介绍，代码示例请参见 10.2.2 小节。

2. 查询参数

查询参数是将数据作为 URL 中的查询字符串传递的方式，通常用于较为简单的数据传递。例如，可能有一个用于搜索的路由，需要传递搜索关键字作为查询参数。

在路由定义中使用查询参数，代码如下。

```
// 定义路由
const routes = [
  {
    path: '/search',
    name: 'Search',
    component: SearchComponent
  }
];
```

在组件中接收查询参数，代码如下。

```
<!-- SearchComponent.vue -->
<template>
  <div>
    <h2>Search Results</h2>
    <p>Search Keyword: {{ $route.query.keyword }}</p>
  </div>
</template>
```

< 127 >

3. 路由元信息

路由元信息

路由元信息是一种特殊的路由传参方式，其允许在路由配置中添加自定义的数据，而不需要将数据作为动态路由参数或查询参数传递。

在路由定义中使用路由元信息，代码如下。

```
// 定义路由
const routes = [
  {
    path: '/secure',
    name: 'Secure',
    component: SecureComponent,
    meta: {
        requiresAuth: true
    }
  }
];
```

在路由守卫中访问路由元信息，代码如下。

```
// 假设你有一个路由守卫用于验证身份和授权
router.beforeEach((to, from, next) => {
  if (to.meta.requiresAuth && !isAuthenticated) {
    // 如果路由需要认证而用户未登录，则导航到登录页面
    next('/login');
  } else {
    // 否则继续导航
    next();
  }
});
```

示例中添加了一个名为 requiresAuth 的路由元信息，并且在路由守卫中检查该路由元信息，以确保用户在访问受保护的路由时已经登录。关于路由守卫的概念，将在 10.3 节中详细介绍。

10.3 路由守卫

本节将介绍路由守卫的概念、三种路由守卫的使用方式和应用场景。三种路由守卫分别是全局前置守卫（global before guards）、路由独享守卫（per-route guards）和组件内的守卫（in-component guards）。

10.3.1 路由守卫概述

在 Vue Router 中，路由守卫是一种机制，用于在导航到特定路由或离开当前路由时执行一些操作或控制。它们允许在路由切换发生前、发生时或发生后进行干预和控制。

1. 路由守卫分类

（1）全局前置守卫

全局前置守卫注册在整个应用程序中，会在每次路由切换之前被调用。使用全局前置守卫可以执行一些通用的任务，如身份验证、权限验证、日志记录等。

（2）路由独享守卫

路由独享守卫是针对特定路由配置的守卫。它们会在路由进入时被调用，仅对特定的路由生效，这样可以对特定页面设置特定的逻辑或验证需求。

< 128 >

（3）组件内的守卫。

组件内的守卫是定义在组件内部的守卫函数。它们包括 beforeRouteEnter、beforeRouteUpdate 和 beforeRouteLeave，用于在组件被复用或离开时执行一些操作。

2．路由守卫参数

路由守卫函数接收以下三个参数。

（1）to：即将导航到的目标路由对象。

（2）from：当前导航所在的路由对象。

（3）next：一个函数，用于控制路由的行为。必须在守卫中调用 next 来确认导航，我们可以传入参数指定新的目标路由，或者不传入参数继续当前导航。

3．路由守卫执行顺序

（1）全局前置守卫。

（2）路由独享守卫。

（3）组件内的 beforeRouteEnter 守卫。

（4）路由解析（异步路由组件加载）。

（5）组件内的 beforeRouteUpdate 守卫。

（6）路由激活（触发组件的 mounted 钩子函数）。

（7）组件内的 beforeRouteLeave 守卫。

因此，通过合理使用这些路由守卫，可以更好地控制和管理 Vue 应用程序中的路由跳转，实现更复杂的导航逻辑和提升用户体验。

10.3.2　全局前置守卫

1．使用方式

全局前置守卫是 Vue Router 中的一种路由守卫，它会在每次路由切换之前被调用。全局前置守卫允许在路由切换前进行一些通用的任务，如身份验证、权限验证、日志记录等。读者可以通过全局前置守卫来拦截路由导航并根据需要决定是否继续导航。

在 Vue Router 中，需要使用 router.beforeEach 方法来注册全局前置守卫。下面是一个使用全局前置守卫的示例。

```
import { createRouter, createWebHistory } from 'vue-router';

const router = createRouter({
  history: createWebHistory(),
  routes: [
    // 定义路由配置
  ]
});

// 注册全局前置守卫
router.beforeEach((to, from, next) => {
  // 在这里执行守卫逻辑
  // to: 即将导航到的目标路由对象
  // from: 当前导航所在的路由对象
  // next: 一个函数，用于控制路由的行为

  // 示例：进行简单的身份验证
```

< 129 >

```
const isAuthenticated = true; // 假设这里有一个身份验证逻辑
if (to.meta.requiresAuth && !isAuthenticated) {
  // 如果目标路由需要身份验证而用户未通过验证，则取消导航，跳转到登录页面
  next('/login');
} else {
  // 否则，继续导航
  next();
}
});
```

```
export default router;
```

上述示例中通过 router.beforeEach 方法注册一个全局前置守卫。在这个守卫中，执行一个简单的身份验证逻辑，即如果目标路由需要身份验证（在路由配置的 meta 字段中定义），且用户未通过验证，则取消导航，并通过 next('/login') 将用户重定向到登录页面，否则，通过 next 函数继续导航到目标路由。

需要注意的是，在全局前置守卫中，必须调用 next 函数，否则路由导航将被阻止，应用程序将无法跳转到目标路由。

全局前置守卫可以用于很多场景，如日志记录、路由切换动画、权限控制等。通过合理利用全局前置守卫，开发者可以更好地管理和控制 Vue 应用程序中的路由导航行为。

2．应用场景

（1）身份验证。使用全局前置守卫可以进行身份验证，以确保用户在访问受限制的页面之前已经登录或拥有必要的权限。如果用户没有通过身份验证，则可以在全局前置守卫中取消导航，并将用户重定向到登录页面或其他适当的页面。

（2）权限控制。类似身份验证，全局前置守卫还可以用于对整个应用程序的权限进行控制。通过在全局前置守卫中检查用户的权限，可以决定用户是否被允许访问特定的路由或功能。

（3）日志记录。全局前置守卫可以用于记录用户访问的路由信息，以便后续分析和监控用户行为。在全局前置守卫中可以记录用户访问的路由路径、时间戳等信息。

（4）页面访问统计。通过全局前置守卫，可以在用户访问页面时进行页面访问统计，如统计每个页面的访问次数、平均停留时间等。

（5）维护模式。如果应用程序需要维护，则可以使用全局前置守卫来实现维护模式，即当用户访问应用程序时，自动跳转到维护页面或显示维护通知。

（6）路由切换过渡。在全局前置守卫中，可以设置路由切换的过渡效果，以提供更平滑的用户体验。我们可以根据路由之间的关系，使用不同的过渡效果。

（7）路由跳转监控。全局前置守卫可以用于监控和记录用户的路由跳转行为，以便后续分析用户的导航路径和行为模式。

全局前置守卫提供了在整个应用程序范围内控制路由导航行为的机制，允许在路由切换之前执行各种通用任务。这些全局前置守卫为应用程序提供了更高的灵活性和定制性，并能够提供更好的用户体验和更高的安全性。

10.3.3　路由独享守卫

1．使用方式

路由独享守卫是 Vue Router 中的另一种路由守卫，它允许在特定路由配置上定义守卫函数。与全局前置守卫不同，路由独享守卫只会对特定的路由生效，而不会对整个应用程序生效。

在 Vue Router 中，路由独享守卫可以在路由配置中被使用。在定义路由的时候，可以通过 beforeEnter

< 130 >

字段来注册路由独享守卫。使用路由独享守卫的示例代码如下。

```
import { createRouter, createWebHistory } from 'vue-router';

const router = createRouter({
  history: createWebHistory(),
  routes: [
    {
      path: '/public',
      component: PublicComponent,
      meta: {
        requiresAuth: false // 这里定义了一个 meta 字段, 用于配置路由独享守卫
      }
    },
    {
      path: '/private',
      component: PrivateComponent,
      meta: {
        requiresAuth: true // 这里定义了一个 meta 字段, 用于配置路由独享守卫
      },
      beforeEnter: (to, from, next) => {
        // 在这里执行路由独享守卫逻辑
        // to: 即将导航到的目标路由对象
        // from: 当前导航所在的路由对象
        // next: 一个函数, 用于控制路由的行为

        // 示例: 进行简单的身份验证
        const isAuthenticated = true; // 假设这里有一个身份验证逻辑
        if (to.meta.requiresAuth && !isAuthenticated) {
          // 如果目标路由需要身份验证而用户未通过验证, 则取消导航, 跳转到登录页面
          next('/login');
        } else {
          // 否则, 继续导航
          next();
        }
      }
    }
  ]
});

export default router;
```

上述示例中定义了两个路由,分别为"/public"和"/private"。在"/private"路由的配置中,通过 beforeEnter 注册了一个路由独享守卫。这个守卫函数会在用户导航到 "/private" 路由之前被调用。

2. 应用场景

（1）权限控制。路由独享守卫可以用于对特定的路由配置进行权限控制。例如,某些页面需要用户登录才能访问,而另一些页面可能对所有用户开放。通过在需要权限控制的路由上使用 beforeEnter 守卫,就可以在用户访问这些页面之前进行身份验证,并根据需要决定是否允许访问。

（2）表单验证。在某些情况下可能需要在用户导航到一个包含表单的页面时执行一些验证操作。使用 beforeEnter 守卫,可以在用户进入页面前验证表单数据的有效性,并根据验证结果决定是否允许用户访问页面。

（3）特定环境配置。有时候可能需要根据特定的环境配置路由,例如,在开发环境和生产环境下加载不同的组件或设置不同的路由参数。通过在特定路由上使用 beforeEnter 守卫,就可以根据应用程序所

< 131 >

处的环境动态地配置路由。

（4）路由记录。在用户访问某个路由之前，可能希望记录用户访问的路由信息，以便后续分析和使用。使用 beforeEnter 守卫，可以在用户进入路由前执行一些记录操作，并将路由信息记录下来。

（5）业务逻辑处理。某些页面可能需要在导航发生之前执行一些业务逻辑。通过在路由独享守卫中处理这些业务逻辑，可以确保在用户进入页面之前完成所需的任务，从而提供更好的用户体验。

（6）动态路由配置。在某些情况下，可能需要根据特定条件动态地配置路由，如根据用户角色加载不同的页面或根据后端数据动态生成路由配置。通过在路由独享守卫中动态地配置路由，可以实现更灵活的路由配置。

路由独享守卫提供了一种在特定路由上控制路由导航行为的机制，允许开发者根据路由的特定需求和条件来执行特定的任务。这些路由独享守卫是非常有用的工具，可以帮助开发人员实现更精细化和定制化的路由控制。

10.3.4　组件内的守卫

1. 使用方式

在 Vue Router 中，组件内的守卫是指定义在组件内部的三个特殊钩子函数，用于在组件级别控制路由的导航行为。这三个守卫函数分别是 beforeRouteEnter、beforeRouteUpdate 和 beforeRouteLeave。

（1）beforeRouteEnter

beforeRouteEnter 守卫函数是在路由进入组件时被调用的。它是唯一在组件实例创建之前被调用的守卫，这意味着在这个守卫内部，无法直接访问组件实例（例如，通过 this 关键字）。由于组件实例还未创建，因此无法在这个守卫中访问组件的数据或实例方法。

不过，beforeRouteEnter 守卫函数提供了一个回调函数作为第三个参数，允许通过回调函数访问组件实例。这样可以在组件实例创建之前执行一些异步操作，例如从服务器获取数据，然后通过回调函数传递给组件。

（2）beforeRouteUpdate

beforeRouteUpdate 守卫函数是在当前路由与目标路由相同的组件被复用时被调用的。在路由导航发生时，如果组件实例被复用，那么 beforeRouteUpdate 守卫会被触发。通过这个守卫可以检查当前组件状态的变化，并在复用之前执行一些必要的操作。

与 beforeRouteEnter 守卫函数不同，beforeRouteUpdate 守卫函数在守卫中可以通过 this 关键字访问组件实例，因为组件已经创建并被复用。

（3）beforeRouteLeave

beforeRouteLeave 守卫函数是在离开当前路由的组件时被调用的。其允许在用户离开页面前执行一些清理操作或弹出确认对话框。在 beforeRouteLeave 守卫中，同样可以通过 this 关键字访问组件实例，因为组件还未销毁。

下面的代码示例将展示如何使用组件内的守卫。

```
// 组件定义
const MyComponent = {
  data() {
    return {
      dataLoaded: false,
      someData: null
    };
  },
  beforeRouteEnter(to, from, next) {
```

< 132 >

```
    // 在组件实例创建之前，执行异步操作并通过回调传递数据给组件
    fetchDataFromServer().then(data => {
      next(vm => {
        vm.dataLoaded = true;
        vm.someData = data;
      });
    });
  },
  beforeRouteUpdate(to, from, next) {
    // 在组件被复用时执行一些操作，如更新数据
    updateDataOnRouteChange(this, to);
    next();
  },
  beforeRouteLeave(to, from, next) {
    // 在离开当前路由前执行一些操作，如弹出确认对话框
    if (this.dataLoaded && this.someData && this.someData.isDirty) {
      const shouldLeave = window.confirm("您有未保存的更改，确定要离开吗？");
      if (shouldLeave) {
        next();
      } else {
        next(false); // 取消导航
      }
    } else {
      next();
    }
  }
};
```

2. 应用场景

（1）异步数据加载。使用 beforeRouteEnter 守卫函数，可以在组件实例创建之前执行异步操作（如从服务器获取数据），然后通过回调传递数据给组件。这样确保了组件在数据加载完成后再进行渲染，避免了数据还未加载完成时组件可能出现的错误。

（2）路由参数的变化。使用 beforeRouteUpdate 守卫函数，可以在当前路由与目标路由相同的组件被复用时，检查路由参数的变化，根据参数的不同更新组件的数据或执行其他必要的操作。

（3）离开确认。使用 beforeRouteLeave 守卫函数，可以在用户离开当前路由时执行一些操作，如弹出确认对话框，以确保用户在有未保存更改时得到确认，避免意外的数据丢失。

（4）条件导航。在组件内的守卫中，可以根据特定的条件来控制路由的导航行为。例如，如果用户没有登录，可以在 beforeRouteEnter 或 beforeRouteUpdate 守卫中阻止导航，强制用户跳转到登录页面。

（5）动态页面。通过 beforeRouteEnter 守卫函数，在组件实例创建之前，可以根据路由参数的不同，动态地创建不同的组件实例，实现更灵活的页面加载。

（6）权限控制。组件内的守卫可以用于检查用户的权限，根据用户角色决定是否允许访问某个页面或执行某些操作。

组件内的守卫提供了一种在组件级别控制路由导航行为的机制，允许开发者根据组件的状态、生命周期以及路由参数的变化来执行特定的任务，从而实现更细粒度的路由控制和定制。这些组件内的守卫是非常实用的工具，可以提高应用程序的用户体验和安全性。

10.4　路由的过渡动画

在路由中使用过渡动画可以为用户提供流畅的页面切换体验，使页面的过渡显得更加平滑和自然。

< 133 >

本节将介绍过渡动画及其分类，同时还给出渐变、幻灯片、缩放、旋转等过渡效果的实现示例。

10.4.1　过渡动画概述与分类

在 Vue Router 中，过渡动画可以通过 Vue 的过渡系统来实现。Vue 的过渡系统允许页面在进入、离开和在元素中进行过渡时应用 CSS 过渡效果。通常将过渡效果分为以下几类。

（1）渐变过渡。渐变过渡是页面在进入或离开时逐渐淡入或淡出的效果。这种过渡通常使用 CSS 中的 opacity 属性实现。页面会从完全透明变为完全可见（或相反），给页面带来平滑的过渡效果。

（2）幻灯片过渡。幻灯片过渡是页面从一侧滑动进入或离开的效果，通常是从左侧或右侧滑入／滑出。这种过渡效果可以通过 CSS 的 transform 属性和 translateX 函数来实现。

（3）缩放过渡。缩放过渡是页面在进入或离开时从小到大或从大到小逐渐缩放的效果。这种过渡效果可以通过 CSS 的 transform 属性和 scale 函数来实现。

（4）旋转过渡。旋转过渡是页面在进入或离开时逐渐旋转的效果。这种过渡效果可以通过 CSS 的 transform 属性和 rotate 函数来实现。

（5）自定义过渡。读者还可以根据需要自定义过渡效果，使用 CSS 动画或过渡库（如 Animate.css）来实现更复杂的过渡效果，以满足特定的设计要求。

10.4.2　渐变过渡动画

创建一个名为 FadeTransition 的 Vue 组件，用于实现渐变过渡效果，代码如下。

```
<template>
  <transition name="fade">
    <slot></slot>
  </transition>
</template>

<script>
export default {
  name: 'FadeTransition',
};
</script>

<style>
.fade-enter-active, .fade-leave-active {
  transition: opacity 0.5s;
}
.fade-enter, .fade-leave-to /* .fade-leave-active in <2.1.8 */ {
  opacity: 0;
}
</style>
```

在上述示例组件中，使用 Vue 的过渡系统来定义一个名为 fade 的过渡效果。在进入和离开时，页面会逐渐改变透明度，从而实现渐变过渡效果。

下面在路由配置中使用这个过渡组件。假设有两个路由，分别是 Home 和 About，对应的组件分别是 Home.vue 和 About.vue。示例代码如下。

```
import { createRouter, createWebHistory } from 'vue-router'
import Home from '../views/Home.vue';
import About from '../views/About.vue';

const router = createRouter({
  history: createWebHistory(),
```

< 134 >

```
routes:[
  {
    path: '/',
    component: Home
  },
  {
    path: '/about',
    component: About
  },
  ]
})
export default router
```

在 App.vue 文件中，导入刚刚创建的 FadeTransition 组件，并将其用作路由的过渡组件。这样，当在 Home 和 About 页面之间切换时，页面将会应用渐变过渡效果。

最后，Home.vue 和 About.vue 组件内容的示例代码如下。

```
<!-- Home.vue -->
<template>
  <div>
    <h1>Home Page</h1>
  </div>
</template>

<!-- About.vue -->
<template>
  <div>
    <h1>About Page</h1>
  </div>
</template>
```

以上示例中，Home.vue 和 About.vue 组件分别包含一个简单的、用于显示在页面上的标题。当读者在应用中单击导航链接切换页面时，页面之间的切换将会使用渐变过渡效果，页面内容会逐渐淡入和淡出，从而提供平滑的过渡效果。

10.4.3　幻灯片过渡动画

创建一个名为 SlideTransition 的 Vue 组件，用于实现幻灯片过渡效果，代码如下。

```
<template>
  <transition :name="transitionName">
    <slot></slot>
  </transition>
</template>

<script>
export default {
  name: 'SlideTransition',
  props: {
    transitionName: {
      type: String,
      required: true,
    },
  },
};
</script>
```

< 135 >

```
<style>
.slide-left-enter-active, .slide-right-leave-active {
  transition: transform 0.5s;
}
.slide-left-enter, .slide-right-leave-to /* .slide-right-leave-active in <2.1.8 */ {
  transform: translateX(100%);
}
.slide-left-leave-active, .slide-right-enter-active {
  transition: transform 0.5s;
}
.slide-left-leave-to, .slide-right-enter /* .slide-right-enter-active in <2.1.8 */ {
  transform: translateX(-100%);
}
</style>
```

上述示例组件中首先定义了一个名为 SlideTransition 的 Vue 组件，并使用 props 接收 transitionName 属性。根据传递的 transitionName 属性值，可以动态选择应用 slide-left 或 slide-right 过渡效果。

其次，如下代码所示，在路由配置中使用这个过渡组件。假设有两个路由，即 Home 和 About，对应的组件分别是 Home.vue 和 About.vue。

```
// router.js 文件
import { createRouter, createWebHistory } from 'vue-router'
import Home from '../views/Home.vue'
import About from '../views/About.vue'

const routes = [
  {
    path: '/',
    name: 'home',
    component: Home
  },
  {
    path: '/about',
    name: 'about',
    component: About
  },
]

const router = createRouter({
  history: createWebHistory(),
  routes
})

export default router
```

上述代码中创建了一个 router.js 文件，此外，SlideTransition 组件根据路由变化动态设置 transitionName，从而决定应用 slide-left 或 slide-right 过渡效果。

最后，再来看一下 Home.vue 和 About.vue 组件内容的代码。

```
<!-- Home.vue -->
<template>
  <div>
    <h1>Home Page</h1>
  </div>
</template>

<!-- About.vue -->
<template>
  <div>
```

< 136 >

```
    <h1>About Page</h1>
  </div>
</template>
```

示例中 Home.vue 和 About.vue 组件分别包含一个简单的、用于显示在页面上的标题。当读者在应用中单击导航链接切换页面时，页面之间的切换将会使用幻灯片过渡效果，页面会从左侧或右侧滑入 / 滑出，从而提供平滑的过渡效果。

10.4.4　缩放过渡动画

创建一个名为 ScaleTransition 的 Vue 组件，用于实现缩放过渡效果，代码如下。

```
<template>
  <transition :name="transitionName">
    <slot></slot>
  </transition>
</template>

<script>
export default {
  name: 'ScaleTransition',
  props: {
    transitionName: {
      type: String,
      required: true,
    },
  },
};
</script>

<style>
.scale-enter-active, .scale-leave-active {
  transition: transform 0.5s;
}
.scale-enter, .scale-leave-to /* .scale-leave-active in <2.1.8 */ {
  transform: scale(0);
}
</style>
```

在上述示例组件中，首先定义了一个名为 ScaleTransition 的 Vue 组件，并使用 props 接收 transitionName 属性。根据传递的 transitionName 属性值，可以动态选择应用 scale 过渡效果。

其次，如下代码所示，在路由配置中使用这个过渡组件。假设有两个路由，即 Home 和 About，对应的组件分别是 Home.vue 和 About.vue。

```
// router.js 文件
import { createRouter, createWebHistory } from 'vue-router'
import Home from '../views/Home.vue'
import About from '../views/About.vue'

const routes = [
  {
    path: '/',
    name: 'home',
    component: Home
  },
  {
    path: '/about',
    name: 'about',
```

< 137 >

```
    component: About
  },
]

const router = createRouter({
  history: createWebHistory(),
  routes
})

export default router
```

在上述代码中创建了一个 router.js 文件，此外，ScaleTransition 组件根据路由变化动态设置 transitionName，从而决定应用 scale 过渡效果。

最后，Home.vue 和 About.vue 组件内容的代码如下。

```
<!-- Home.vue -->
<template>
  <div>
    <h1>Home Page</h1>
  </div>
</template>

<!-- About.vue -->
<template>
  <div>
    <h1>About Page</h1>
  </div>
</template>
```

示例中，Home.vue 和 About.vue 组件分别包含一个简单的、用于显示在页面上的标题。当读者在应用中单击导航链接切换页面时，页面之间的切换将会使用缩放过渡效果，页面会从小到大或从大到小逐渐缩放，从而提供平滑的过渡效果。

10.4.5 旋转过渡动画

创建一个名为 RotateTransition 的 Vue 组件，用于实现旋转过渡效果，代码如下。

```
<template>
  <transition :name="transitionName">
    <slot></slot>
  </transition>
</template>

<script>
export default {
  name: 'RotateTransition',
  props: {
    transitionName: {
      type: String,
      required: true,
    },
  },
};
</script>

<style>
.rotate-enter-active, .rotate-leave-active {
  transition: transform 0.5s;
}
```

< 138 >

```
.rotate-enter, .rotate-leave-to /* .rotate-leave-active in <2.1.8 */ {
  transform: rotate(180deg);
}
</style>
```

　　在上述组件中，首先定义了一个名为 RotateTransition 的 Vue 组件，并使用 props 接收 transitionName 属性。根据传递的 transitionName 属性值，我们可以动态选择应用 rotate 过渡效果。

　　其次，如下代码所示，在路由配置中使用这个过渡组件。假设有两个路由，即 Home 和 About，对应的组件分别是 Home.vue 和 About.vue。

```
// router.js 文件
import { createRouter, createWebHistory } from 'vue-router'
import Home from '../views/Home.vue'
import About from '../views/About.vue'

const routes = [
  {
    path: '/',
    name: 'home',
    component: Home
  },
  {
    path: '/about',
    name: 'about',
    component: About
  },
]

const router = createRouter({
  history: createWebHistory(),
  routes
})

export default router
```

　　在上述代码中创建了一个 router.js 文件，此外，RotateTransition 组件根据路由变化动态设置 transitionName，从而决定应用 rotate 过渡效果。

　　最后，Home.vue 和 About.vue 组件内容的代码如下。

```
<!-- Home.vue -->
<template>
  <div>
    <h1>Home Page</h1>
  </div>
</template>

<!-- About.vue -->
<template>
  <div>
    <h1>About Page</h1>
  </div>
</template>
```

　　示例中 Home.vue 和 About.vue 组件分别包含一个简单的、用于显示在页面上的标题。当读者在应用中单击导航链接切换页面时，页面之间的切换将会使用旋转过渡效果，页面会逐渐旋转，从而提供平滑的过渡效果。

< 139 >

10.4.6　自定义过渡动画

创建一个名为 CustomTransition 的 Vue 组件，用于实现自定义过渡效果，代码如下。

```
<template>
  <transition :name="transitionName">
    <slot></slot>
  </transition>
</template>

<script>
export default {
  name: 'CustomTransition',
  props: {
    transitionName: {
      type: String,
      required: true,
    },
  },
};
</script>

<style>
/* 自定义过渡效果的 CSS */
.slide-right-enter-active, .slide-left-leave-active {
  transition: transform 0.5s, opacity 0.5s;
}
.slide-right-leave-active, .slide-left-enter-active {
  transition: transform 0.5s, opacity 0.5s;
}
.slide-right-enter, .slide-left-leave-to /* .slide-left-leave-active in <2.1.8 */ {
  transform: translateX(100%);
  opacity: 0;
}
.slide-right-leave-to, .slide-left-enter /* .slide-left-enter-active in <2.1.8 */ {
  transform: translateX(-100%);
  opacity: 0;
}
</style>
```

在上述示例组件中，首先定义了一个名为 CustomTransition 的 Vue 组件，并使用 props 接收 transitionName 属性。读者可以根据需要在<style>标签中添加自定义的 CSS 过渡效果。

其次，如下代码所示，在路由配置中使用这个过渡组件。假设有两个路由，即 Home 和 About，对应的组件分别是 Home.vue 和 About.vue。

```
// router.js 文件
import { createRouter, createWebHistory } from 'vue-router'
import Home from '../views/Home.vue'
import About from '../views/About.vue'

const routes = [
  {
    path: '/',
    name: 'home',
    component: Home
  },
  {
    path: '/about',
    name: 'about',
```

< 140 >

```
    component: About
  },
]

const router = createRouter({
  history: createWebHistory(),
  routes
})

export default router
```

上述代码中创建了一个router.js文件,此外,CustomTransition组件根据路由变化动态设置transitionName,从而决定应用自定义过渡效果。

最后,Home.vue 和 About.vue 组件内容的代码如下。

```
<!-- Home.vue -->
<template>
  <div>
    <h1>Home Page</h1>
  </div>
</template>

<!-- About.vue -->
<template>
  <div>
    <h1>About Page</h1>
  </div>
</template>
```

当在应用中单击导航链接切换页面时,页面之间的切换将会使用自定义过渡效果,页面会根据添加的自定义 CSS 过渡效果来进行过渡,从而提供独特且平滑的过渡效果。读者可以根据具体的设计需求,自由地定制和修改 CSS 过渡效果,以实现更复杂和吸引人的过渡动画效果。

10.5　本章小结

本章所介绍的 Vue Router 是 Vue 官方提供的路由管理器,用于实现 SPA 中的前端路由功能。其主要内容如下。

(1)Vue Router 的基本使用。创建路由实例、定义路由配置和注册路由实例,即使用 createRouter 工厂函数创建路由实例,通过 routes 选项定义路由配置,然后使用 router.addRoutes 注册路由实例。

(2)路由配置。每个路由对象包含 path 字段指定 URL 路径和 component 字段指定渲染的组件。通过 <router-view> 标签在模板中渲染匹配的路由组件。

(3)动态路由和嵌套路由。动态路由使用占位符(如/user/:id)匹配不同参数的 URL;嵌套路由允许组合多个路由配置来实现组件的嵌套和嵌套视图的渲染。

(4)路由守卫。路由守卫包括全局前置守卫、路由独享守卫和组件内的守卫,用于身份验证、权限控制、日志记录等,控制路由切换的行为。

(5)过渡动画。通过 Vue 的过渡系统实现渐变、幻灯片、缩放、旋转等过渡效果,为用户提供流畅的页面切换体验。

Vue Router 为 Vue 应用程序提供了强大的导航和路由功能,允许开发者轻松构建交互性强、用户体验优秀的单页应用。通过合理使用路由配置和路由守卫,可以实现更高级的路由控制和管理。同时,通

< 141 >

过过渡动画的应用，可以让页面切换更加平滑和自然，提升用户的感知和满意度。

习题

一、判断题

1. 在 Vue Router 中，可以使用<router-link>组件来创建导航链接。 （   ）
2. Vue Router 允许通过 beforeRouteEnter 守卫来在路由进入前获取数据或进行其他操作。

   （   ）
3. 在 Vue Router 中，可以通过历史模式和散列模式来切换路由的实现方式。 （   ）

二、选择题

1. Vue Router 的作用是（   ）。
   A. 状态管理　　　　　B. 表单验证　　　　　C. 路由管理　　　　　D. 数据请求
2. Vue Router 中的动态路由指的是（   ）。
   A. 定义在路由配置时就确定的路由　　　B. 需要在运行时根据参数确定的路由
   C. 使用过渡效果切换的路由　　　　　　D. 可以在运行时添加和删除的路由
3. 使用 Vue Router 时，可以通过（   ）钩子函数来获取路由参数。
   A. beforeEach　　　　B. beforeResolve　　　C. afterEach　　　　D. beforeRouteEnter

三、操作题

1. 创建一个简单的 Vue Router 应用，包含两个路由，其中一个路由为首页，另一个路由为关于页面。在首页显示"欢迎访问首页"，在关于页面显示"这是关于页面"，确保页面切换时有过渡动画效果。

2. 创建一个动态路由，用于显示不同用户的详细信息。用户信息通过 URL 参数传递，例如：/user/1 表示用户 ID 为 1 的详细信息，/user/2 表示用户 ID 为 2 的详细信息。在用户详情页面显示用户的姓名、年龄和地址等信息。

3. 在习题 2 的基础上，使用嵌套路由实现更复杂的用户详情页面。用户详情页面包括基本信息和订单信息两个子路由，分别显示用户的基本信息和订单列表。在用户详情页面上添加一个导航栏，允许用户在基本信息和订单信息之间切换页面。

4. 在 Vue Router 中添加全局前置守卫，实现简单的身份验证功能。定义两个路由：其中一个为私密页面，需要用户登录后才能访问；另一个为公开页面，任何用户都可以访问。在访问私密页面时，如果用户未登录，则自动重定向到登录页面。

5. 创建一个带有过渡动画的 Vue Router 应用，实现图片轮播功能。创建一个轮播组件，在该组件中使用<router-view>渲染图片列表，并在图片之间实现滑动效果。单击页面上的按钮或通过定时器自动切换图片，确保图片切换时有过渡动画。

上机实操

创建一个 Vue 3 单页面应用程序，使用 Vue Router 来实现路由导航和页面切换。

目标：使用 Vue Router 实现路由导航和页面切换等功能，构建出更复杂的单页面应用程序。

实操指导：单击导航栏中的链接，观察页面的切换效果和 URL 的变化。

< 142 >

第 11 章

Pinia—— 一个全新的状态管理库

状态管理库是 Vue 生态中重要的组成部分。使用过 Vue 2 的读者一定使用过状态管理库 Vuex。在 Vue 3 中，可以使用传统的 Vuex，也可以使用全新的 Pinia 来实现状态管理。Pinia 也是由 Vuex 团队核心成员开发的，它的出现很好地解决了 Vuex 的一些痛点。而且 Pinia 是轻量级的，只有 1 KB。其简化了很多方法的写法，去除了 Vuex 中对于同步函数和异步函数的区分。同时 Pinia 对 TypeScript 和 DevTools 的支持性更加友好。本章将详细介绍 Pinia 的安装与配置、状态管理基础、在 Vue 组件中的使用及其高级技巧与实践等，帮助读者充分发挥 Pinia 在 Vue 3 应用程序中的优势。通过学习本章内容，读者需要重点掌握如何在 Vue 应用程序中使用 Pinia 进行状态管理和应用实践。

11.1 认识 Pinia

本节将从状态管理的概念以及 Pinia 的优势两方面来认识这个新一代状态管理库。

11.1.1 状态管理简介

在开发复杂的前端应用程序时，经常会遇到需要将大量的数据状态在不同组件之间共享和传递的问题。状态管理是一种用于有效管理和共享应用程序状态的技术，用以确保数据的一致性、可预测性和可维护性。虽然 Vue 自带的状态管理库是 Vuex，但随着应用程序的更新和复杂性的提升，Vuex 可能会变得冗长、难以维护，并且在某些情况下不够灵活。

Pinia 是为 Vue 设计的新一代状态管理库，它提供一种更简洁、可维护和可扩展的方式来处理应用程序的状态。Pinia 允许用户通过 Store 来组织和管理应用程序的状态，能够以声明性的方式操作数据，而无须像传统的 Vuex 那样使用复杂的同步函数和异步函数。

11.1.2 选择 Pinia 的理由

相比于 Vue 官方提供的状态管理方案 Vuex，Pinia 具有如下特点和优势，使其成为更好的选择。

1. 类型安全

Pinia 基于 TypeScript 来编写，因此能够在编译时捕获许多常见的错误，减少运行时的错误，提高代码的可靠性和可维护性。

2. Ecosystem 集成

Pinia 与 Vue 生态系统集成紧密，特别是与 Vue Router 和 Nuxt.js 的紧密集成，使得在现有项目中引入 Pinia 更加容易。

3．更简洁的 API

Pinia 提供更简洁的 API，例如提供类似 Vuex 但更直观的装饰器语法，使用户能够更轻松地定义状态和操作。

4．模块化和命名空间

Pinia 支持模块化组 Store，并且为每个模块提供独立的命名空间，避免了不同模块之间的状态冲突。

5．更好的性能

Pinia 采用优化的内部实现，具有更好的性能表现，特别是在处理大型应用程序时，能够更有效地管理状态。

总之，如果读者希望在 Vue 应用程序中获得更好的类型安全、更简洁的 API、更好的性能，并且希望有一个与 Vue 生态系统更好集成的状态管理库，Pinia 将是一个值得选择的方案。

11.2 安装与配置

本节以示例形式详细介绍 Pinia 安装和配置的基本步骤。

11.2.1 安装 Pinia

安装 Pinia

Pinia 是一个独立的库，开发者需要单独安装它，并对其进行必要的配置以便在应用程序中正确使用 Pinia 的状态管理功能。

在开始使用 Pinia 之前，需要将其添加到 Vue 项目中。我们可以通过 npm 或 Yarn 来安装 Pinia。然后，打开终端或命令行，并导航到 Vue 项目的根目录。

使用 npm 安装 Pinia，代码如下。

```
npm install pinia
```

或者使用 Yarn 安装 Pinia，代码如下。

```
yarn add pinia
```

安装完成后，项目将拥有 Pinia 的最新版本，并可以开始配置和使用它。

11.2.2 创建 Pinia 实例

在使用 Pinia 之前，需要在应用程序中创建 Pinia 实例。Pinia 实例是一个全局的状态管理库，负责管理应用程序的所有 Store。

在项目的入口文件（通常是 main.js）中，创建 Pinia 实例并将其挂载到 Vue 应用中。在 Vue 3 中，可以使用 createPinia 方法来创建 Pinia 实例，代码如下。

```
import { createApp } from 'vue';
import { createPinia } from 'pinia';
import App from './App.vue';
const app = createApp(App);
const pinia = createPinia();
app.use(pinia);
app.mount('#app');
```

< 144 >

定义与使用 Store

11.2.3　定义 Store

　　在项目中需要创建一个或多个 Store 来管理状态。Store 是一个保存状态和业务逻辑的实体，它保存着全局状态。一个简单的 Store 示例代码如下。

```
import { defineStore } from 'pinia';

export const useCounterStore = defineStore('counter', {
  state: () => ({
    count: 0,
  }),
  getters: {
    doubleCount: (state) => state.count * 2,
  },
  actions: {
    increment() {
      this.count++;
    },
    decrement() {
      this.count--;
    },
  },
});
```

11.2.4　使用 Store

　　在组件中，可以通过 useStore 函数来使用创建好的 Store，代码如下。

```
import { defineComponent } from 'vue';
import { useCounterStore } from '@/stores/counter'; // 与你的 Store 文件路径可能不同

export default defineComponent({
  setup() {
    const counterStore = useCounterStore();

    return {
      count: counterStore.count,
      doubleCount: counterStore.doubleCount,
      increment: counterStore.increment,
      decrement: counterStore.decrement,
    };
  },
});
```

　　在组件中，可以通过 count 和 doubleCount 获取状态，并调用 increment 和 decrement 方法来更新状态。

11.2.5　提供 Store

　　如果希望在单元测试中使用 Pinia，则需要在测试中提供 Pinia 实例和 Store。这一点可以使用 pinia.use 方法来实现，代码如下。

```
import { createPinia, piniaVuePlugin } from 'pinia';

const pinia = createPinia();
pinia.use(piniaVuePlugin());

// 然后在测试中将 pinia 提供给组件的 provide
provide('pinia', pinia);
```

< 145 >

11.3 状态管理基础

本节将深入介绍 Pinia 的状态管理基础，包括创建和注册 Store、使用 State 和 Getters，以及 Mutations 和 Actions 的使用。

11.3.1 创建和注册 Store

在 Pinia 中，Store 是用于存储应用程序状态的容器。每个 Store 都是一个带有状态和操作的独立模块，类似 Vuex 中的模块。每个 Store 都有自己的状态（State）、计算属性（Getters）、变更方法（Mutations）、和异步操作（Actions）。创建和注册 Store 采用以下步骤。

1. 创建一个新的 Store 类

创建一个新的类，用于定义 Store。这个类需要继承自 BaseStore，这是 Pinia 提供的基础 Store 类，代码如下。

```
// myStore.js
import { defineStore } from 'pinia';

export const useMyStore = defineStore({
  // Store 的名字，也是 Store 的唯一标识符
  id: 'myStore',
  // 状态: 可以是任意类型的初始数据
  state: () => ({
    count: 0,
  }),
});
```

2. 注册 Store

在应用程序的入口文件中，将创建的 Store 实例注册到 Pinia 中，代码如下。

```
// main.js
import { createApp } from 'vue';
import App from './App.vue';
import { pinia } from './pinia';
import { useMyStore } from './myStore';

const app = createApp(App);

// 注册 Pinia 实例
app.use(pinia);

// 注册 myStore
app.use(useMyStore);

app.mount('#app');
```

现在，已经成功创建并注册了一个 Store，可以在整个应用程序中使用 useMyStore 来管理状态。

11.3.2 State 和 Getters

State 是 Store 中存储数据的地方，它是 Store 的核心数据源。我们可以通过 state 方法来定义 State 的初始值。例如，在 11.3.1 小节的代码中，我们定义了一个名为 count 的 State，并将其初始值设置为 0。

< 146 >

Getters 是用于从 Store 中获取派生状态的计算属性。它们允许在 Store 中声明性地定义一些派生数据，类似 Vue 组件中的计算属性。Getters 接收 Store 的当前 State 作为参数，并返回计算后的结果，代码如下。

```js
// myStore.js
import { defineStore } from 'pinia';

export const useMyStore = defineStore({
  id: 'myStore',
  state: () => ({
    count: 0,
  }),
  getters: {
    doubleCount(state) {
      return state.count * 2;
    },
  },
});

// App.vue
<template>
  <div>
    <p>Count: {{ count }}</p>
    <p>Double Count: {{ doubleCount }}</p>
    <button @click="increment">Increment</button>
  </div>
</template>

<script>
import { defineComponent } from 'vue';
import { useMyStore } from './myStore';

export default defineComponent({
  setup() {
    const store = useMyStore();

    // 使用 computed 属性来获取 Getters 的值
    const count = store.$state.count;
    const doubleCount = store.doubleCount;

    // 使用方法来调用 Mutations
    const increment = () => {
      store.count++;
    };

    return {
      count,
      doubleCount,
      increment,
    };
  },
});
</script>
```

上述代码中添加了一个名为 doubleCount 的 Getters，它返回 count 的两倍。

11.3.3　$patch

$patch 是用于修改 Store 中状态的同步操作。它类似 Vuex 中的 Mutations，但在 Pinia 中使用起来更加简洁和直观。

< 147 >

通过 increment 方法可以调用$patch，并传递要修改的状态。使用$patch 可以对状态进行任意的同步操作，代码如下。

```javascript
// myStore.js
import { defineStore } from 'pinia';

export const useMyStore = defineStore({
  id: 'myStore',
  state: () => ({
    count: 0,
  }),
  actions: {
    increment() {
      // 调用$patch 来增加 count
      this.$patch((state) => {
        state.count++;
      });
    },
  },
});

// App.vue
<template>
  <div>
    <p>Count: {{ count }}</p>
    <p>Double Count: {{ doubleCount }}</p>
    <button @click="increment">Increment</button>
  </div>
</template>

<script>
import { defineComponent } from 'vue';
import { useMyStore } from './myStore';

export default defineComponent({
  setup() {
    const store = useMyStore();

    // 使用 computed 属性来获取 Getters 的值
    const count = store.$state.count;
    const doubleCount = store.doubleCount;

    // 使用方法来调用 Actions
    const increment = () => {
      store.increment();
    };

    return {
      count,
      doubleCount,
      increment,
    };
  },
});
</script>
```

上述代码中添加了一个名为 increment 的 Actions，它调用$patch 来增加 count。

11.3.4　Actions

Actions 是用于执行异步操作的方法。它们类似 Vuex 中的 Actions，但在 Pinia 中使用起来更加简洁和

< 148 >

直观。我们可以在 Actions 中执行异步操作，并且可以通过 this 关键字访问 Store 的状态和其他方法，代码如下。

```
// myStore.js
import { defineStore } from 'pinia';

export const useMyStore = defineStore({
  id: 'myStore',
  state: () => ({
    count: 0,
  }),
  actions: {
    async fetchData() {
      // 模拟异步操作，例如从后端获取数据
      const response = await fetch('https://api.liangdaye.cn/data');
      const data = await response.json();

      // 在异步操作中可以调用 Mutations 来修改状态
      this.$patch((state) => {
        state.count = data.count;
      });
    },
  },
});

// App.vue
<template>
  <div>
    <p>Count: {{ count }}</p>
    <p>Double Count: {{ doubleCount }}</p>
    <button @click="increment">Increment</button>
    <button @click="fetchData">Fetch Data</button>
  </div>
</template>

<script>
import { defineComponent } from 'vue';
import { useMyStore } from './myStore';

export default defineComponent({
  setup() {
    const store = useMyStore();

    // 使用 computed 属性来获取 Getters 的值
    const count = store.$state.count;
    const doubleCount = store.doubleCount;

    // 使用方法来调用 Actions
    const increment = () => {
      store.increment();
    };

    const fetchData = () => {
      store.fetchData();
    };

    return {
      count,
      doubleCount,
      increment,
```

< 149 >

```
    fetchData,
  };
  },
});
</script>
```

上述代码中添加了一个名为 fetchData 的 Actions，它模拟了一个异步操作，并在异步操作完成后通过 Mutations 修改 count 的值。

11.4 在 Vue 组件中使用 Pinia

在学习了 Pinia 的状态管理基础以及如何将其注册到 Vue 项目中后，本节将详细介绍如何在 Vue 组件中使用 Pinia，包括在组件中获取状态、更新状态，以及使用辅助函数和辅助 Hook 来简化状态管理。

11.4.1 在组件中获取状态

在 Vue 组件中，可以通过 useStore 辅助函数来获取 Pinia Store 的实例，从而在组件中访问和管理状态。通过 useStore 函数，开发者可以轻松地在组件中引入 Store 并使用其中定义的状态和计算属性，代码如下。

```
// App.vue
<template>
  <div>
    <p>Count: {{ count }}</p>
    <p>Double Count: {{ doubleCount }}</p>
    <button @click="increment">Increment</button>
  </div>
</template>

<script>
import { defineComponent } from 'vue';
import { useStore } from 'pinia'; // 导入 useStore 辅助函数
import { useMyStore } from './myStore';

export default defineComponent({
  setup() {
    const store = useStore(useMyStore); // 获取 MyStore 实例

    // 使用 computed 属性来获取 Store 中的状态和计算属性
    const count = store.count;
    const doubleCount = store.doubleCount;

    // 使用方法来调用 Actions
    const increment = () => {
      store.increment();
    };

    return {
      count,
      doubleCount,
      increment,
    };
  },
```

< 150 >

```
});
</script>
```

　　在上述代码中，通过 useStore 辅助函数来获取 MyStore 实例，并在组件的 setup 函数中使用计算属性来获取状态和计算属性。然后，使用 increment 方法来调用 MyStore 中的 Actions。

11.4.2　使用$patch 和 Actions 更新状态

　　11.3 节中介绍了在 Store 中使用$patch 和 Actions 来更新状态。在组件中，可以通过调用 Store 的 Mutations 和 Actions 来更新状态，代码如下。

```
// App.vue
<template>
  <div>
    <p>Count: {{ count }}</p>
    <button @click="increment">Increment</button>
    <button @click="fetchData">Fetch Data</button>
  </div>
</template>

<script>
import { defineComponent } from 'vue';
import { useStore } from 'pinia';
import { useMyStore } from './myStore';

export default defineComponent({
  setup() {
    const store = useStore(useMyStore);
    const count = store.count;
    const increment = () => {
      store.increment(); // 调用 Actions 来增加 count
    };

    const fetchData = async () => {
      await store.fetchData(); // 调用异步 Actions 来获取数据
      console.log('Fetched data:', store.count);
    };

    return {
      count,
      increment,
      fetchData,
    };
  },
});
</script>
```

　　上述代码在组件中分别调用了 increment 和 fetchData 方法，这些方法分别对应了 MyStore 中的$patch 和 Actions。

11.4.3　辅助函数和辅助 Hook

　　Pinia 提供了一些辅助函数和辅助 Hook，用于简化在组件中使用 Pinia 的操作。辅助函数 createPinia 可以用来创建 Pinia 实例，而 defineStore 方法可以用来定义 Store，这些内容在 11.2 节中已有介绍。
　　Pinia 还提供了 useStore 辅助函数和 createStore 辅助 Hook，它们以更加简洁和方便的方式来获取 Pinia Store 的实例。代码如下。

< 151 >

```
// App.vue
<template>
  <div>
    <p>Count: {{ count }}</p>
    <button @click="increment">Increment</button>
    <button @click="fetchData">Fetch Data</button>
  </div>
</template>

<script>
import { defineComponent } from 'vue';
import { useStore } from 'pinia'; // 使用辅助函数 useStore
import { useMyStore } from './myStore';

export default defineComponent({
  setup() {
    const store = useStore(useMyStore); // 获取 MyStore 实例

    // 使用 computed 属性来获取 Store 中的状态
    const count = store.count;

    // 使用方法来调用 Actions
    const increment = () => {
      store.increment(); // 调用 Actions 来增加 count
    };

    const fetchData = async () => {
      await store.fetchData(); // 调用异步 Actions 来获取数据
      console.log('Fetched data:', store.count);
    };

    return {
      count,
      increment,
      fetchData,
    };
  },
});
</script>
```

上述代码中使用 useStore 辅助函数来获取 MyStore 实例，以简化获取 Store 实例的过程。

Pinia 提供的 createStore 辅助 Hook，用于在组件中创建和使用 Store 实例。代码如下。

```
// App.vue
<template>
  <div>
    <p>Count: {{ count }}</p>
    <button @click="increment">Increment</button>
    <button @click="fetchData">Fetch Data</button>
  </div>
</template>

<script>
import { defineComponent } from 'vue';
import { createStore } from 'pinia'; // 使用辅助 Hook createStore
import { useMyStore } from './myStore';

export default defineComponent({
  setup() {
```

< 152 >

```
const store = createStore(useMyStore); // 创建 MyStore 实例

// 使用 computed 属性来获取 Store 中的状态
const count = store.count;

// 使用方法来调用 Actions
const increment = () => {
  store.increment(); // 调用 Actions 来增加 count
};

const fetchData = async () => {
  await store.fetchData(); // 调用异步 Actions 来获取数据
  console.log('Fetched data:', store.count);
};

return {
  count,
  increment,
  fetchData,
};
  },
});
</script>
```

上述代码中使用 createStore 辅助 Hook 来创建 MyStore 实例，以便更加简洁地使用 Store。

11.5 高级技巧与实践

本节介绍 Pinia 使用中的高级技巧与实践，这些将帮助读者更好地使用 Pinia 构建出色的 Vue 应用程序。

11.5.1 异步操作与副作用处理

在 Vue 应用程序中，经常需要执行异步操作，例如从后端获取数据或发送网络请求。在 Pinia 中，可以在 Actions 中执行异步操作。代码如下。

```
// myStore.js
import { defineStore } from 'pinia';

export const useMyStore = defineStore({
  id: 'myStore',
  state: () => ({
    count: 0,
  }),
  actions: {
    async fetchData() {
      try {
        const response = await fetch('https://api.liangdaye.cn/data');
        const data = await response.json();

        // 在异步操作中可以调用 Mutations 来修改状态
        this.$patch((state) => {
          state.count = data.count;
        });
      } catch (error) {
```

< 153 >

```
        console.error('Failed to fetch data:', error);
      }
    },
  },
});
```

上述代码中在 fetchData Actions 中执行异步操作，使用 await 关键字来等待异步结果。在异步操作完成后，使用 Mutations this.$patch 来修改 count 的值。

当执行异步操作时，可能还需要处理副作用，例如显示加载状态、处理错误，或者取消请求等。对于复杂的异步操作，建议使用第三方库或工具，例如 Axios，关于 Axios 会在第 13 章中详细介绍。

11.5.2 跨 Store 数据共享

在大型应用程序中，可能需要在不同的 Store 之间共享数据或状态。Pinia 支持使用模块和命名空间来组织 Store，以便更好地管理数据共享。代码如下。

```
// counterStore.js
import { defineStore } from 'pinia';

export const useCounterStore = defineStore({
  id: 'counter',
  state: () => ({
    count: 0,
  }),
  actions: {
    increment() {
      this.$patch((state) => {
        state.count++;
      });
    },
  },
});

// userStore.js
import { defineStore } from 'pinia';

export const useUserStore = defineStore({
  id: 'user',
  state: () => ({
    username: '',
  }),
  actions: {
    setUsername(name) {
      this.$patch((state) => {
        state.username = name;
      });
    },
  },
});
```

上述代码中定义了两个不同的 Store，分别为 counterStore 和 userStore。如果需要在这两个 Store 之间共享数据，可以在组件中使用辅助函数 useStore 来获取相应的 Store 实例，并进行数据共享。代码如下。

```
// MyComponent.vue
<template>
  <div>
    <p>Count: {{ count }}</p>
    <p>Username: {{ username }}</p>
```

< 154 >

```
    <button @click="incrementAndSetUsername">Increment and Set Username</button>
  </div>
</template>

<script>
import { defineComponent } from 'vue';
import { useStore } from 'pinia';
import { useCounterStore } from './counterStore';
import { useUserStore } from './userStore';

export default defineComponent({
  setup() {
    const counterStore = useStore(useCounterStore);
    const userStore = useStore(useUserStore);

    const count = counterStore.count;
    const username = userStore.username;

    const incrementAndSetUsername = () => {
      counterStore.increment();
      userStore.setUsername('John Doe');
    };

    return {
      count,
      username,
      incrementAndSetUsername,
    };
  },
});
</script>
```

上述代码中使用 useStore 辅助函数分别获取了 counterStore 和 userStore 的实例，并在组件中共享了 count 和 username 的数据。

11.5.3 插件开发和使用

Pinia 支持插件机制，可以通过编写插件来扩展 Pinia 的功能。插件可以用于实现状态持久化、数据缓存、日志记录等。代码如下。

```
// myPlugin.js
import { PiniaPluginContext } from 'pinia';

export function myPlugin({ store, app }: PiniaPluginContext) {
  // 在此处编写插件逻辑
  console.log('Plugin initialized for Store:', store.$id);
  console.log('App instance:', app);
}
```

在创建 Pinia 实例时可以使用 use 方法来注册插件。代码如下。

```
// pinia.js
import { createPinia } from 'pinia';
import { myPlugin } from './myPlugin';

export const pinia = createPinia().use(myPlugin);
```

上述代码在创建 Pinia 实例时注册了 myPlugin 插件，使其能够在所有的 Store 中生效。

< 155 >

11.5.4 单元测试 Pinia 应用程序

对于使用 Pinia 进行状态管理的应用程序，进行单元测试是至关重要的。在测试中，可以使用 Jest 或其他测试框架来测试 Store 的 State、Getters、Mutations 和 Actions 是否按预期工作。

为了进行 Store 的单元测试，我们可以使用 defineStore 辅助函数来创建一个简单的 Store 实例，然后编写测试用例。代码如下。

```javascript
// myStore.spec.js
import { defineStore } from 'pinia';
import { useMyStore } from './myStore';

describe('MyStore', () => {
  let store;

  beforeEach(() => {
    store = defineStore(useMyStore);
  });

  it('should increment count', () => {
    store.increment();
    expect(store.count).toBe(1);
  });

  it('should double count in getter', () => {
    store.$state.count = 5;
    expect(store.doubleCount).toBe(10);
  });

  it('should fetch data', async () => {
    const mockedData = { count: 42 };
    global.fetch = jest.fn().mockResolvedValue({
      json: jest.fn().mockResolvedValue(mockedData),
    });

    await store.fetchData();
    expect(store.count).toBe(mockedData.count);
  });
});
```

上述代码中使用 Jest 进行单元测试。首先使用 defineStore 辅助函数来创建一个 MyStore 实例，然后编写几个测试用例来测试 increment 方法、doubleCount Getters 和 fetchData Actions 是否按预期工作。

11.5.5 完整实践

下面是一个完整的示例代码，演示如何在 Vue 组件中使用 Pinia 进行状态管理，包括异步操作和插件的使用。

完整实践

```javascript
// main.js
import { createApp } from 'vue';
import App from './App.vue';
import { createPinia } from 'pinia';
import { myPlugin } from './myPlugin';

const pinia = createPinia().use(myPlugin);

const app = createApp(App);
```

< 156 >

```
app.use(pinia);
app.mount('#app');

// myStore.js
import { defineStore } from 'pinia';

export const useMyStore = defineStore({
  id: 'myStore',
  state: () => ({
    count: 0,
  }),
  getters: {
    doubleCount: (state) => {
      return state.count * 2;
    },
  },
  actions: {
    async fetchData() {
      try {
        const response = await fetch('https://api.liangdaye.cn/data');
        const data = await response.json();

        this.$patch((state) => {
          state.count = data.count;
        });
      } catch (error) {
        console.error('Failed to fetch data:', error);
      }
    },
  },
});

// App.vue
<template>
  <div>
    <p>Count: {{ count }}</p>
    <p>Double Count: {{ doubleCount }}</p>
    <button @click="increment">Increment</button>
    <button @click="fetchData">Fetch Data</button>
  </div>
</template>

<script>
import { defineComponent } from 'vue';
import { useStore } from 'pinia';
import { useMyStore } from './myStore';

export default defineComponent({
  setup() {
    const store = useStore(useMyStore);

    const count = store.count;
    const doubleCount = store.doubleCount;

    const increment = () => {
      store.increment();
    };

    const fetchData = async () => {
      await store.fetchData();
      console.log('Fetched data:', store.count);
```

< 157 >

```
  };

  return {
    count,
    doubleCount,
    increment,
    fetchData,
  };
  },
});
</script>

// myPlugin.js
import { PiniaPluginContext } from 'pinia';

export function myPlugin({ store, app }: PiniaPluginContext) {
  console.log('Plugin initialized for Store:', store.$id);
  console.log('App instance:', app);
}
```

请注意，以上代码仅是一个简单的示例，在实际应用中可能需要更多的组件和功能来完善应用程序。希望这个示例能够帮助读者更好地理解如何在 Vue 应用程序中使用 Pinia 进行状态管理，并且能够为读者的实际项目提供一些参考。

11.6 本章小结

本章介绍了 Vue 应用程序中使用 Pinia 进行状态管理的基本概念和实践。Pinia 是一个现代化的状态管理库，它提供了类似 Vuex 的功能，但在使用上更加简洁和直观。在本章中，我们学习了以下内容。

首先，了解了 Pinia 的基本原理和概念，包括 Store、State、Getters、Mutations 和 Actions。Store 是一个独立的容器，用于存储应用程序的状态，State 是 Store 中存储数据的地方，Getters 是用于从 Store 中获取派生状态的计算属性，Mutations 是用于同步修改 State 的操作，Actions 则是用于执行异步操作的方法。

其次，学习了如何安装和配置 Pinia。需要将 Pinia 添加到 Vue 项目中，然后创建 Pinia 实例并将其挂载到 Vue 应用中。通过 defineStore 函数创建 Store，并在应用程序的入口文件中注册它，以便在整个应用程序中使用。

再次，在组件中使用 Pinia 进行状态管理时，可以通过 useStore 辅助函数来获取 Store 实例，并在组件中使用 State 和 Getters 来获取状态和计算属性，使用 Mutations 和 Actions 来更新状态和执行异步操作。Pinia 还提供了一些辅助函数和辅助 Hook，如 createPinia、createStore 和 useStore 函数，以便更加简洁和方便地使用 Pinia。

此外，还学习了如何处理异步操作和副作用，例如在 Actions 中执行异步操作并使用 Mutations 修改状态。同时，还了解了如何使用插件来扩展 Pinia 的功能，例如实现状态持久化、数据缓存和日志记录等。

最后，通过一个完整的示例代码学习了如何在 Vue 组件中使用 Pinia 进行状态管理，包含异步操作和插件的使用。同时，更好地理解了 Pinia 的使用方式，使其为实际项目提供了参考。

总体而言，Pinia 是一个强大且简洁的状态管理库，能够帮助开发者更好地组织和管理 Vue 应用程序的状态，提高开发效率和代码质量。通过对本章内容的学习，读者可以更加自信地使用 Pinia 进行状态管理，构建出更加稳定和可维护的 Vue 应用程序。

< 158 >

习题

一、判断题

1. Pinia 提供类似 Vuex 的状态存储和状态变更功能，但使用起来更加简洁和直观。　　（　　）
2. Pinia 支持模块化的状态定义，允许将状态逻辑按照模块进行划分和组织。　　（　　）
3. Pinia 在处理跨组件通信时提供了更好的解决方案，支持更灵活的事件机制。　　（　　）

二、选择题

1. 下面（　　）是 Vue 官方推荐的状态管理库，旨在取代 Vuex。

   A. Redux　　　　　　　B. MobX　　　　　　　C. Pinia　　　　　　　D. VueX

2. Pinia 支持（　　）定义方式，允许将状态逻辑按照模块进行划分和组织。

   A. 全局状态　　　　　B. 局部状态　　　　　C. 模块化状态　　　　D. 响应式状态

3. Pinia 提供类似 Vuex 的状态存储和状态变更功能，但使用起来更加简洁和直观。这是因为 Pinia 使用（　　）特性。

   A. Proxy　　　　　　　B. 组合式 API　　　　C. Mixin　　　　　　　D. Template syntax

三、简答题

1. 简述 Pinia 的核心概念。
2. 简述 Pinia 中的 State 和 Getters 二者之间的区别。
3. 简述 Mutations 函数和 Actions 函数的作用。

四、操作题

1. 根据本章的示例代码，创建一个简单的 Pinia 应用程序，包含一个计数器 Store 和一个用户信息 Store。其中计数器 Store 需要包含一个 count State 和一个 doubleCount Getters；用户信息 Store 需要包含一个 username State 和一个 setUsername Actions，用于设置用户名。然后在应用程序的入口文件中注册这两个 Store，最后在一个组件中分别获取并展示计数器和用户信息。

2. 根据本章介绍的插件开发知识，编写一个 Pinia 插件，例如实现一个简单的日志记录功能。插件可以用于在每次调用 Store 的 Mutations 和 Actions 时记录操作和状态的变化，并输出到控制台。

上机实操

创建一个 Vue 3 应用程序，使用 Pinia 来管理全局状态，并实现一个简单的待办事项列表。

目标：熟练使用 Pinia 来管理全局状态。通过 Pinia 可以轻松实现全局状态的管理和响应式更新，构建更实用的 Vue 3 应用程序。

实操指导：

（1）在文本框中输入待办事项内容，然后单击 Add 按钮，观察待办事项列表的变化；

（2）单击待办事项前的复选框，观察待办事项状态的变化；

（3）单击 Remove 按钮，观察待办事项列表的变化。

< 159 >

第 12 章　Vite——下一代前端构建工具

Vite 是一种新型前端构建工具，能够显著提升前端开发体验。本章将介绍 Vite 的特点及其与 Vue 3 相结合的优势，还将详细介绍 Vite 的安装与配置、Vite 项目的开发和构建过程。通过学习本章内容，读者需要理解 Vite 在 Vue 3 项目中的集成方式，并能够熟练运用构建命令，构建出更加高效的前端应用。

12.1　Vite 概述

本节将从 Vite 的由来和特点以及 Vite 与 Vue 3 结合的优势两方面来介绍前端构建工具 Vite。

12.1.1　Vite 的由来和特点

Vite 是由 Vue 的创始人尤雨溪开发的前端构建工具，它旨在为现代化前端开发提供更快、更高效的开发体验。Vite 的设计初衷是解决传统打包工具（如 Webpack 和 Parcel）在开发阶段存在的痛点。Vite 的名字来源于法语单词 "vitesse"，意为速度，速度正是 Vite 的一个显著特点。

传统的打包工具在开发过程中需要将所有 JavaScrip 模块打包成一个或多个打包文件（bundle），然后在浏览器中运行。这种方式导致开发过程中的冷启动时间较长，影响开发效率。而 Vite 采用了一种全新的开发模式，即基于 ES 模块的原生浏览器支持，利用现代浏览器的原生模块解析能力，使代码以原生 ES 模块的方式在浏览器中运行。这种方式消除了打包步骤，从而实现秒级的热更新和更快的冷启动，使得开发过程更加流畅。

12.1.2　Vite 与 Vue 3 结合的优势

Vite 与 Vue 3 的结合使前端开发者体验到全新的开发方式和优势。

1. 极速的开发体验

Vite 的开发模式使应用的热更新达到秒级响应，开发者可以即时看到修改后的效果，大大提升了开发效率。

2. 更少的冷启动时间

由于 Vite 不需要进行传统的打包操作，应用的冷启动时间大大减少，开发者几乎可以立即进入开发状态。

3．模块化的开发

Vue 3 的组合式 API 使组件逻辑更好地组织和复用，使代码更易于维护和扩展。

4．支持 TypeScript

Vue 3 原生支持 TypeScript，可以使开发者在大型项目中更好地管理和维护代码。

5．优化的性能

Vue 3 和 Vite 在性能方面都进行了优化，使得应用在加载和渲染方面更加高效。

6．生态整合

Vue 3 与 Vite 的结合得到了良好的生态整合，使开发者可以更轻松地搭建和部署现代化的前端应用。

下面将深入探讨 Vite 的使用方法，以及如何与 Vue 3 的新特性和改进相结合，使读者能够充分利用 Vite 在 Vue 3 开发中的优势，构建出高效、现代化的前端应用。

12.2　环境搭建与项目创建

本节详细介绍 Vite 的安装与配置、项目结构与配置项以及 Vite 项目开发与构建的过程。

12.2.1　安装与配置 Vite

1．全局安装 Vite

打开 VS Code 编辑器，然后打开 VS Code 终端，执行以下命令来全局安装 Vite。

```
npm install -g create-vite
```

完成 Vite 命令行工具的全局安装，能够使开发者在任何目录下都可创建新的 Vite 项目。

2．创建 Vite 项目

下面将使用 Vite 命令行工具来创建一个新的 Vue 3 项目。在终端中执行如下命令。

```
create-vite my-vue3-app --template vue
```

该命令创建一个名为 my-vue3-app 的新文件夹，并在其中初始化一个 Vue 3 项目。同时，它会自动下载 Vue 3 的模板和依赖项，并配置好基本的项目结构。

3．进入项目目录并安装依赖

命令行中的输出会提示将进入新创建的项目目录。使用以下 cd 命令进入项目目录。

```
cd my-vue3-app
```

执行以下命令来安装项目的依赖项。

```
npm install
```

4．运行开发服务器

项目依赖项安装完成后，可以执行以下命令来启动开发服务器。

```
npm run dev
```

启动开发服务器后，将看到类似以下的输出。

< 161 >

```
VITE v4.4.7  ready in 198 ms

→  Local:   http://127.0.0.1:5173/
→  Network: use --host to expose
→  press h to show help
```

效果如图 12-1 所示。

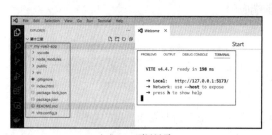

（a）Vite 项目目录　　　　　　　　　　　（b）Vite 运行预览效果

图 12-1　Vite 项目目录与 Vite 运行预览效果

12.2.2　Vite 项目结构解析

在 12.2.1 小节中创建了一个新的 Vue 3 项目。本小节将解析 Vite 项目的目录结构和各个文件的作用。项目目录结构如图 12-2 所示。

图 12-2　Vite 项目目录结构

下面对每个目录结构进行介绍。

（1）node_modules：存放项目依赖的目录，由 npm 自动管理。

（2）public：公共资源目录，其中的文件会直接复制到输出的构建目录中。例如，favicon.ico 是网站图标，index.html 是整个应用的入口 HTML 文件。

（3）src：源代码目录，所有的开发代码都放在这里。

① assets：静态资源目录，存放图片、字体等静态文件。

② components：组件目录，存放可复用的 Vue 组件。

③ App.vue：Vue 应用的根组件，所有其他组件都将在此组件中进行组合。

④ main.js：应用的入口文件，是启动应用的地方。

（4）.gitignore：配置 Git 版本需要忽略的文件或目录。

（5）package.json：项目的配置文件，包含项目的依赖项、脚本、作者等信息。

（6）vite.config.js：Vite 的配置文件，可以在这里对 Vite 进行一些自定义配置，例如代理、插件等。该配置文件会在下一节中单独详解。

通过深入了解项目的目录结构和文件的作用，我们可以更好地组织和管理 Vite 项目，并且根据实际需求进行相应的自定义配置。

< 162 >

12.2.3　Vite 配置选项详解

Vite 的配置选项是通过 vite.config.js 文件进行设置的，这个配置文件位于项目根目录下。在这个配置文件中，读者可以根据项目的需求，对 Vite 的行为进行自定义和优化。以下是 Vite 中常见的配置选项及其详细解释。

（1）root：设置项目的根目录，默认值是当前执行 Vite 命令的目录。

（2）base：设置应用部署的基础路径，用于处理资源的引用路径。例如，如果应用部署在服务器的子目录下，则可以使用该选项指定基础路径。

（3）mode：设置 Vite 的工作模式。默认值是 development，表示开发模式；设置为 production 则表示生产模式，这会启用一些优化策略。

（4）server：用于配置开发服务器的选项，包括主机名、端口、HTTPS 等。常见选项有 host、port、https 等。

（5）build：用于配置生产构建的选项，包括输出目录、资源路径、代码压缩等。常见选项有 outDir、assetsDir、minify 等。

（6）plugins：用于配置 Vite 插件的选项。通过插件，可以扩展 Vite 的功能，例如添加自定义的处理器、优化等。

（7）resolve：用于配置模块解析的选项，例如别名、扩展名等。

（8）css：用于配置 CSS 的选项，包括是否提取 CSS、是否压缩等。

（9）optimizeDeps：用于配置优化依赖的选项。通过这个选项，可以手动指定哪些依赖是需要预先编译的，以减少构建时间。

（10）jsx：用于配置 JSX 的选项，例如 JSX 的 pragma 和 fragment。

12.2.4　Vite 项目开发与构建

本小节将深入介绍 Vite 项目的开发和构建过程、如何在开发模式下运行 Vite 开发服务器，以及如何使用 Vite 进行生产构建与优化。

1．开发模式

使用 Vite 提供的开发服务器实现快速热更新。

Vite 提供了一个快速且高效的开发服务器，可以在开发过程中实时预览和更新应用。以下是如何在开发模式下运行 Vite 开发服务器的步骤。

步骤 1：进入项目目录。

确保已经进入了之前创建的 Vite 项目的根目录。如果还没有进入，则可以在终端中使用 cd 命令进入项目目录，命令如下所示。

```
cd my-vue3-app
```

步骤 2：运行开发服务器。

在项目目录下，执行以下命令来启动 Vite 开发服务器。

```
npm run dev
```

Vite 将启动开发服务器，并自动打开一个新的浏览器选项卡或窗口，显示项目应用。效果如 12.2.1 小节中的图 12-1 所示。

步骤 3：开发与热更新。

通过前两个步骤开发服务器已经运行起来，这时可以在编辑器中修改代码，然后在浏览器中实时查

< 163 >

看修改后的效果。Vite 支持热更新，这意味着代码的更改会立即反映在浏览器中，而无须手动刷新页面。

2. 构建与优化

了解 Vite 的构建过程及优化策略。当完成了开发并准备将应用部署到生产环境时，需要进行构建。Vite 提供了一个命令来构建应用，并且会自动进行一些优化以减小构建输出的文件体积。

步骤 1：执行构建命令。

在终端中执行以下命令来进行构建。

```
npm run build
```

Vite 将开始构建应用，并生成一个优化后的生产版本。

步骤 2：查看构建输出。

构建完成后，Vite 会在项目根目录下生成一个新的 dist 目录。在 dist 目录中，可以找到构建输出的文件，其中包含优化后的应用代码、图片、样式表等，如图 12-3 所示。

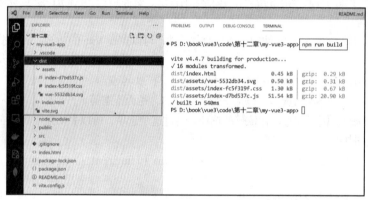

图 12-3　Vite 项目构建输出的文件

步骤 3：生产环境部署。

将 dist 目录中的文件部署到生产服务器，即可将 Vite 应用部署到生产环境中供用户访问。

Vite 在构建过程中会自动执行一些优化策略，以确保输出的文件尽可能小且加载速度更快。Vite 在构建时进行的主要优化如下。

（1）代码压缩。Vite 会将输出的 JavaScript 和 CSS 代码进行压缩，以减小文件体积。

（2）代码拆分。Vite 会自动将代码拆分成更小的模块，在用户访问时按需加载，从而减少首次加载时的数据传输量。

（3）图片压缩。对于引入的图片资源，Vite 会进行压缩和优化，以减小图片文件的体积。

（4）Tree-shaking。Vite 支持 Tree-shaking，它会剔除没有使用的代码，减小最终构建文件的体积。

（5）CSS 提取。在生产构建中，Vite 会将 CSS 提取为单独的文件，以利于浏览器缓存与并行加载。

这些优化策略能够使 Vite 构建出的应用更加高效，具有更快的加载速度和更小的文件体积，为用户提供更好的使用体验。

12.3　本章小结

本章详细介绍了下一代的前端构建工具 Vite 的特点、优势、安装与配置，以及 Vite 项目的开发与构建。Vite 的设计初衷是为现代化前端开发提供更快、更高效的开发体验。与传统的打包工具相比，Vite

< 164 >

采用了基于 ES 模块的原生浏览器支持，消除了打包步骤，实现了秒级的热更新和更快的冷启动，使开发过程更加流畅。通过对本章的学习，读者应该可以充分利用 Vite 的优势，构建出更加高效、现代化的前端应用。

习题

一、判断题

1. Vite 支持在开发过程中使用 HMR 来实时预览更改。　　　　　　　　　　（　　）
2. Vite 的默认开发服务器使用的是原生 ES 模块系统。　　　　　　　　　　（　　）
3. 在 Vite 中，所有的依赖项都被提前编译为单个 JavaScript 文件，无论项目有多大，加载时间都保持不变。　　　　　　　　　　（　　）
4. Vite 可以在生产环境下进行代码分割，帮助优化加载性能。　　　　　　（　　）
5. Vite 的配置文件是 vite.config.js。　　　　　　　　　　　　　　　　（　　）

二、选择题

1. Vite 支持在开发过程中使用（　　）功能来实时预览更改。
   A. Code Splitting　　B. Tree Shaking　　C. HMR　　D. Minification
2. 在 Vite 中，可以使用以下（　　）在生产环境中进行代码打包和优化。
   A. npm run build　　B. npm run dev　　C. npm run prod　　D. npm run optimize
3. Vite 的配置文件是（　　）。
   A. vite.config.json　　B. vite.config.js　　C. vite.config.ts　　D. config/vite.js

三、简答题

1. 简述什么是 Vite，它的设计初衷是什么，它如何解决传统打包工具的痛点。
2. 在 Vite 项目的目录结构中，分别解释以下目录的作用。
（1）public
（2）src
（3）vite.config.js
3. 列举并解释 Vite 配置文件中常见的选项，如 root、base、mode、server 和 build 等。
4. 在开发模式下，如何启动 Vite 开发服务器？它是如何实现快速热更新的？
5. 在构建与优化阶段，使用哪个命令来执行生产构建？Vite 在构建过程中会自动进行哪些优化策略？请列举至少三项优化策略并简要解释其作用。

上机实操

通过 Vue 3 脚手架创建一个 Vite 项目，并通过在本章所学习的 Vite 构建命令将项目打包，构建出一个能够在生产环境使用的 Vue 3 项目。

目标：理解 Vite 在 Vue 3 项目中的集成方式，并熟练使用项目的构建命令。

< 165 >

第13章 Axios—— 一个 HTTP 网络请求库

Axios 是一个基于 Promise 的网络请求库，可以应用于浏览器和 Node.js 环境，其使用简单，包尺寸小且提供了易于扩展的接口。通过对本章的学习，读者需要认识 Axios 及其优势，并能够掌握 Axios 的安装与配置以及如何在 Vue 3 中优化和重用 Axios 实例。另外，读者还应该提升关于网络请求的安全性意识，加强对性能优化技巧方面的学习。

13.1 Axios 概述

本节简单介绍 Axios 及其优势，详细介绍 Axios 的安装与配置以及如何使用 Axios 在 Vue 3 项目中发起请求并处理响应。

13.1.1 认识 Axios 与 Axios 的优势

1. Axios 简介

Axios 是一个基于 Promise 的 JavaScript HTTP 客户端库，用于在浏览器和 Node.js 环境中发送 HTTP 请求。Axios 提供了一组简洁易用的 API，可以方便地进行网络请求、响应和错误的处理。

2. Axios 的优势

Axios 在前端开发中广受欢迎，其主要优势如下。

（1）支持 Promise。Axios 基于 Promise 实现异步操作，使请求和响应的处理更加方便和高效。

（2）支持浏览器和 Node.js。Axios 可以在浏览器和 Node.js 环境中使用，这使得在前后端分离的项目中统一网络请求的实现成为可能。

（3）提供拦截器。Axios 提供了请求拦截器和响应拦截器，可以在发送请求前和处理响应后执行一些自定义逻辑，例如添加全局请求头、统一处理错误等。

（4）处理请求和响应数据。Axios 自动将 JSON 数据转换为 JavaScript 对象，并支持多种数据格式的响应处理。

（5）支持取消请求。Axios 可以使用 CancelToken 来取消请求，避免无效请求对页面性能的影响。

13.1.2　Axios 的安装与配置

1. 安装 Axios

在开始使用 Axios 之前，需要将其添加到项目中。通常，可以使用 npm 或 Yarn 进行安装。假设项目使用的是 npm，可以在终端中执行以下命令来安装 Axios。

```
npm install --save axios
```

如果使用的是 Yarn，则可以执行如下命令。

```
yarn add axios
```

安装完成后，Axios 就会作为项目的依赖项安装好，然后可以在代码中引入它。

2. 创建 Axios 实例

在使用 Axios 发送请求之前，需要先创建一个 Axios 实例。实例是 Axios 的核心，它允许开发者设置全局的请求配置，如设置全局请求头、请求超时时间等。创建 Axios 实例的示例代码如下。

```
// 导入 Axios
import axios from 'axios';

// 创建 Axios 实例
const axiosInstance = axios.create({
  baseURL: 'https://api.example.com', // 设置基本 URL，用于所有请求的前缀
  timeout: 10000, // 设置请求超时时间，单位为 ms
  headers: {
    'Content-Type': 'application/json', // 设置全局请求头
    // 在此可以添加其他需要的全局请求头
  },
});

// 导出 Axios 实例，以便在整个项目中使用
export default axiosInstance;
```

上述代码中使用 axios.create 方法创建了一个 Axios 实例，并在其中配置了基本 URL、请求超时时间和全局请求头。通过将该实例导出，我们可以在整个项目中使用同一份 Axios 配置，确保所有请求都遵循相同的设置。

3. 配置 Axios 实例

我们可以通过创建 Axios 实例时传入的配置对象来对 Axios 实例进行更细粒度的配置。一些常见的配置项如下。

（1）baseURL：设置请求的基本 URL，用于所有请求的前缀。这样在发送请求时就不需要每次都写完整的 URL。

（2）timeout：设置请求超时时间，如果请求在指定的时间内未返回响应，则请求会被取消。

（3）headers：设置全局请求头，其中包含键值对，用于在每个请求中携带一些通用的信息。

（4）withCredentials：是否携带跨域请求的凭据，如 Cookies。默认为 false，如果需要在跨域请求中携带 Cookies，则可以设置为 true。

13.1.3　发起请求与处理响应

在介绍了 Axios 的常用配置后，本小节将深入介绍如何使用 Axios 在 Vue 3 项目中发起请求并处理响

< 167 >

应。在 HTTP 中包含 GET、POST、PUT、DELETE 四个请求方法。本书以最常用的 GET 与 POST 请求方法为示例，来介绍如何使用 Axios 发起常见的 GET 和 POST 请求，并介绍如何配置请求数据的参数。同时，本小节还将介绍如何处理响应数据，包括成功与失败的情况。

1. 发起 GET 请求

GET 请求是一种常见的、用于获取数据的 HTTP 方法。在 Vue 3 项目中使用 Axios 发起 GET 请求十分简单。我们可以使用 Axios 实例的 get 方法来发送 GET 请求，并传入请求的 URL。下面是一个使用 Axios 发起 GET 请求的示例代码。

```
// 导入 Axios 实例
import axiosInstance from './axiosInstance'; // 假设我们之前创建了 Axios 实例并将其导入

// 发起 GET 请求
axiosInstance.get('/users')
  .then(response => {
    // 请求成功, 处理响应数据
    console.log(response.data); // 响应数据位于 response.data 中
  })
  .catch(error => {
    // 请求失败, 处理错误信息
    console.error('Error:', error.message);
  });
```

上述代码通过 axiosInstance.get('/users')发起一个 GET 请求，请求的 URL 是/users。在请求成功时，then 回调函数会被执行，可以在其中处理响应数据。而在请求失败时，catch 回调函数会被执行，可以在其中处理错误信息。

2. 发起 POST 请求

POST 请求通常用于向服务器提交数据，如创建新的资源或更新已有的资源。在 Vue 3 项目中，可以使用 Axios 实例的 post 方法来发送 POST 请求，并在发送请求的同时传递需要提交的数据。下面是一个使用 Axios 发起 POST 请求的示例代码。

```
// 导入 Axios 实例
import axiosInstance from './axiosInstance'; // 假设我们之前创建了 Axios 实例并将其导入

// POST 请求提交的数据
const postData = {
  username: 'john_doe',
  email: 'john@example.com',
  password: 'secure_password',
};

// 发起 POST 请求
axiosInstance.post('/users', postData)
  .then(response => {
    // 请求成功, 处理响应数据
    console.log(response.data);
  })
  .catch(error => {
    // 请求失败, 处理错误信息
    console.error('Error:', error.message);
  });
```

< 168 >

上述代码通过 axiosInstance.post('/users', postData) 发起一个 POST 请求，请求的 URL 是 /users，同时将 postData 对象作为请求的数据进行提交。

3．请求数据的参数配置

在实际开发中，可能需要在请求中传递一些参数，如请求头、请求体或者请求超时时间的配置。在 Axios 中，可以通过配置对象来实现这些参数的配置。

（1）请求头配置

我们可以通过在配置对象的 headers 字段中设置请求头的键值对，用于在请求中携带一些通用的信息，如认证信息或者用户信息，代码如下。

```
// 配置请求头
axiosInstance.get('/user', {
  headers: {
    Authorization: 'Bearer your_access_token',
    'Content-Type': 'application/json',
  },
})
```

（2）请求体配置

对于 POST 请求，通常需要在请求体中携带数据。我们可以在配置对象中设置 data 字段来配置请求体的数据，代码如下。

```
// 配置请求体数据
const postData = {
  username: 'john_doe',
  password: 'secure_password',
};

axiosInstance.post('/login', postData)
```

（3）请求超时时间配置

我们可以在配置对象中设置 timeout 字段，用于配置请求的超时时间，单位为 ms。如果请求在指定的时间内未返回响应，则请求会被取消，代码如下。

```
// 配置请求超时时间为 5s
axiosInstance.get('/data', {
  timeout: 5000,
})
```

4．处理响应数据

在前面的示例中，使用了 then 和 catch 来处理请求的响应数据。在 then 回调函数中，可以通过 response.data 来获取服务器返回的数据。而在 catch 回调函数中，可以通过 error.message 来获取错误信息。

此外，Axios 还支持请求拦截器和响应拦截器，这些拦截器允许在请求发送前和响应返回后对数据进行预处理和后处理。使用拦截器可以在全局范围内添加一些公共的处理逻辑，如添加全局请求头或者统一处理错误信息，代码如下。

```
// 添加请求拦截器
axiosInstance.interceptors.request.use(
  config => {
    // 在请求发送前处理 config 配置
    // 可以添加全局请求头、请求参数等
    return config;
  },
```

< 169 >

```
  error => {
    // 请求发送失败时的错误处理
    return Promise.reject(error);
  }
);

// 添加响应拦截器
axiosInstance.interceptors.response.use(
  response => {
    // 在响应返回后处理 response 数据
    // 可以进行全局的响应数据处理，例如对数据进行预处理等
    return response;
  },
  error => {
    // 响应返回失败时的错误处理
    return Promise.reject(error);
  }
);
```

通过使用拦截器可以在项目中统一处理一些通用的逻辑，从而使代码结构更加美观和可维护。

13.2 Vue 3 中的 Axios 实例

13.2.1 在 Vue 组件中使用 Axios

Vue 3 项目中通常将数据请求放在组件的生命周期钩子函数或者其他合适的地方进行。常见的情况是在组件的 created 钩子函数中发起请求，以便在组件创建后立即获取数据。

首先，需要在组件中导入之前创建的 Axios 实例（这里引用的是在 13.1.2 小节中创建的实例），代码如下。

```
import axiosInstance from './axiosInstance';
```

然后，在组件的 created 钩子函数中使用 Axios 发起请求，代码如下。

```
export default {
  created() {
    axiosInstance.get('/data')
      .then(response => {
        // 请求成功，处理响应数据
        console.log(response.data);
      })
      .catch(error => {
        // 请求失败，处理错误信息
        console.error('Error:', error.message);
      });
  },
};
```

在上述代码中，在组件的 created 钩子函数中使用 Axios 发起了一个 GET 请求，请求的 URL 是/data。在请求成功时，通过 then 回调函数处理响应数据，而在请求失败时，通过 catch 回调函数处理错误信息。发起 POST 请求也用同样的操作方式。

< 170 >

13.2.2　Axios 结合 Vue Router 的异步加载数据

在使用 Vue Router 进行页面导航时，有时会希望在页面组件加载时异步地获取数据并展示。这时，可以将 Axios 请求放在 Vue Router 的路由导航守卫中，以便在进入路由前获取所需数据，代码如下。

```
import axiosInstance from './axiosInstance';

const routes = [
  {
    path: '/user/:id',
    component: () => import('./views/UserProfile.vue'),
    beforeEnter: (to, from, next) => {
      axiosInstance.get(`/user/${to.params.id}`)
        .then(response => {
          // 请求成功，将响应数据传递给组件
          next(vm => {
            vm.userData = response.data;
          });
        })
        .catch(error => {
          // 请求失败，导航到错误页面
          next('/error');
        });
    },
  },
];
```

上述代码中定义了一个动态路由/user/:id，对应的组件是 UserProfile.vue。在路由的 beforeEnter 导航守卫中，我们使用 Axios 发起一个 GET 请求，请求的 URL 中包含参数 to.params.id。在请求成功时，通过 next 方法将响应数据传递给组件，以便在组件中展示数据。而在请求失败时，通过 next('/error') 导航到错误页面。

13.2.3　Pinia 中的异步数据管理与 Axios

Axios 实例可以作为一个全局服务或插件注册到 Pinia 中，以便在所有的 Pinia Store 和 Vue 组件中共享同一个 Axios 实例。这样做的好处是可以统一配置 Axios，并且在整个应用中都使用同一份 Axios 配置，使代码更加简洁和维护性更强。

在 Vue 3 的入口文件中注册 Pinia，并将前文中创建的 Axios 实例作为插件注册。具体代码如下。

```
// main.js
import { createApp } from 'vue';
import App from './App.vue';
import { createPinia } from 'pinia';
import axiosInstance from './axiosInstance';

const app = createApp(App);

// 注册 Pinia 插件，并将 Axios 实例作为插件注册
const pinia = createPinia();
pinia.use(axiosInstance);
app.use(pinia);

app.mount('#app');
```

上述代码中通过 createPinia 方法创建了一个 Pinia 实例，并使用 pinia.use(axiosInstance)将之前创建的 axiosInstance Axios 实例作为插件注册到 Pinia 中。

< 171 >

1. 在 Pinia Store 中使用 Axios

将 Axios 实例作为插件注册到 Pinia 中后，就可以在任何 Pinia Store 中使用 Axios 发起异步请求。我们可以在之前创建的 store.js 文件中使用 Axios 实例，并在其中定义异步 Actions，代码如下。

```
// store.js
import { defineStore } from 'pinia';
import axiosInstance from './axiosInstance'; // 导入之前创建的 Axios 实例

export const useUserStore = defineStore('user', {
  state: () => ({
    userList: [],
  }),
  actions: {
    async fetchUserList() {
      try {
        const response = await axiosInstance.get('/users'); // 使用 Axios 发起 GET 请求
        this.userList = response.data; // 请求成功，将响应数据赋值给 userList
      } catch (error) {
        console.error('Error:', error.message); // 请求失败，处理错误信息
      }
    },
  },
});
```

上述代码中导入了之前创建的 axiosInstance Axios 实例，并在 fetchUserList Actions 中使用该实例发起一个 GET 请求，获取用户列表数据。请求成功，则将响应数据赋值给 userList 状态。

2. 在组件中使用 Pinia Store

在 Vue 组件中使用 useUserStore 导入 Pinia Store，并调用其中的 Actions 来获取用户列表数据，代码如下。

```
<!-- UserList.vue -->
<template>
  <div>
    <h1>User List</h1>
    <ul>
      <li v-for="user in userList" :key="user.id">{{ user.name }}</li>
    </ul>
  </div>
</template>

<script>
import { useUserStore } from './store'; // 导入 Pinia Store

export default {
  setup() {
    const userStore = useUserStore();

    // 在组件创建时调用 fetchUserList 获取用户列表数据
    userStore.fetchUserList();

    return {
      userList: userStore.userList,
    };
  },
};
</script>
```

< 172 >

上述代码中使用 useUserStore 函数获取了 Pinia Store 的实例,并在组件创建时调用 fetchUserList() 来获取用户列表数据。然后,将 userList 状态绑定到组件的模板中,这样获取到的用户列表数据将动态地展示在页面上。

通过上述步骤,我们在 Pinia 中成功使用了 Axios,并将 Axios 实例作为插件注册到 Pinia 中,使得在 Pinia Store 和 Vue 组件中都可以共享同一个 Axios 实例。这样做可以统一配置 Axios,同时在整个应用中使用同一份 Axios 配置,使代码更加简洁和维护性更强。

13.3　Axios 公共逻辑与封装

本节将介绍如何优化和重用 Axios 实例,以及处理一些公共逻辑,如请求的 Loading 状态、错误提示和日志记录等。这些内容都非常实用,通过对本节的学习,读者将能够在 Vue 3 中更加灵活和高效地使用 Axios 进行网络请求,并能够在实际项目中更好地管理请求的相关逻辑。

13.3.1　创建可复用的 Axios 封装

首先,创建一个可复用的 Axios 封装。为了避免在每个组件中都重复导入和配置 Axios,这部分代码将被抽离为一个单独的文件。在项目中,创建一个名为 http.js 的文件来处理 Axios 相关逻辑。

步骤 1:创建 http.js 文件。

暂且在项目的根目录下,创建一个新的 http.js 文件(通常也可以在项目根目录下创建一个 Utils 目录并在下面创建 http.js 文件)。这个文件将用于封装 Axios 相关的配置和实例。

步骤 2:导入和配置 Axios。

在 http.js 文件中,首先导入 Axios 和 Vue,然后创建一个 Axios 实例,并设置一些默认配置,例如设置基本 URL,代码如下。

```
// http.js

import axios from 'axios';
import Vue from 'vue';

// 创建 Axios 实例
const http = axios.create({
  baseURL: 'http://api.liangdaye.cn/', // 设置基本 URL
});
```

步骤 3:请求拦截器和响应拦截器。

在实际项目中,可能需要在每个请求之前或每个响应之后做一些处理。为了方便处理这些公共逻辑,我们可以使用 Axios 的请求拦截器和响应拦截器,代码如下。

```
// http.js

…

// 请求拦截器
http.interceptors.request.use(
  (config) => {
    // 在每个请求发送前可以进行一些处理,例如在请求头中加入 Token
    const token = localStorage.getItem('token');
    if (token) {
```

< 173 >

```
    config.headers.Authorization = `Bearer ${token}`;
    }
    return config;
  },
  (error) => {
    return Promise.reject(error);
  }
);

// 响应拦截器
http.interceptors.response.use(
  (response) => {
    // 在每个响应返回后可以进行一些处理，例如处理错误状态码
    if (response.status >= 200 && response.status < 300) {
      return response.data;
    } else {
      // 这里可以统一处理错误，例如弹出错误提示
      Vue.prototype.$toast.error('请求失败，请稍后重试');
      return Promise.reject(response);
    }
  },
  (error) => {
    // 这里也可以处理错误，例如记录错误日志
    console.error('请求出错: ', error);
    return Promise.reject(error);
  }
);

export default http;
```

步骤4：导入封装好的 Axios 实例。

在一个包含 Axios 实例和拦截器的封装文件已经创建完成后，下一步的操作是在需要发起网络请求的组件中导入并使用这个封装好的 Axios 实例，代码如下。

```
// MyComponent.vue

import http from '@/path/to/http'; // 导入封装好的 Axios 实例

export default {
  methods: {
    fetchData() {
      http.get('/data') // 使用封装好的 Axios 实例进行网络请求
        .then((response) => {
          // 处理响应数据
          console.log(response);
        })
        .catch((error) => {
          // 处理错误
          console.error(error);
        });
    },
  },
};
```

通过这样的封装，我们可以在多个组件中共享同一个 Axios 实例，并且拦截器可以统一处理请求和响应，使代码更加清晰和易于维护。

< 174 >

13.3.2　处理请求的 Loading 状态

在进行网络请求时，通常需要显示一个 Loading 状态，告诉用户正在加载数据，可以通过在请求发送前和请求结束后分别开启和关闭 Loading 状态来实现。

步骤 1：在组件中使用 Loading 状态。

在组件中定义一个 Loading 状态变量，并在合适的时机将其绑定到页面上，代码如下。

```
<template>
  <div>
    <button @click="fetchData">单击加载数据</button>
    <div v-if="isLoading">Loading...</div>
    <!-- 显示请求的数据 -->
  </div>
</template>
```

步骤 2：在 Axios 封装中处理 Loading 状态。

在封装好的 Axios 实例中处理 Loading 状态。我们可以在请求拦截器中开启 Loading，在响应拦截器中关闭 Loading，代码如下。

```
// http.js

…

let loadingInstance; // 存储 Loading 实例

// 请求拦截器
http.interceptors.request.use(
  (config) => {
    // 开启 Loading
    loadingInstance = Vue.prototype.$loading({
      text: 'Loading...',
      fullscreen: true,
    });
    // 在每个请求发送前可以进行一些处理，例如在请求头中加入 Token
    const token = localStorage.getItem('token');
    if (token) {
      config.headers.Authorization = `Bearer ${token}`;
    }
    return config;
  },
  (error) => {
    return Promise.reject(error);
  }
);

// 响应拦截器
http.interceptors.response.use(
  (response) => {
    // 关闭 Loading
    loadingInstance.close();
    // 在每个响应返回后可以进行一些处理，例如处理错误状态码
    if (response.status >= 200 && response.status < 300) {
      return response.data;
    } else {
      // 这里可以统一处理错误，例如弹出错误提示
```

< 175 >

```
    Vue.prototype.$toast.error('请求失败, 请稍后重试');
    return Promise.reject(response);
  }
},
(error) => {
  // 关闭 Loading
  loadingInstance.close();
  // 这里也可以处理错误, 例如记录错误日志
  console.error('请求出错: ', error);
  return Promise.reject(error);
  }
);

export default http;
```

13.3.3　统一处理错误提示与日志记录

在网络请求中，错误是不可避免的。为了更好地面向用户展示错误信息，我们可以统一处理错误，并在 Axios 封装中显示错误提示。同时，为了方便开发人员进行错误排查和问题定位，也可以在响应拦截器中记录错误日志。

步骤1：使用 Toast 组件显示错误提示。

在项目中可能已经引入了一个用于显示提示信息的组件（例如 Toast），可以使用这个组件来显示错误提示，代码如下。

```
// main.js（或其他入口文件）

import Vue from 'vue';
import Toast from 'toast-plugin'; // 假设已经安装并引入了 Toast 组件

Vue.use(Toast);
```

步骤2：在 Axios 封装中显示错误提示和记录错误日志。

在 Axios 封装中处理错误。在响应拦截器中，可以根据响应的状态码来显示错误提示，并将错误信息记录到日志中，代码如下。

```
// http.js

 …

// 响应拦截器
http.interceptors.response.use(
  (response) => {
    // 关闭 Loading
    loadingInstance.close();
    // 在每个响应返回后可以进行一些处理, 例如处理错误状态码
    if (response.status >= 200 && response.status < 300) {
      return response.data;
    } else {
      // 这里可以统一处理错误, 例如显示错误提示
      Vue.prototype.$toast.error('请求失败, 请稍后重试');
      // 记录错误日志
      console.error('请求失败: ', response);
```

< 176 >

```
    return Promise.reject(response);
    }
  },
  (error) => {
    // 关闭 Loading
    loadingInstance.close();
    // 这里也可以处理错误，例如显示错误提示
    Vue.prototype.$toast.error('请求失败，请稍后重试');
    // 记录错误日志
    console.error('请求出错: ', error);
    return Promise.reject(error);
  }
);
```

```
export default http;
```

13.3.4　优化 Axios 封装与配置

在封装 Axios 时，开发者可以对其进行一些优化。例如，可以在创建 Axios 实例时设置默认的请求头，这样每次请求都会带上这些请求头，避免在每个请求中重复设置。

步骤 1：设置默认的请求头。

在 http.js 中，可以在创建 Axios 实例时设置默认的请求头，代码如下。

```
// http.js

// 创建 Axios 实例
const http = axios.create({
  baseURL: 'https://api.liangdaye.cn/', // 设置基本 URL
  headers: {
    'Content-Type': 'application/json', // 设置默认的请求头
  },
});
```

步骤 2：根据需要进行其他优化。

除了设置默认的请求头，还可以根据项目的实际需求进行其他优化。例如，可以设置默认的超时时间，也可以配置请求拦截器和响应拦截器来进行全局的数据预处理，代码如下。

```
// http.js

// 创建 Axios 实例
const http = axios.create({
  baseURL: 'https://api.liangdaye.cn/', // 设置基本 URL
  timeout: 10000, // 设置默认的超时时间
  headers: {
    'Content-Type': 'application/json', // 设置默认的请求头
  },
});

// 请求拦截器
http.interceptors.request.use(
  …
);

// 响应拦截器
```

< 177 >

```
http.interceptors.response.use(
    ...
);

export default http;
```

通过这样的优化，我们可以更好地利用 Axios 的功能，提高代码的可读性和可维护性。

13.4　安全性与性能优化

本节内容虽然与 Vue 3 开发技术本身关系不是太大，但安全性关系到整个项目的数据以及运维状况。尤其在频频爆发数据泄露问题的今天，更需要时刻关注项目和数据的安全性。很多开发者却对安全性注重得不够，甚至完全没有这方面的概念。至于性能优化，也是很多开发人员面试时必考的一个知识点。一个性能良好的项目会带来较佳的用户体验以及减少服务器压力，节约成本。

安全性与性能优化是范围很广的概念，甚至可以单独成书用来学习。本节只是抛砖引玉，简单列出关于安全性与性能优化方面的知识点，以便读者能够了解这方面的概念并加强相关意识。

13.4.1　有关网络请求的安全性

1. 防止 CSRF 攻击

跨站请求伪造（cross-site request forgery，CSRF）是一种常见的网络攻击方式，攻击者利用用户的登录状态在用户不知情的情况下发送恶意请求。为了防止 CSRF 攻击，我们需要在请求中添加 CSRF Token，并在服务端验证 CSRF Token 的有效性。

步骤 1：在服务端生成和设置 CSRF Token。

在服务端，需要生成一个 CSRF Token，并将其设置在用户的 Session 或 Cookie 中。

步骤 2：在请求头中携带 CSRF Token。

在每次请求中，需要在请求头中携带该 CSRF Token。

步骤 3：在服务端验证 CSRF Token。

在服务端，需要验证请求中的 CSRF Token 是否与用户的 Session 或 Cookie 中的 CSRF Token 匹配。只有在验证通过的情况下，才能处理该请求。这样做可以有效防止 CSRF 攻击，因为攻击者无法获取用户的 CSRF Token。

2. 安全地传递敏感信息

在应用中，我们可能需要传递一些敏感信息，如用户凭证或支付信息。为了确保这些信息的安全传递，需要使用安全的传输协议（例如 HTTPS），并在传输过程中对数据进行加密。

步骤 1：使用 HTTPS。

使用 HTTPS 可以确保数据在传输过程中是加密的，以防止数据被中间人窃取或篡改。

步骤 2：使用 SSL/TLS 加密。

确保服务器配置了有效的 SSL/TLS 证书，并在客户端与服务器之间建立安全的连接。

采取这些安全性相关措施，可以保障用户的敏感信息不被泄露，增强应用的安全性。当然，这只是 Web 安全性中的一小部分，安全性还有很多方面需要注意，如 XXS 攻击、SQL 注入等。关于安全性的更多知识，读者可以参考其他有关安全性的书籍。

< 178 >

13.4.2　性能优化

1. 请求缓存

在应用中，有些数据在短时间内可能不会发生变化，但频繁地发送请求将会导致产生不必要的网络流量和服务器压力。为了提高性能，我们可以使用请求缓存来缓存这些数据，避免重复请求。

在发起请求时，可以先检查本地缓存中是否存在所需的数据，如果存在且未过期，则直接使用缓存的数据，避免再次发送请求。

2. 请求节流与防抖

在某些情况下，用户的操作可能会频繁地触发请求，例如搜索框输入。为了减少不必要的请求，我们可以使用请求节流和防抖技巧来控制请求的频率。

（1）请求节流。在一段时间内，只发送最后一次请求。

（2）防抖。在一段时间内，只发送第一次请求或最后一次请求。

合理地应用请求缓存、请求节流和防抖，可以降低服务器负载，提高应用的响应速度和改善用户体验。

13.5　本章小结

本章介绍了如何在 Vue 3 中优化和重用 Axios 实例，以及处理一些公共逻辑，如请求的 Loading 状态、错误提示和日志记录等。为了更好地管理请求的相关逻辑，我们将 Axios 封装为一个可复用的实例，并使用请求拦截器和响应拦截器来处理请求前后的逻辑。通过封装，可以在多个组件中共享同一个 Axios 实例，并在请求前后统一处理请求的 Loading 状态、错误提示和日志记录。此外，本章还讨论了网络请求的安全性，介绍了防止 CSRF 攻击和安全地传递敏感信息的方法。对于性能优化，简单介绍了请求缓存、请求节流和防抖等技巧，以降低服务器负载，提高应用响应速度和改善用户体验。这些技巧和注意事项在实际项目中能够用于提高网络请求的安全性和性能，并使代码更加灵活、高效、易于维护。

习题

一、判断题

1. Axios 是一个基于 Promise 的 HTTP 客户端，可用于浏览器和 Node.js 环境。　　　（　　）

2. Axios 支持拦截请求和响应，可以在请求或响应被处理前对其进行拦截和处理。　（　　）

3. 通过 Axios 的 axios.interceptors 属性可以添加请求拦截器或响应拦截器。　　　（　　）

二、选择题

1. Axios 可以在（　　）中使用。

    A. 仅限浏览器环境

    B. 仅限 Node.js 环境

    C. 浏览器和 Node.js 环境都可以

    D. 浏览器和 Node.js 环境都不可以

2. Axios 是基于（　　）的 HTTP 客户端。

    A. WebSocket　　　　　　B. XMLHttpRequest　　C. Fetch API　　　　　　　　D. Promise

< 179 >

3. 在 Axios 中处理请求超时的方法有（　　　）。

    A.　使用 axios.timeout 属性　　　　　　　　B.　使用 axios.interceptors 设置

    C.　不能处理请求的超时　　　　　　　　　　D.　使用 HTTP header 设置

三、简答题

1. 简述什么是 CSRF 攻击及其原理，并说明在 Vue 3 项目中如何防止 CSRF 攻击。

2. 简述在 Axios 封装中，请求拦截器和响应拦截器的作用。请列举拦截器常见的使用场景。

3. 简述性能优化是如何提高应用的响应速度和改善用户体验的，并简要介绍请求缓存、请求节流和防抖技巧，并说明它们的应用场景。

4. 简述在进行网络请求时，为了保障传输的安全性，所采取措施都有哪些。请列举至少三个安全性注意事项，包括使用的安全协议和加密方式。

上机实操

创建一个 Vue 3 应用，使用 Axios 进行异步数据请求，并结合一个简单的 Express 后台数据服务来提供数据支持。这里需要实现一个用户管理系统，包括用户列表展示、添加用户和删除用户功能。

要求如下。

（1）Node.js、Vue 脚手架和 Express（基于 Node.js 平台的极简 Web 服务端框架）已经在计算机上安装。

（2）前端应用使用 Vue 3 脚手架创建，并使用 Axios 进行数据请求。

（3）服务端数据服务使用 Express 创建，提供以下接口。

GET /api/users：获取所有用户列表。

POST /api/users：添加一个新用户。

DELETE /api/users/:id：根据用户 ID 删除用户。

目标：掌握如何使用 Axios 进行异步数据请求，以及如何在 Vue 3 中处理数据和用户交互。通过上机实操熟悉前后端数据交互的基本流程，并掌握 Vue 3 与 Axios 在实际项目中的应用。此外，还可以根据需要继续扩展应用，添加更多功能和优化用户体验。

实操指导：

（1）在前端应用中添加表单验证，确保添加用户时必填字段不为空；

（2）在后端数据服务中添加更多 API，例如更新用户信息等。

< 180 >

第**14**章 Vue 组件库

适用于 Vue 的 UI 组件库比较多，本章将介绍两个比较流行的组件库，即 Element Plus 和 Vant。它们都可与 Vue 应用程序完美集成，通过可复用且可定制的组件简化开发过程，使开发者能够快速开发出功能强大、使用友好的界面。读者可以根据需求、设计偏好和使用环境等选择其中之一作为自己 Vue 项目的组件库。通过学习本章内容，读者应该能够掌握 Element Plus 组件库和 Vant 组件库的使用方式，进而具备创建功能丰富且使用友好的界面的能力。

14.1 Element Plus

本节将介绍 Element Plus 的特性、安装与配置、常用组件、布局组件以及高级组件等，本节最后还将通过项目示例来介绍如何应用 Element Plus 组件库构建一个简单的后台管理系统。

14.1.1 Element Plus 简介

1．Element Plus 的由来和发展历程

Element Plus 是一款开源的 UI 组件库，它是对 Element UI 组件库的升级和扩展，旨在提供更好的用户体验和更多功能特性。

Element UI 是饿了么前端团队早期推出的 Vue 组件库，它受到了广泛的欢迎和使用。随着 Vue 的不断发展和用户需求的不断增长，饿了么团队又进一步改进和完善这个组件库，在 Vue 3 发布时推出了 Element Plus。

2．选择 Element Plus 的理由

Element Plus 之所以备受青睐，有以下几个主要原因。

（1）完整的组件库。Element Plus 提供丰富的 UI 组件，涵盖开发中常用的各种元素，如按钮、表单、表格、对话框、选择器等。这样，开发者在构建 Web 应用时不需要从头开发这些基础组件，大大提高了开发效率。

（2）简单易用。Element Plus 的组件具有简洁、直观的设计和易于理解的 API，使开发者能够快速上手并将其整合到项目中。

（3）强大的定制能力。Element Plus 允许开发者根据项目需求进行样式和功能的定制，根据自己的品牌和设计风格，轻松定制主题，保证项目整体风格一致。

（4）活跃的社区。Element Plus 作为一个受欢迎的开源项目，拥有活跃的社区。社区不仅提供丰富的文档和教程，还提供许多插件和解决方案，方便开发者解决问题和扩展功能。

（5）Vue 生态系统。Element Plus 是为 Vue 开发的，与 Vue 生态系统无缝集成，可以充分发挥 Vue 的优势，使得开发过程更加顺畅和高效。

3. Element Plus 的特点和优势

（1）响应式设计。Element Plus 的组件都经过精心设计和优化，可适配不同的屏幕大小和设备，确保用户在不同终端上都能获得良好的体验。

（2）扩展性。Element Plus 提供丰富的插件和工具，方便开发者扩展和定制组件的功能，满足个性化需求。

（3）国际化支持。Element Plus 内置、支持多种语言，能够轻松实现多语言切换和本地化应用。

（4）高性能。Element Plus 组件的设计和实现都注重性能优化，通过减少不必要的重绘和重排，提高页面渲染速度，保证应用的流畅性。

（5）按需加载。Element Plus 支持按需加载组件，只加载使用到的组件代码，减小项目的体积，提高页面加载速度。

14.1.2　Element Plus 入门

1. 在 Vue 项目中安装 Element Plus

首先要确保项目中已经安装了 Vue。如果还没有安装，则可以使用 Vue 提交的脚手架方式安装 Vue，具体步骤如下。

（1）执行 Vue 脚手架命令，命令如下。

```
npm init vue@latest
```

创建命令和步骤如图 14-1 右侧所示，创建成功的目录如图 14-1 左侧所示。

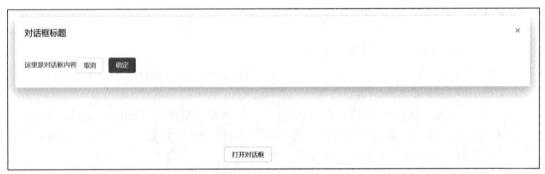

图 14-1　通过 Vue 脚手架创建 Vue 项目

（2）根据图 14-1 中提示进入根目录安装依赖包，如图 14-2 所示，命令如下。

```
cd element-plus-demo //进入项目根目录
npm install           //安装依赖包
```

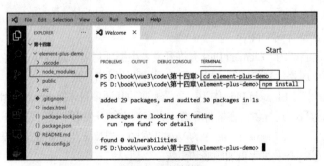

图 14-2　安装依赖包

< 182 >

（3）通过 npm 来安装 Element Plus，安装后如图 14-3 所示。在项目根目录下执行如下命令。

```
npm install element-plus -save
```

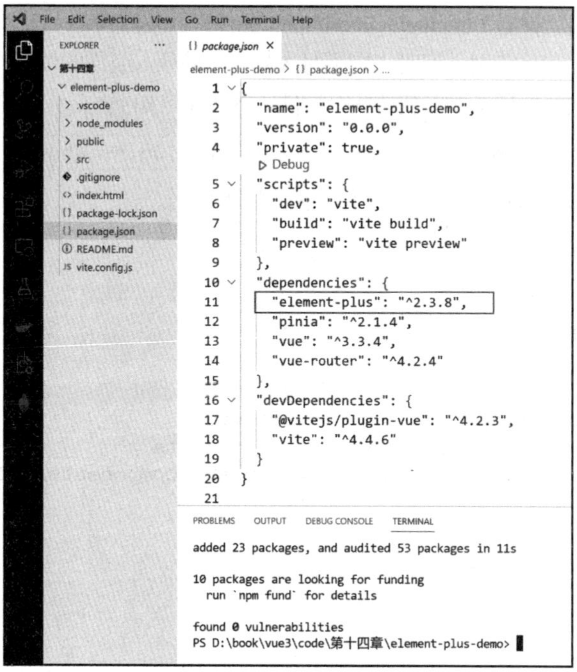

图 14-3　安装 Element Plus

2. 在 Vue 项目中引入 Element Plus

Element Plus 安装完成后，就可以在 Vue 项目中引入 Element Plus 组件。该引入分为两种方式：一种是完整引入；另一种是按需引入。

（1）完整引入

如果不在意打包后的文件体积，那么使用完整引入方式会更方便。在这种方式下用户可以直接在项目中的任何地方使用 Element Plus 提供的所有组件。完整引入方式很简单，直接在项目入口文件 main.js 中引入，具体代码如下。

```
import './assets/main.css'

import { createApp } from 'vue'
import { createPinia } from 'pinia'

// 完整引入 Element Plus
import ElementPlus from 'element-plus'
// 引入 Element Plus 默认样式文件
import 'element-plus/dist/index.css'

import App from './App.vue'
import router from './router'

const app = createApp(App)
app.use(createPinia())
app.use(router)
app.use(ElementPlus)
app.mount('#app')
```

< 183 >

（2）按需引入

按需引入就是指在需要使用 Element Plus 中的组件时，才会引入该组件，这样能减小打包后的文件体积。虽然按需引入能减小打包后的文件体积，但带来的麻烦是需要手动去引用每一个需要使用的 Element Plus 组件。不过自动导入"神器"unplugin-auto-import 插件以及按需自动引入 Vue 组件的 unplugin-vue-components 插件的出现，使按需引入彻底告别了每次都要手动导入组件的烦琐方式。

因此，首先需要在项目根目录下安装这两个插件，具体命令如下。

```
npm install --save-dev unplugin-vue-components unplugin-auto-import
```

然后找到项目根目录下的 vite.config.js 文件，插入以下代码。

```
import { fileURLToPath, URL } from 'node:url'

import { defineConfig } from 'vite'
import vue from '@vitejs/plugin-vue'

// 引入自动导入插件
import AutoImport from 'unplugin-auto-import/vite'
import Components from 'unplugin-vue-components/vite'
import { ElementPlusResolver } from 'unplugin-vue-components/resolvers'


// https://vitejs.dev/config/
export default defineConfig({
  plugins: [
    vue(),
    AutoImport({
      resolvers: [ElementPlusResolver()],
    }),
    Components({
      resolvers: [ElementPlusResolver()]
    })
  ],
  resolve: {
    alias: {
      '@': fileURLToPath(new URL('./src', import.meta.url))
    }
  }
})
```

这样既可以按需引入所需要的组件，减小了打包后的文件体积，又避免了按需引入带来的频繁手动引入的麻烦。这也是本书推荐读者在日常开发中采用的方法。

需要注意的是，只有在创建 Vue 项目中选择 Vite 时才会存在 vite.config.js 文件。如果选择的是 Webpack 构建工具，那么就需要在 webpack.config.js 文件中配置。Webpack 构建工具不在本书的介绍范围内，请读者自行查阅相关资料。

3. 快速上手一个简单的 Element Plus 组件

为了快速上手 Element Plus，本小节以一个简单的按钮组件（el-button）作为例子。直接在 Vue 脚手架创建的项目模板中的 views 目录下的 HomeView.vue 文件中添加如下代码。

```
<script setup>
import TheWelcome from '../components/TheWelcome.vue'
</script>

<template>
  <main>
```

< 184 >

```
    <TheWelcome />

    <!-- 快速上手一个组件，添加多个类型的 el-button 组件 -->
    <el-button>Default</el-button>
    <el-button type="primary">Primary</el-button>
    <el-button type="success">Success</el-button>
    <el-button type="info">Info</el-button>
    <el-button type="warning">Warning</el-button>
    <el-button type="danger">Danger</el-button>
  </main>
</template>
```

然后使用 npm run dev 命令运行，效果如图 14-4 所示。

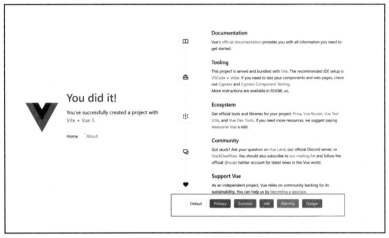

图 14-4　el-button 组件效果（1）

综上，Element Plus 组件的使用很简单，而且完全不需要手动去引入。

14.1.3　Element Plus 常用组件

本小节将详细介绍 Element Plus 中的一些常用组件，包括 Button 按钮、Form 表单、Table 表格、Input 文本框、Select 选择器、Dialog 对话框组件的使用方法，使读者能够深入了解 Element Plus 的使用方式，便于在实际开发中轻松上手 Element Plus 框架项目，并具备使用官方文档中最新用法的能力。

1．Button 按钮

按钮是网页中非常常见的交互元素之一，Element Plus 提供了丰富的按钮样式和功能。以下是 el-button 组件的一些常用属性和事件。

（1）Attributes

type：按钮类型，可选值有 default、primary、success、warning、danger 和 info，默认值为 default。

plain：是否显示朴素按钮样式，布尔值，设置为 true 时显示朴素按钮样式，默认值为 false。

round：是否显示圆角按钮样式，布尔值，设置为 true 时显示圆角按钮样式，默认值为 false。

size：按钮尺寸，可选值有 medium、small 和 mini，默认值为 medium。

disabled：是否禁用按钮，布尔值，设置为 true 时禁用按钮，默认值为 false。

loading：是否显示加载状态，布尔值，设置为 true 时显示加载状态，默认值为 false。

（2）Events

click：单击按钮时触发的事件。

< 185 >

示例代码如下。

```
<template>
  <div>
    <el-button>默认按钮</el-button>
    <el-button type="primary">主要按钮</el-button>
    <el-button type="success">成功按钮</el-button>
    <el-button type="info">信息按钮</el-button>
    <el-button type="warning">警告按钮</el-button>
    <el-button type="danger">危险按钮</el-button>
    <el-button type="text">文字按钮</el-button>
    <el-button :loading="loading" @click="handleClick">单击加载</el-button>
  </div>
</template>

<script>
export default {
  data() {
    return {
      loading: false,
    };
  },
  methods: {
    handleClick() {
      this.loading = true;
      // 模拟异步操作
      setTimeout(() => {
        this.loading = false;
      }, 2000);
    },
  },
};
</script>
```

上面的示例中使用 el-button 标签创建了几种类型的按钮，分别是默认按钮、主要按钮、成功按钮、信息按钮、警告按钮、危险按钮和文字按钮。在最后一个按钮上，我们还绑定了一个 click 事件，并在单击按钮时触发了一个异步操作（模拟加载），通过设置 loading 属性来显示加载状态，2 s 后按钮恢复为默认按钮。效果如图 14-5 所示。

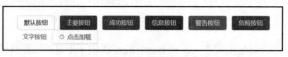

图 14-5　el-button 组件效果（2）

2．Form 表单

Form 表单是用户输入信息的主要方式，Element Plus 提供了一套便捷且美观的表单组件。以下是 el-form 组件和 el-form-item 组件的一些常用属性和方法。

（1）el-form Attributes

model：表单数据对象，用于数据双向绑定。

rules：表单验证规则对象，定义输入字段的验证规则。

label-width：表单域标签的宽度，如 100 px 或 10%。

（2）el-form-item Attributes

label：表单域标签文字。

< 186 >

prop：表单域字段名，用于验证规则的判断。

rules：表单域验证规则，覆盖 el-form 的验证规则。

（3）el-form Methods

validate（callback）：对整个表单进行验证，callback 回调函数接收一个布尔值，表示验证是否通过。

（4）el-form-item Methods

resetField：清空表单域的验证状态。

示例代码如下。

```html
<template>
  <el-form :model="form" :rules="rules" label-width="100px">
    <el-form-item label="姓名" prop="name">
      <el-input v-model="form.name"></el-input>
    </el-form-item>
    <el-form-item label="年龄" prop="age">
      <el-input-number v-model="form.age"></el-input-number>
    </el-form-item>
    <el-form-item label="邮箱" prop="email">
      <el-input v-model="form.email"></el-input>
    </el-form-item>
    <el-form-item>
      <el-button type="primary" @click="submitForm">提交</el-button>
      <el-button @click="resetForm">重置</el-button>
    </el-form-item>
  </el-form>
</template>

<script>
export default {
  data() {
    return {
      form: {
        name: '',
        age: null,
        email: '',
      },
      rules: {
        name: [{ required: true, message: '请输入姓名', trigger: 'blur' }],
        age: [{ required: true, message: '请输入年龄', trigger: 'blur' }],
        email: [
          { required: true, message: '请输入邮箱', trigger: 'blur' },
          { type: 'email', message: '请输入正确的邮箱格式', trigger: ['blur', 'change'] },
        ],
      },
    };
  },
  methods: {
    submitForm() {
      this.$refs.form.validate((valid) => {
        if (valid) {
          // 表单验证通过，执行提交逻辑
          console.log('表单验证通过');
        } else {
          // 表单验证失败，不执行提交逻辑
          console.log('表单验证失败');
        }
```

< 187 >

```
    });
  },
  resetForm() {
    this.$refs.form.resetFields();
  },
 },
};
</script>
```

上述代码示例中使用 el-form 和 el-form-item 标签创建了一个简单的表单，其中包含姓名、年龄和邮箱三个输入字段，以及"提交"按钮和"重置"按钮。同时，使用 rules 对表单进行了验证规则的定义，确保用户输入的数据符合要求。效果如图 14-6 所示。

图 14-6　el-form 组件效果

3. Table 表格

表格是展示数据的重要组件，Element Plus 提供了灵活且功能强大的表格组件。以下是 el-table 和 el-table-column 组件的一些常用属性和方法。

（1）el-table Attributes

data：表格的数据源，数组类型，每个元素代表一行数据。

height：表格高度，如 300px 或 300（默认单位为 px），默认情况下表格高度会根据内容自动撑开。

（2）el-table-column Attributes

prop：表格列数据在 data 中对应的字段名。

label：表格列标题文字。

width：表格列宽度，如 100px 或 100（默认单位为 px）。

fixed：表格列固定，可选值有 left、right，用于固定列在表格左侧或右侧。

（3）el-table Methods

clearSelection：清空表格的选中状态。

toggleRowSelection（row, selected）：切换某一行的选中状态。

toggleAllSelection：切换所有行的选中状态。

setCurrentRow（row）：设置当前行。

clearSort：清空表格的排序状态。

代码如下所示。

```
<template>
 <el-table :data="tableData" style="width: 100%">
  <el-table-column prop="name" label="姓名"></el-table-column>
  <el-table-column prop="age" label="年龄"></el-table-column>
  <el-table-column prop="email" label="邮箱"></el-table-column>
  <el-table-column label="操作" width="120">
   <template slot-scope="scope">
    <el-button @click="handleEdit(scope.row)">编辑</el-button>
```

< 188 >

```
        <el-button type="danger" @click="handleDelete(scope.row)">删除</el-button>
      </template>
    </el-table-column>
  </el-table>
</template>

<script>
export default {
  data() {
    return {
      tableData: [
        { name: 'Alice', age: 28, email: 'alice@example.com' },
        { name: 'Bob', age: 24, email: 'bob@example.com' },
        { name: 'Charlie', age: 32, email: 'charlie@example.com' },
        { name: 'David', age: 30, email: 'david@example.com' },
      ],
    };
  },
  methods: {
    handleEdit(row) {
      console.log('编辑: ', row);
    },
    handleDelete(row) {
      console.log('删除: ', row);
    },
  },
};
</script>
```

上述代码中通过 el-table 和 el-table-column 标签创建了一个简单的表格，并通过:data 属性绑定了 tableData 数据源。表格中的每一列对应数据源中的属性，同时我们在表格的最后一列定义了操作列，其中包含"编辑"按钮和"删除"按钮，并通过 slot-scope 来处理按钮的单击事件。效果如图 14-7 所示。

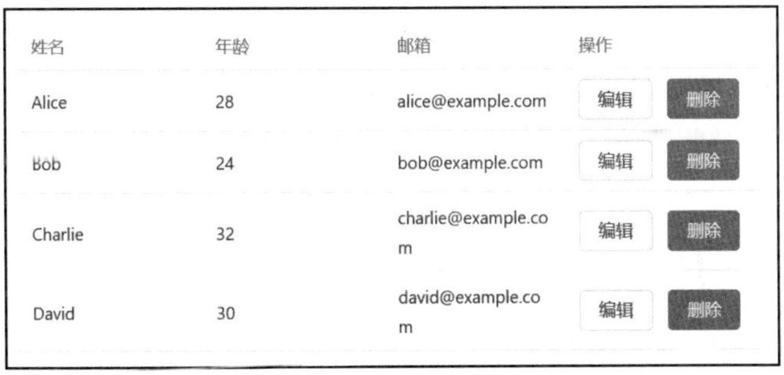

图 14-7　el-table 组件效果

4．Input 文本框

Input 文本框用于接收用户的文本输入，Element Plus 的文本框组件支持单行文本输入、多行文本输入以及前缀、后缀等附加元素。以下是 el-input 组件和 el-input-number 组件的一些常用属性和方法。

（1）el-input Attributes

v-model：文本框的值，用于数据双向绑定。

type：文本框的类型，可选值有 text（单行文本输入）和 textarea（多行文本输入），默认值为 text。

placeholder：文本框的提示文字。

clearable：是否显示清空按钮，布尔值，设置为 true 时显示清空按钮，默认值为 false。

disabled：是否禁用文本框，布尔值，设置为 true 时禁用文本框，默认值为 false。

< 189 >

（2）el-input-number Attributes

v-model：文本框的值，用于数据双向绑定。

min：最小值。

max：最大值。

step：每次改变的步长。

disabled：是否禁用文本框，布尔值，设置为 true 时禁用文本框，默认值为 false。

示例代码如下。

```
<template>
  <div>
    <el-input v-model="inputValue" placeholder="请输入文本"></el-input>
    <el-input v-model="textareaValue" type="textarea" placeholder="请输入多行文本">
</el-input>
    <el-input-number v-model="numberValue" :min="0" :max="100" :step="1" :disabled=
"disabled"></el-input-number>
    <el-switch v-model="disabled">禁用文本框</el-switch>
  </div>
</template>

<script>
export default {
  data() {
    return {
      inputValue: '',
      textareaValue: '',
      numberValue: 50,
      disabled: false,
    };
  },
};
</script>
```

上述代码中分别创建了一个单行文本框、一个多行文本框和一个数值文本框，并通过 v-model 指令实现了与数据的双向绑定。另外，还创建了一个开关 el-switch，用于控制数值文本框的禁用状态。效果如图 14-8 所示。

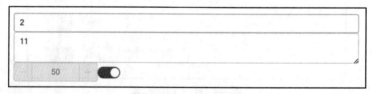

图 14-8　el-input 组件效果

5．Select 选择器

Select 选择器用于从预定义的选项中选择一个值，Element Plus 的选择器组件提供了单选和多选两种模式。以下是 el-select 组件和 el-option 组件的一些常用属性和方法。

（1）el-select Attributes

v-model：选择器的值，用于数据双向绑定。

placeholder：选择器的提示文字。

multiple：是否多选，布尔值，设置为 true 时为多选模式，默认值为 false。

disabled：是否禁用选择器，布尔值，设置为 true 时禁用选择器，默认值为 false。

< 190 >

（2）el-option Attributes

v-for：循环创建选项，可使用 v-for 遍历选项数组。

label：选项显示的文本。

value：选项的值。

示例代码如下。

```
<template>
  <div>
    <el-select v-model="selectedOption" placeholder="请选择">
      <el-option v-for="option in options" :key="option.value" :label="option.label" :value=
"option.value"></el-option>
    </el-select>
    <p>选择的值: {{ selectedOption }}</p>
    <el-select v-model="selectedOptions" multiple placeholder="请选择">
      <el-option v-for="option in options" :key="option.value" :label="option.label" :value=
"option.value"></el-option>
    </el-select>
    <p>选择的值: {{ selectedOptions }}</p>
  </div>
</template>

<script>
export default {
  data() {
    return {
      selectedOption: '',
      selectedOptions: [],
      options: [
        { label: '选项 1', value: 'option1' },
        { label: '选项 2', value: 'option2' },
        { label: '选项 3', value: 'option3' },
        { label: '选项 4', value: 'option4' },
      ],
    };
  },
};
</script>
```

上述代码中分别创建了一个单选选择器和一个多选选择器，并通过 el-option 标签创建了预定义的选项。通过 v-model 指令可以对选择的值与数据进行绑定。效果如图 14-9 所示。

6. Dialog 对话框

Dialog 对话框是一种常见的弹出式交互窗口，Element Plus 的对话框组件提供了丰富的配置选项。以下是 el-dialog 组件的一些常用属性和方法。

（1）el-dialog Attributes

v-model：对话框的显示状态，用于数据双向绑定。

title：对话框的标题。

width：对话框的宽度，如 50% 或 500（默认单位为 px）。

modal：是否显示遮罩层，布尔值，设置为 false 时不显示遮罩层，默认值为 true。

modal-append-to-body：遮罩层是否插入<body>元素中，布尔值，默认值为 true。

lock-scroll：是否锁定背景滚动，布尔值，默认值为 true。

图 14-9　el-select 组件效果

< 191 >

append-to-body：对话框是否插入\<body\>元素中，布尔值，默认值为 false。

destroy-on-close：关闭对话框时是否销毁对话框内容，布尔值，默认值为 false。

before-close：关闭对话框前的回调函数，返回 false 时阻止对话框关闭。

（2）el-dialog Events

open：对话框打开时触发的事件。

opened：对话框打开且过渡动画结束后触发的事件。

close：对话框关闭时触发的事件。

closed：对话框关闭且过渡动画结束后触发的事件。

示例代码如下。

```
<template>
    <div>
        <el-button @click="showDialog">打开对话框</el-button>
        <el-dialog
          v-model="dialogVisible"
          title="对话框标题"
          :modal="false"
          :lock-scroll="false"
          :append-to-body="true"
          :destroy-on-close="true"
          @before-close="handleBeforeClose"
        >
            <span>这里是对话框内容</span>
            <span slot="footer" class="dialog-footer">
              <el-button @click="dialogVisible = false">取消</el-button>
              <el-button type="primary" @click="handleConfirm">确定</el-button>
            </span>
        </el-dialog>
    </div>
</template>

<script>
  export default {
    data() {
      return {
        dialogVisible: false,
      };
    },
    methods: {
      showDialog() {
        this.dialogVisible = true;
      },
      handleBeforeClose(done) {
        // 对话框关闭前的处理逻辑
        if (confirm('确定要关闭对话框吗？')) {
          done(); // 关闭对话框
        }
      },
      handleConfirm() {
        console.log('单击了确定按钮');
        this.dialogVisible = false;
      },
    },
  };
</script>
```

< 192 >

上述代码中通过 el-dialog 标签创建了一个对话框，并通过 v-model 指令绑定了 dialogVisible 属性，以控制对话框的显示与隐藏。同时，我们定义了对话框的标题和内容，并在对话框底部自定义了一个包含取消按钮和确定按钮的 footer 插槽。此外，通过 before-close 事件来处理对话框关闭前的逻辑，防止误关闭对话框。效果如图 14-10 所示。

以上是一些常用组件的使用方法，Element Plus 提供了丰富的组件和功能，帮助读者快速构建现代化的 Web 应用程序。根据项目需求，灵活选择并使用合适的组件能够提高开发效率和提升用户体验。

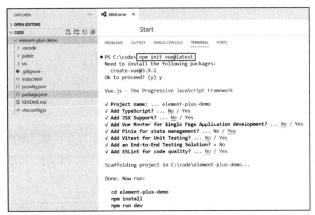

图 14-10　el-dialog 组件效果

14.1.4　Element Plus 布局组件

本小节将介绍 Element Plus 中的一些布局组件，这些组件用于构建网页布局，实现页面的整体结构和排版。本小节还将介绍 Container 容器、Layout 布局、Space 间距和 Divider 分割线等组件，并提供相应的示例代码。

1. Container 容器

Container 容器组件是一个简单的容器组件，用于包裹页面的内容。它可以用于设置最大宽度和居中内容，帮助在不同屏幕尺寸下实现页面的自适应。以下是 el-container 组件的常用属性。

direction：定义子元素的排列方向，可选值有 vertical（垂直排列）和 horizontal（水平排列），默认值为 horizontal。

示例代码如下。

```
<template>
  <div class="common-layout">
    <el-container>
      <el-aside width="200px">侧边栏</el-aside>
      <el-container>
        <el-header>头部</el-header>
        <el-main>主要内容</el-main>
        <el-footer>底部</el-footer>
      </el-container>
    </el-container>
  </div>
</template>
<style scoped>
.el-header{
    background-color: var(--el-color-primary-light-7);
    color: var(--el-text-color-primary);
```

< 193 >

```
    text-align: center;
}
.el-aside{
    background-color: var(--el-color-primary-light-8);
    color: var(--el-text-color-primary);
    text-align: center;
}
.el-main{
    background-color: var(--el-color-primary-light-9);
    color: var(--el-text-color-primary);
    text-align: center;
}
.el-footer{
    background-color: var(--el-color-primary-light-7);
    color: var(--el-text-color-primary);
    text-align: center;
}
</style>
```

上述代码中使用 el-container 标签创建了一个容器组件，其中包含头部、侧边栏、主要内容和底部四个部分。el-header、el-aside、el-main 和 el-footer 分别代表容器的这四个部分，可以根据需求自由组合和布局。效果如图 14-11 所示。

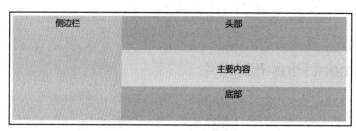

图 14-11　el-container 容器效果

2．Layout 布局

Layout 布局组件是一个灵活的布局容器，通过将页面划分为 Header、Aside、Main 和 Footer 四个部分，实现复杂页面的整体布局。Header 和 Footer 分别固定在页面的顶部和底部，Aside 和 Main 则在中间区域根据内容自适应。以下是 el-row 组件和 el-col 组件的一些常用属性。

（1）el-row Attributes

gutter：设置栅格间隔，单位为像素，可以为数值或对象。

type：布局模式，可选值有 flex（弹性布局）和 default（流式布局），默认值为 default。

justify：flex 布局下的水平对齐方式，可选值有 start（左对齐）、center（居中对齐）、end（右对齐）和 space-between（两端对齐）等。

align：flex 布局下的垂直对齐方式，可选值有 top（顶部对齐）、middle（居中对齐）和 bottom（底部对齐）等。

（2）el-col Attributes

span：栅格所占的列数，可选值为 0 到 24 的整数。

offset：栅格左侧的间隔格数，可选值为 0 到 24 的整数。

示例代码如下。

```
<template>
  <el-container>
    <el-header>Header</el-header>
    <el-main>
```

< 194 >

```
      <el-row>
        <el-col :span="6">Left Sidebar</el-col>
        <el-col :span="12">Content</el-col>
        <el-col :span="6">Right Sidebar</el-col>
      </el-row>
    </el-main>
    <el-footer>Footer</el-footer>
  </el-container>
</template>
<style scoped>
.el-col {
    border-radius: 4px;
    background: #99a9bf;
}
.el-header {
    background: #d3dce6;
}
.el-main{
    background: #e5c9f2;
}
.el-footer{
    background: #d3dce6;
}
</style>
```

上述代码中使用 el-row 和 el-col 标签创建了一个简单的布局，将页面划分为 Header、Main 和 Footer 三个区域。在 Main 区域中，我们使用 el-row 和 el-col 组合实现了左侧侧边栏、中间内容和右侧侧边栏的布局。效果如图 14-12 所示。

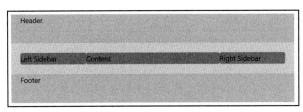

图 14-12　el-layout 布局效果

3. Space 间距

Space 间距组件用于在组件之间添加间距，使页面元素之间的间距效果更加美观。以下是 el-space 组件的一些常用属性。

direction：设置子元素的排列方向，可选值有 horizontal（水平排列）和 vertical（垂直排列），默认值为 horizontal。

align：设置子元素在主轴上的对齐方式，可选值有 start（左对齐）、center（居中对齐）和 end（右对齐），默认值为 start。

size：设置子元素之间的间距大小，单位为像素，可以为数值或数组。

示例代码如下。

```
<template>
  <el-space :size="20">
    <el-button>按钮 1</el-button>
    <el-button>按钮 2</el-button>
    <el-button>按钮 3</el-button>
  </el-space>
</template>
```

< 195 >

上述代码中使用 el-space 标签为三个按钮组件之间添加了 20 px 的间距。效果如图 14-13 所示。

图 14-13　Space 间距效果

4．Divider 分割线

Divider 分割线组件用于在内容中插入分割线，增加页面元素的分隔和层次感。以下是 el-divider 组件的一些常用属性。

direction：设置分割线的排列方向，可选值有 horizontal（水平排列）和 vertical（垂直排列），默认值为 horizontal。

content-position：设置分割线内容的位置，可选值有 left（左侧）、right（右侧）和 center（居中），默认值为 center。

dashed：是否虚线分割，布尔值，默认值为 false。

示例代码如下。

```
<template>
  <div>
    <p>这是一段文本内容</p>
    <el-divider></el-divider>
    <p>这是另一段文本内容</p>
  </div>
</template>
```

上述代码中使用 el-divider 标签在两段文本内容之间插入了一条水平分割线。效果如图 14-14 所示。

图 14-14　el-divider 分割线效果

以上是布局组件的介绍和示例代码。通过使用这些组件，可以轻松实现各种复杂的页面布局和排版效果。根据项目需求，选择合适的布局组件进行组合和使用，使页面布局更加灵活、美观和易于维护。

14.1.5　Element Plus 高级组件

本小节将介绍 Element Plus 中的一些高级组件，这些组件提供了更丰富和复杂的功能，能够满足一些特殊需求。本小节将介绍 Collapse 折叠面板、Popover 气泡弹出框、Tooltip 文字提示和 Transfer 穿梭框等组件，并提供相应的示例代码。

1．Collapse 折叠面板

Collapse 折叠面板组件是一个可以折叠和展开的容器，常用于显示一组内容，只展示一个或少数几个内容项。以下是 el-collapse 和 el-collapse-item 组件的一些常用属性。

（1）el-collapse Attributes

accordion：是否开启手风琴模式，布尔值，默认值为 false。开启手风琴模式时，同一时间只能展开一个面板，其他面板将自动折叠。

value：当前展开的面板的标识，可以使用 v-model 进行数据绑定。

（2）el-collapse-item Attributes

name：面板的标识，用于区分不同的面板。

title：面板的标题。

< 196 >

disabled：是否禁用面板，布尔值，默认值为 false。

示例代码如下。

```
<template>
  <el-collapse v-model="activeCollapse">
    <el-collapse-item title="面板1" name="panel1">
      <p>这是面板1的内容</p>
    </el-collapse-item>
    <el-collapse-item title="面板2" name="panel2">
      <p>这是面板2的内容</p>
    </el-collapse-item>
    <el-collapse-item title="面板3" name="panel3">
      <p>这是面板3的内容</p>
    </el-collapse-item>
  </el-collapse>
</template>

<script>
export default {
  data() {
    return {
      activeCollapse: ['panel1'],
    };
  },
};
</script>
```

上述代码中使用 el-collapse 标签创建了一个折叠面板组件，并通过 v-model 绑定了 activeCollapse 属性。使用 el-collapse-item 标签创建了三个面板，每个面板有不同的标题和内容。通过修改 activeCollapse 数组的内容，可以控制面板的展开和折叠。效果如图 14-15 所示。

图 14-15　el-collapse 折叠面板效果

2. Popover 气泡弹出框

Popover 气泡弹出框组件是一个弹出式的提示框，常用于在用户触发操作时显示额外的提示信息。以下是 el-popover 组件的一些常用属性。

trigger：触发弹出框显示的事件，可选值有 click（单击触发）和 hover（鼠标悬停触发），默认值为 click。

content：弹出框的内容，可以是文本或 HTML。

示例代码如下。

```
<template>
  <div>
    <el-popover
      v-model="popover1Visible"
      placement="top"
```

< 197 >

```
        width="200"
        trigger="click"
        content="这是一个气泡提示"
    >
        <template #reference>
            <el-button type="primary">单击显示气泡提示</el-button>
        </template>
    </el-popover>
  </div>
</template>

<script>
  export default {
    data() {
      return {
        popover1Visible: false,
      };
    },
  };
</script>
```

上述代码中使用 el-popover 标签创建了一个气泡弹出框组件，并通过 v-model 绑定了 popover1Visible 属性，控制弹出框的显示和隐藏。通过设置 trigger 属性为 click，单击按钮时显示弹出框，通过 content 属性设置弹出框的内容为"这是一个气泡提示"。具体效果如图 14-16 所示。

图 14-16　el-popover 气泡弹出框效果

3. Tooltip 文字提示

Tooltip 文字提示组件用于在鼠标悬停时显示简短的提示信息，常用于解释、补充或说明文本内容。以下是 el-tooltip 组件的一些常用属性。

content：提示框的内容，可以是文本或 HTML。

effect：提示框的显示效果，可选值有 dark（深色）和 light（浅色），默认值为 dark。

placement：提示框的位置，可选值有 top（上方）、bottom（下方）、left（左侧）和 right（右侧），默认值为 bottom。

disabled：是否禁用提示框，布尔值，默认值为 false。

示例代码如下。

```
<template>
    <div>
      <el-tooltip content="这是一个文字提示" placement="top" effect="dark">
        <el-button type="success">鼠标悬停显示提示</el-button>
      </el-tooltip>
    </div>
  </template>

<script>
  export default {
    data() {
      return {
        showTooltip: false,
      };
    },
  };
</script>
```

上述代码中使用 el-tooltip 标签创建了一个文字提示组件，并通过 v-model 绑定了 showTooltip 属性，

< 198 >

控制提示框的显示和隐藏。通过设置 placement 属性为 top，将提示框显示在
按钮的上方，通过 effect 属性设置显示效果为 dark，即深色风格。效果如
图 14-17 所示。

图 14-17　el-tooltip 文字提示效果

4．Transfer 穿梭框

Transfer 穿梭框组件用于在多个列表之间进行数据交换和选择，常用于
在两个列表之间移动选项。以下是 el-transfer 组件的一些常用属性。

（1）el-transfer Attributes

data：数据源，包含左侧列表和右侧列表的选项数据，每个选项需要包含 key 和 label 属性。

filterable：是否显示搜索框，布尔值，默认值为 false。

filter-placeholder：搜索框的占位符。

titles：自定义列表标题，格式为数组，第一个元素为左侧列表标题，第二个元素为右侧列表标题。

format：自定义列表项的显示格式，参数为当前项的数据对象。

（2）el-transfer Events

change：在列表之间进行数据交换时触发的事件，返回选中的项以及目标列表的 key。

示例代码如下。

```
<template>
  <el-transfer
    v-model="transferData"
    :data="transferDataList"
    filterable
    filter-placeholder="搜索选项"
    :titles="['源列表', '目标列表']"
    @change="handleTransferChange"
  ></el-transfer>
</template>

<script>
  export default {
    data() {
      return {
        transferData: [],
        transferDataList: [
          { key: '1', label: '选项1' },
          { key: '2', label: '选项2' },
          { key: '3', label: '选项3' },
          { key: '4', label: '选项4' },
        ],
      };
    },
    methods: {
      handleTransferChange(data) {
        console.log('选中的项：', data.checked);
        console.log('目标列表的 key：', data.targetKey);
      },
    },
  };
</script>
```

上述代码中使用 el-transfer 标签创建了一个穿梭框组件，并通过 v-model 绑定了 transferData 属性，用

< 199 >

于实现数据的双向绑定。通过 data 属性设置了穿梭框的数据源，包含左侧列表和右侧列表的选项数据。设置 filterable 属性为 true，显示搜索框。通过 filter-placeholder 属性设置搜索框的占位符。通过修改 transferData 数组的内容，可以实现在两个列表之间移动选项。当进行数据交换时，会触发 change 事件，并返回选中的项以及目标列表的 key。效果如图 14-18 所示。

图 14-18　el-transfer 穿梭框效果

以上是高级组件的介绍和示例代码。这些组件提供了更丰富和复杂的功能，可以满足一些特殊需求。根据项目需求，选择合适的高级组件进行使用，能够提高开发效率并提供更好的用户体验。

14.1.6　项目实践——一个简单的后台管理系统

本小节将通过项目实践来介绍如何应用 Element Plus 组件库构建一个简单的后台管理系统，并使其包括登录、数据展示和编辑等功能。

1．创建基于 Element Plus 的 Vue 项目

首先可以参考 14.1.2 小节中创建项目的步骤，创建一个基于 Element Plus 的 Vue 项目。

项目实践——一个简单的后台管理系统

2．创建登录页面组件

在 src/views 目录下创建一个名为 Login.vue 的组件，代码如下。

```
<template>
  <div class="login">
    <el-form ref="loginForm" :model="loginForm" label-width="80px">
      <el-form-item label="用户名" prop="username">
        <el-input v-model="loginForm.username" placeholder="请输入用户名"></el-input>
      </el-form-item>
      <el-form-item label="密码" prop="password">
        <el-input v-model="loginForm.password" type="password" placeholder="请输入密码"></el-input>
      </el-form-item>
      <el-form-item>
        <el-button type="primary" @click="login">登录</el-button>
      </el-form-item>
    </el-form>
  </div>
</template>

<script>
export default {
  data() {
    return {
```

< 200 >

```
      loginForm: {
        username: "",
        password: "",
      },
    };
  },
  methods: {
    login() {
      // 在此处添加登录逻辑
      if (this.isValidForm()) {
        this.$router.push("/dashboard");
      } else {
        this.$message.error("用户名和密码不能为空");
      }
    },
    isValidForm() {
      return this.loginForm.username.trim() !== "" && this.loginForm.password.trim() !==
"";
    },
  },
};
</script>

<style>
.login {
  max-width: 400px;
  margin: 0 auto;
  padding-top: 150px;
}
</style>
```

3. 创建后台管理页面组件

在 src/views 目录下创建一个名为 Dashboard.vue 的组件，代码如下。

```
<template>
  <div class="dashboard">
    <el-button type="primary" @click="addItem">添加项目</el-button>
    <el-table :data="items" style="width: 100%">
      <el-table-column prop="name" label="项目名称"></el-table-column>
      <el-table-column prop="description" label="描述"></el-table-column>
      <el-table-column label="操作" width="150">
        <template #default="scope">
          <el-button type="text" @click="editItem(scope.row)">编辑</el-button>
          <el-button type="text" @click="deleteItem(scope.row)">删除</el-button>
        </template>
      </el-table-column>
    </el-table>
  </div>
</template>

<script>
export default {
  data() {
    return {
      items: [
        { name: "项目1", description: "这是项目1的描述" },
        { name: "项目2", description: "这是项目2的描述" },
```

< 201 >

```
        { name: "项目3", description: "这是项目3的描述" },
      ],
    };
  },
  methods: {
    addItem() {
      // 在此处添加添加项目的逻辑
      const newItem = { name: "新项目", description: "这是新项目的描述" };
      this.items.push(newItem);
    },
    editItem(item) {
      // 在此处添加编辑项目的逻辑
      item.description = "修改后的描述";
    },
    deleteItem(item) {
      // 在此处添加删除项目的逻辑
      const index = this.items.indexOf(item);
      if (index !== -1) {
        this.items.splice(index, 1);
      }
    },
  },
};
</script>

<style>
.dashboard {
  padding: 20px;
}
</style>
```

4. 设置路由

在 src/router/index.js 文件中设置路由，代码如下。

```
import { createRouter, createWebHistory } from 'vue-router'

const router = createRouter({
  history: createWebHistory(import.meta.env.BASE_URL),
  routes: [
    {
      path: "/",
      redirect: "/login",
    },
    {
      path: '/login',
      name: 'login',
      component: () => import('../views/Login.vue')
    },
    {
      path: '/dashboard',
      name: 'dashboard',
      component: () => import('../views/Dashboard.vue')
    }
  ]
})

export default router
```

< 202 >

5．运行项目

读者可以运行项目并查看功能完善后的后台管理系统。在登录页面中输入用户名和密码（不为空），然后会被导航到后台管理页面，其中包含一个表格显示项目信息。我们可以添加、编辑和删除项目，并且会有相应的提示信息反馈操作结果。通过这个功能完善后的示例，可以了解如何使用 Element Plus 组件库构建一个更加实用的后台管理系统。

14.2　Vant

本节将介绍 Vant 的优势、安装与配置、基础组件、布局组件以及业务组件等，本节最后还将通过项目示例来介绍如何应用 Vant 组件库构建一个移动端 HTML5 版本的购物车界面。

14.2.1　Vant 简介

Vant 是一款基于 Vue 的移动端组件库，由有赞前端团队开发和维护。Vant 的设计初衷是解决移动端开发中常见的问题，并提供一套精美、高效的解决方案。Vant 具有以下特点和优势。

（1）轻量高效。Vant 经过精心优化，代码精简而高效，不会给项目带来过多的负担，能保持页面加载速度和性能的优良表现。

（2）易于使用。Vant 的组件接口简单易懂，文档内容详尽，使开发者可以快速上手，快速构建出复杂的移动端界面。

（3）高度可定制。Vant 提供了丰富的主题样式和配置选项，开发者可以根据项目需求定制主题，以及根据喜好进行样式修改。

（4）兼容性良好。Vant 基于 Vue，充分利用 Vue 的特性，能够与其他 Vue 生态中的插件和库良好地协作。

（5）持续更新与维护。Vant 得到了活跃的开发者社区支持、持续更新和维护，保证了代码的质量和稳定性。

14.2.2　Vant 快速入门

本小节将引导读者迅速上手 Vant，通过简单的步骤安装和配置 Vant，演示如何使用其中的一些基本组件来创建一个简单的移动端页面。快速入门示例可以帮助读者迅速熟悉 Vant 的基本使用方法，为后续的深入学习打下坚实的基础。

1．安装 Vant

安装 Vant 前，假设已经创建了 Vue 项目，然后可以通过 npm 方式进行 Vant 的安装。具体命令如下。

```
npm install --save vant
```

通过以上命令将会下载并安装 Vant 的最新版本到读者的项目中。

2．配置 Vant

安装 Vant 后，需要将其配置到 Vue 项目中。在项目的入口文件中，添加如下代码。

```
import './assets/main.css'

import { createApp } from 'vue'
```

< 203 >

```
import { createPinia } from 'pinia'

import App from './App.vue'
import router from './router'

// 引入 Vant
import Vant from 'vant';
import 'vant/lib/index.css';

const app = createApp(App)

app.use(createPinia())
app.use(router)

app.use(Vant)

app.mount('#app')
```

以上代码将 Vant 引入项目中，并全局注册了所有的 Vant 组件。现在，已经成功地配置了 Vant，可以开始使用了。

3. 使用 Vant 组件创建移动端页面

下面将演示如何使用 Vant 的一些基本组件来创建一个简单的移动端页面。这里将创建一个包含按钮、表单和弹出层组件的页面。

（1）创建 Vue 组件

在项目的 src/views 目录中创建一个新的 Vue 组件，可以将其命名为 SamplePage.vue，然后在模板中添加如下代码。

```
<template>
    <div class="sample-page">
        <van-button @click="showPopup">单击显示弹出层</van-button>
        <van-popup v-model:show="popupVisible" position="top" :style="{height: '30%',
padding: '30px'}">
            <p>这是一个简单的弹出层内容</p>
            <van-button @click="closePopup">关闭</van-button>
        </van-popup>
    </div>
</template>
```

（2）导入并使用 Vant 组件

在同一个组件的<script>标签中，导入 Vant 组件并设置相关的逻辑，代码如下。

```
<script>
import { ref } from 'vue';

export default {
  setup() {
    const popupVisible = ref(false);

    const showPopup = () => {
     popupVisible.value = true;
    };

    const closePopup = () => {
     popupVisible.value = false;
    };
```

< 204 >

```
    return {
      popupVisible,
      showPopup,
      closePopup,
    };
  },
};
</script>
```

因此，该组件完整代码如下所示。

```
<template>
    <div class="sample-page">
        <van-button @click="showPopup">单击显示弹出层</van-button>
        <van-popup v-model:show="popupVisible" position="top" :style="{height: '30%',
padding: '30px'}">
            <p>这是一个简单的弹出层内容</p>
            <van-button @click="closePopup">关闭</van-button>
        </van-popup>
    </div>
</template>
<script>
import { ref } from 'vue';

export default {
  setup() {
    const popupVisible = ref(false);

    const showPopup = () => {
      popupVisible.value = true;
    };

    const closePopup = () => {
      popupVisible.value = false;
    };

    return {
      popupVisible,
      showPopup,
      closePopup,
    };
  },
};
</script>
```

（3）配置路由

修改 src/router/index.js 文件中的路由配置，以便直接显示 SamplePage.vue 组件，代码如下。

```
import { createRouter, createWebHistory } from 'vue-router'

const router = createRouter({
  history: createWebHistory(import.meta.env.BASE_URL),
  routes: [
    {
      path: "/",
      redirect: "/samplepage",
    },
    {
      path: '/samplepage',
      name: 'samplepage',
```

< 205 >

```
        component: () => import('../views/SamplePage.vue')
    },
  ]
})
```

```
export default router
```

（4）修改 App.vue 组件

修改 src/views 目录下 App.vue 文件默认代码，以便使 Vant 项目的显示效果更好。修改后的 App.vue 文件代码如下所示。

```
<script setup>
import { RouterView } from 'vue-router'
</script>

<template>
  <RouterView />
</template>

<style scoped>
</style>
```

（5）预览效果

运行本项目，在浏览器中输入地址即可以看到该组件所展示的效果，因为示例中开发的是 HTML5 的移动端项目。为了达到最佳的预览效果，我们可以将浏览器调整为移动端预览模式。以 Chrome 浏览器为例，在 Windows 操作系统下同时按住键盘的 "Ctrl+Shift+I" 组合键，打开浏览器调试窗口，单击调试工具栏左上角的 图标，即可打开移动端预览模式，如图 14-19 所示。

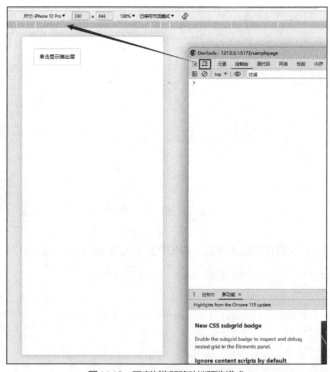

图 14-19　开启浏览器移动端预览模式

接下来，就可以看到界面上 SamplePage 组件的效果。单击界面上的按钮，即可弹出 Popup 弹窗，效果如图 14-20 所示。

< 206 >

图 14-20　SamplePage 组件预览效果

14.2.3　Vant 基础组件

本小节将详细介绍 Vant 组件库提供的各种组件。Vant 拥有众多常用的 UI 组件，涵盖按钮、图标、文本框、列表、轮播等各种元素。本小节将重点介绍三个常用组件，即 Button 按钮、Form 表单和 Field 表单文本框，读者掌握其使用技巧之后，即可轻松使用其他组件。

1．Button 按钮组件

Button 按钮组件用于在移动应用中创建可单击的按钮，以执行特定的操作。它是移动应用中常用的交互元素之一。Button 按钮组件包含的主要属性如下。

type：按钮类型，可选值有 primary、info、warning、danger 和 default。

size：按钮大小，可选值有 large、normal、small 和 mini。

disabled：是否禁用按钮，类型为 Boolean。

loading：是否显示加载中状态，类型为 Boolean。

icon：按钮图标，可选值为图标名称或图标 URL。

class：自定义样式类名。

click：按钮单击事件回调。

具体代码如下。

```
<template>
  <div>
    <van-button type="primary" @click="handleClick">主要按钮</van-button>
    <van-button type="info" @click="handleClick">信息按钮</van-button>
    <van-button type="warning" @click="handleClick">警告按钮</van-button>
    <van-button type="danger" @click="handleClick">危险按钮</van-button>
    <van-button type="default" @click="handleClick">默认按钮</van-button>
    <van-button size="large" @click="handleClick">大号按钮</van-button>
    <van-button size="normal" @click="handleClick">普通按钮</van-button>
    <van-button size="small" @click="handleClick">小号按钮</van-button>
    <van-button size="mini" @click="handleClick">迷你按钮</van-button>
```

< 207 >

```
      <van-button :loading="loading" @click="handleClick">加载中按钮</van-button>
      <van-button icon="search" @click="handleClick">带图标按钮</van-button>
      <van-button class="custom-button" @click="handleClick">自定义样式按钮</van-button>
  </div>
</template>

<script>
import { ref } from 'vue';

export default {
  setup() {
    const loading = ref(false);

    function handleClick() {
      loading.value = true;
      // 模拟异步操作
      setTimeout(() => {
        loading.value = false;
        alert('按钮被单击! ');
      }, 2000);
    }

    return {
      loading,
      handleClick
    };
  }
};
</script>

<style>
.custom-button {
  color: #fff;
  background-color: #f56c6c;
}
</style>
```

图 14-21 Button 组件预览效果

上述示例代码中使用组合式 API 方式来开发 Button 组件。在 setup 函数中，使用 ref 函数创建了一个名为 loading 的响应式变量，它用于控制按钮的加载状态。当按钮被单击时，我们将 loading 设置为 true，然后模拟一个异步操作，2 s 后将 loading 设置为 false，并弹出提示框。这样，就实现了 Button 组件的基本功能，具体效果如图 14-21 所示。

2. Form 表单组件

Form 表单组件用于收集用户输入的数据。它包含多种表单元素，如文本框、单选框、复选框等，用于构建丰富的表单交互。Form 组件包含的主要属性如下。

model：表单数据对象，需要与表单元素的 v-model 绑定。

validate-first：是否在第一次失焦后显示校验错误。

show-error-message：是否显示校验错误信息。

具体代码如下。

```
<template>
  <div>
    <van-form :model="formData" :validate-first="false">
```

< 208 >

```
        <van-field v-model="formData.username" label="用户名" placeholder="请输入用户名"
required />
        <van-field v-model="formData.password" label="密码" placeholder="请输入密码"
type="password" required />
        <van-field v-model="formData.email" label="邮箱" placeholder="请输入邮箱" type=
"email" required />
        <van-field v-model="formData.phone" label="手机" placeholder="请输入手机号码"
type="tel" required />
        <van-field v-model="formData.age" label="年龄" placeholder="请输入年龄" type=
"number" required />
        <van-radio-group v-model="formData.gender" label="性别" required>
          <van-radio name="male">男</van-radio>
          <van-radio name="female">女</van-radio>
        </van-radio-group>
        <van-checkbox-group v-model="formData.hobbies" label="爱好" required>
          <van-checkbox name="reading">阅读</van-checkbox>
          <van-checkbox name="traveling">旅行</van-checkbox>
          <van-checkbox name="sports">运动</van-checkbox>
        </van-checkbox-group>
      </van-form>
      <van-button type="primary" @click="handleSubmit">提交</van-button>
    </div>
</template>

<script>
import { ref } from 'vue';

export default {
  setup() {
    const formData = ref({
      username: '',
      password: '',
      email: '',
      phone: '',
      age: null,
      gender: '',
      hobbies: []
    });

    function handleSubmit() {
      // 模拟异步提交表单
      setTimeout(() => {
        alert('表单提交成功! ');
      }, 1000);
    }

    return {
      formData,
      handleSubmit
    };
  }
};
</script>
```

在上面的示例代码中，通过使用 ref 函数，创建了一个名为 formData 的响应式对象，用于保存用户
在表单中的输入数据。在 setup 函数中，返回了 formData 和 handleSubmit 方法，以供模板中使用。

< 209 >

在表单中，使用 v-model 对表单元素与 formData 进行双向绑定，实现收集用户输入数据的功能。当用户单击"提交"按钮时，我们调用 handleSubmit 方法，模拟一个异步提交过程，并在 1 s 后弹出提示框。具体效果如图 14-22 所示。

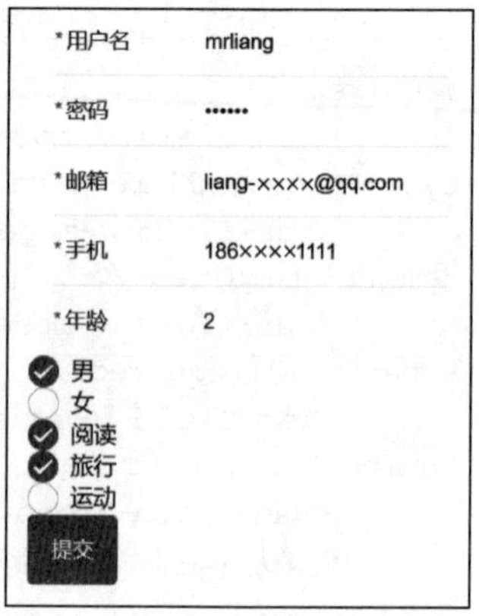

3．Field 表单文本框

Field 文本框组件用于在移动应用中收集用户的输入。它是表单中的基础元素，可以用于收集文本、数字等各种类型的数据。Field 组件包含的主要属性如下。

v-model：文本框的值，用于双向绑定用户输入的内容。

type：文本框类型，可选值有 text、password、tel、number、email 等。

label：文本框的标签，用于描述文本框的用途。

图 14-22　Form 表单组件预览效果

placeholder：文本框的占位提示文本。

required：是否必填，类型为 Boolean。

clearable：是否可清空，类型为 Boolean。

maxlength：最大输入长度。

show-word-limit：是否显示输入字数统计，类型为 Boolean。

示例代码如下。

```
<template>
  <div>
    <van-field v-model="username" label="用户名" placeholder="请输入用户名" required />
    <van-field v-model="password" label="密码" placeholder="请输入密码" type="password"
required />
    <van-field v-model="email" label="邮箱" placeholder="请输入邮箱" type="email"
required />
    <van-field v-model="phone" label="手机" placeholder="请输入手机号码" type="tel"
required />
    <van-field v-model="age" label="年龄" placeholder="请输入年龄" type="number"
required />
    <van-field v-model="remark" label="备注" placeholder="请输入备注信息" :maxlength=
"100" show-word-limit />
  </div>
</template>

<script>
  import { ref } from 'vue';

  export default {
    setup() {
      const username = ref('');
      const password = ref('');
      const email = ref('');
      const phone = ref('');
      const age = ref(null);
      const remark = ref('');

      return {
        username,
        password,
        email,
        phone,
```

< 210 >

```
            age,
            remark
        };
    }
};
</script>
```

在上面的示例代码中，在 setup 函数中使用 ref 函数创建了分别名为 username、password、email 等的多个响应式变量，用于保存用户在文本框中的数据。

通过使用 v-model，对文本框与相应的响应式变量进行双向绑定，从而实现文本框的功能。例如，在输入用户名时，username 变量会自动更新为用户输入的值。具体效果如图 14-23 所示。

14.2.4　Vant 布局组件

在 Vant 框架中，布局组件用于帮助构建页面的整体结构和布局。它包含一系列容器组件，用于管理页面的结构和样式。本小节将介绍两个常用的布局组件，即 Layout 布局和 Grid 宫格布局。

* 用户名	mrliang
* 密码	•••••
* 邮箱	liang-××××@qq.com
* 手机	186××××1111
* 年龄	3
备注	Field效果示例
	9/100

图 14-23　Field 表单文本框组件预览效果

1. Layout 布局

Layout 提供了 van-row 和 van-col 两个组件来进行行列布局。它提供了 24 列栅格系统，可以很方便地进行整体页面布局，也是页面布局中常用的布局组件。Layout 组件主要包括如下属性。

（1）Row Props

gutter：列元素之间的间距（单位为像素）。

tag：自定义元素标签。

justify：主轴对齐方式，可选值有 end、center、space-around、space-between。

align：交叉轴对齐方式，可选值有 center、bottom。

wrap：是否自动换行。

（2）Col Props

span：列元素宽度。

offset：列元素偏移距离。

tag：自定义元素标签。

示例代码如下。

```
<template>
    <div>
        <!-- 居中 -->
        <van-row justify="center">
            <van-col span="6">span: 6</van-col>
            <van-col span="6">span: 6</van-col>
            <van-col span="6">span: 6</van-col>
        </van-row>

        <!-- 右对齐 -->
        <van-row justify="end">
            <van-col span="6">span: 6</van-col>
            <van-col span="6">span: 6</van-col>
            <van-col span="6">span: 6</van-col>
        </van-row>
```

< 211 >

```
        <!-- 两端对齐 -->
        <van-row justify="space-between">
            <van-col span="6">span: 6</van-col>
            <van-col span="6">span: 6</van-col>
            <van-col span="6">span: 6</van-col>
        </van-row>

        <!-- 每个元素的两侧间隔相等 -->
        <van-row justify="space-around">
            <van-col span="6">span: 6</van-col>
            <van-col span="6">span: 6</van-col>
            <van-col span="6">span: 6</van-col>
        </van-row>
    </div>
</template>
<style scoped>
.van-col {
    display: block;
    box-sizing: border-box;
    min-height: 1px;
}
.van-col--6 {
    flex: 0 0 25%;
    max-width: 25%;
}
.van-col {
    margin-bottom: 10px;
    color: var(--van-white);
    font-size: 13px;
    line-height: 30px;
    text-align: center;
    background-clip: content-box;
}
.van-col:nth-child(odd) {
    background-color: #39a9ed;
}
.van-col:nth-child(even) {
    background-color: #66c6f2;
}
</style><style scoped>
.van-col {
    display: block;
    box-sizing: border-box;
    min-height: 1px;
}
.van-col--6 {
    flex: 0 0 25%;
    max-width: 25%;
}
.van-col {
    margin-bottom: 10px;
    color: var(--van-white);
    font-size: 13px;
    line-height: 30px;
    text-align: center;
    background-clip: content-box;
}
.van-col:nth-child(odd) {
    background-color: #39a9ed;
}
```

< 212 >

```
.van-col:nth-child(even) {
    background-color: #66c6f2;
}
</style>
```

上述代码演示了如何使用 van-row 组件的 justify 属性来控制列在行内的水平对齐方式。通过使用不同的 justify 属性值，可以实现不同的效果，例如居中、右对齐、两端对齐和每个元素的两侧间隔相等。justify 属性等同于 flex 布局中的 justify-content 属性。效果如图 14-24 所示。

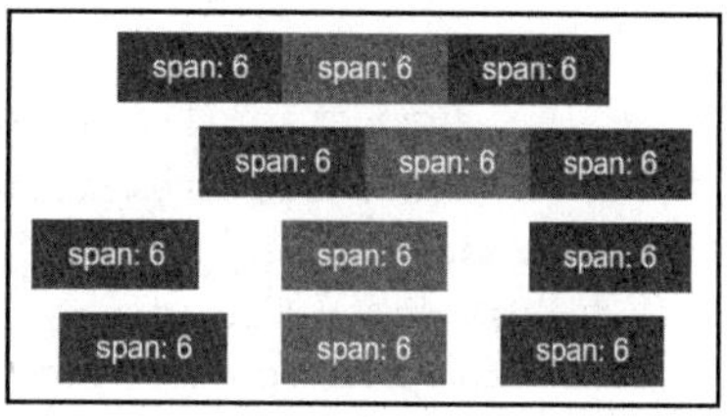

图 14-24　Layout 布局预览效果

2．Grid 宫格布局

Grid 组件用于创建宫格布局，可以将内容分成等分的行和列。这一点对于制作移动端的网格布局非常有用。Grid 宫格布局组件包含的主要属性如下。

（1）Grid Props

column-num：列数。

icon-size：图标大小，默认单位为像素。

gutter：格子之间的间距，默认单位为像素。

border：是否显示边框。

center：是否将格子内容居中显示。

square：是否将格子固定为正方形。

clickable：是否开启格子单击反馈。

direction：格子内容排列的方向，可选值为 horizontal。

reverse：是否调换图标和文本的位置。

（2）GridItem Props

text：文字。

icon：图标名称或图片链接，等同于 Icon 组件的 name 属性。

icon-prefix：图标类名前缀，等同于 Icon 组件的 class-prefix 属性。

icon-color：图标颜色，等同于 Icon 组件的 color 属性。

dot：是否显示图标右上角小红点。

badge：图标右上角徽标的内容。

badge-props：自定义徽标的属性，传入的对象会被透传给 Badge 组件的 props。

url：单击后跳转的链接地址。

to：单击后跳转的目标路由对象，等同于 Vue Router 的 to 属性。

replace：是否在跳转时替换当前页面历史。

（3）GridItem Events

click：单击格子时触发。

（4）GridItem Slots

default：自定义宫格的所有内容。

icon：自定义图标。

text：自定义文字。

示例代码如下。

```
<template>
```

< 213 >

```html
<div class="grid-demo">
    <div>基础用法</div>
    <van-grid>
        <van-grid-item icon="photo-o" text="文字" />
        <van-grid-item icon="photo-o" text="文字" />
        <van-grid-item icon="photo-o" text="文字" />
        <van-grid-item icon="photo-o" text="文字" />
    </van-grid>
    <div>自定义列数</div>
    <van-grid :column-num="3">
        <van-grid-item v-for="value in 6" :key="value" icon="photo-o" text="文字" />
    </van-grid>
    <div>自定义内容</div>
    <van-grid :border="false" :column-num="3">
        <van-grid-item>
            <van-image
            src="https://vue3-book-1251466214.cos.ap-nanjing.myqcloud.com/11.jpg"
            />
        </van-grid-item>
        <van-grid-item>
            <van-image
            src="https://vue3-book-1251466214.cos.ap-nanjing.myqcloud.com/22.jpg"
             />
        </van-grid-item>
        <van-grid-item>
            <van-image
            src="https://vue3-book-1251466214.cos.ap-nanjing.myqcloud.com/33.jpg"
            />
        </van-grid-item>
    </van-grid>
    <div>页面导航</div>
    <van-grid clickable :column-num="2">
        <van-grid-item icon="home-o" text="路由跳转" to="/" />
        <van-grid-item icon="search" text="URL 跳转" url="http://liangdaye.cn" />
    </van-grid>
</div>
</template>
<style scoped>
.grid-demo div{
    padding: 10px;
}
</style>
```

上面展示了 Grid 宫格布局组件的不同网格布局的用法示例，包括基础用法、自定义列数、自定义内容以及页面导航功能。通过这些示例，可以快速创建并配置多样化的网格布局，包括显示图标和文本、调整列数、添加自定义内容和实现页面导航功能。效果如图 14-25 所示。

14.2.5　Vant 业务组件

本小节将详细讲解 Vant 组件库为开发者提供的、封装好的业务组件，使用它们能大大提高开发效率。在本小节中，还将介绍多个常用的布局组件，即 Card（商品卡片）、ContactCard（联系人卡片）和 Coupon（优惠券）。

< 214 >

1．Card 组件

Card 是一个常见的业务组件，用于展示商品信息或其他内容的卡片式布局。Card 通常用于展示商品的缩略信息，如商品图片、商品名称、价格等。Card 组件支持以下属性。

tag：指定 Card 渲染的 HTML 标签，默认值为 div。

thumb：Card 的缩略图，通常为商品图片。此外，也可以是图片 URL 或 Vant 提供的图标名称。

title：Card 的标题，用于展示商品名称等信息。

desc：Card 的描述信息，用于展示商品简介或其他附加信息。

num：Card 的数量信息，通常用于显示商品库存数量等。

price：Card 的价格信息，通常用于展示商品价格。

origin-price：Card 的原价信息，用于显示商品原始价格（如折扣前价格）。

centered：Card 的内容是否居中显示，默认值为 false。

lazy-load：是否启用图片的懒加载功能，默认值为 false。

thumb-mode：缩略图的展示模式，可选值有 aspectFit、aspectFill、scaleToFill 等。

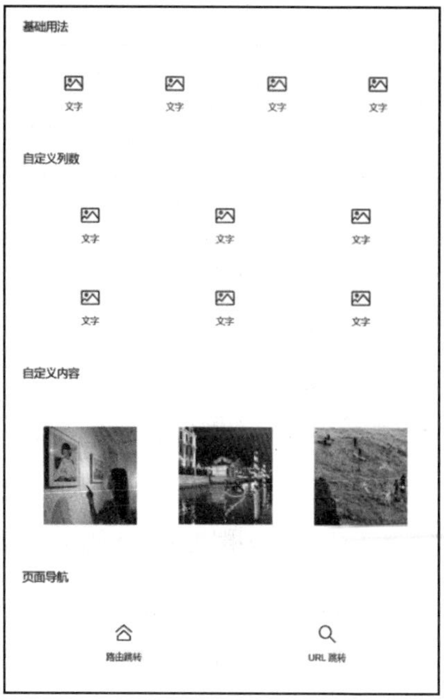

图 14-25　Grid 宫格布局预览效果

除了上述属性外，Card 组件还支持默认插槽，可以在插槽中放置更复杂的内容，从而实现自定义的 Card 布局。例如，还可以在 Card 中添加按钮、标签等元素。具体代码如下。

```
<template>
  <div class="grid-demo">
    <div>基础用法</div>
    <van-card
       num="2"
       price="22.00"
       desc="描述信息"
       title="商品标题"
       thumb="https://vue3-book-1251466214.cos.ap-nanjing.myqcloud.com/55.jpg"
    />
    <div>营销信息</div>
    <van-card
       num="2"
       tag="标签"
       price="22.00"
       desc="描述信息"
       title="商品标题"
       thumb="https://vue3-book-1251466214.cos.ap-nanjing.myqcloud.com/55.jpg"
       origin-price="22.00"
    />
    <div>自定义内容</div>
    <van-card
       num="2"
       price="22.00"
       desc="描述信息"
       title="商品标题"
       thumb="https://vue3-book-1251466214.cos.ap-nanjing.myqcloud.com/55.jpg"
    >
       <template #tags>
```

< 215 >

```
            <van-tag plain type="primary">标签</van-tag>
            <van-tag plain type="primary">标签</van-tag>
        </template>
        <template #footer>
            <van-button size="mini">按钮</van-button>
            <van-button size="mini">按钮</van-button>
        </template>
    </van-card>
  </div>
</template>
<style scoped>
.grid-demo div{
    padding: 10px;
}
</style>
```

上述代码效果如图 14-26 所示。

2．ContactCard 组件

下面介绍以卡片的形式展示联系人信息的示例。ContactCard 组件支持以下属性。

type：卡片类型，可选值为 edit。

name：联系人姓名。

tel：联系人手机号码。

add-text：添加时的文案提示。

editable：是否可以编辑联系人。

业务组件封装都比较简单，读者直接查看如下代码即可。

图 14-26　Card 组件预览效果

```
<template>
    <div class="grid-demo">
        <div>添加联系人</div>
        <van-contact-card type="add" @click="onAdd" />

        <div>编辑联系人</div>
        <van-contact-card type="edit" :tel="tel" :name="name" @click="onEdit" />

        <div>不可编辑</div>
        <van-contact-card type="edit" name="张三" tel="13000000000" :editable="false" />
    </div>
</template>
<script>
import { ref } from 'vue';
import { showToast } from 'vant';

export default {
  setup() {
    const tel = ref('13000000000');
    const name = ref('张三');
    const onEdit = () => showToast('编辑联系人');
    const onAdd = () => showToast('添加联系人');

    return {
        tel,
        name,
```

< 216 >

```
        onEdit,
        onAdd
    };
  }
};
</script>

<style scoped>
.grid-demo div{
    padding: 10px;
}
</style>
```

预览效果如图 14-27 所示。

3．Coupon 组件

Coupon 是日常开发中常常遇到的一个组件，尤其在开发商城或者运营活动时常用。在 Vant 组件库中已经封装了 Coupon 组件，而且提供了丰富的属性，为开发人员省去了大量的开发时间，具体属性如下所示。

图 14-27　ContactCard 组件预览效果

（1）CouponCell Props

title：单元格标题。

chosen-coupon：当前选中优惠券的索引。

coupons：可用优惠券列表。

editable：能否切换优惠券。

border：是否显示内边框。

currency：货币符号。

（2）CouponList Props

code：当前输入的兑换码。

chosen-coupon：当前选中优惠券的索引。

coupons：可用优惠券列表。

disabled-coupons：不可用优惠券列表。

enabled-title：可用优惠券列表标题。

disabled-title：不可用优惠券列表标题。

exchange-button-text：兑换按钮文字。

exchange-button-loading：是否显示兑换按钮加载动画。

exchange-button-disabled：是否禁用兑换按钮。

exchange-min-length：兑换码最小长度。

displayed-coupon-index：滚动至特定优惠券位置。

show-close-button：是否显示列表底部按钮。

close-button-text：列表底部按钮文字。

input-placeholder：文本框文字提示。

show-exchange-bar：是否展示兑换栏。

currency：货币符号。

empty-image：列表为空时的占位图。

show-count：是否展示可用／不可用优惠券的数量。

（3）CouponList Events

< 217 >

change：优惠券切换回调，回调参数（index，选中优惠券的索引）。

exchange：兑换优惠券回调，回调参数（code，兑换码）。

（4）CouponList Slots

list-footer：优惠券列表底部。

disabled-list-footer：不可用优惠券列表底部。

（5）CouponInfo

id：优惠券 ID。

name：优惠券名称。

condition：满减条件。

startAt：优惠券有效开始时间（时间戳，单位为 s）。

endAt：优惠券失效日期（时间戳，单位为 s）。

description：描述信息，优惠券可用时展示。

reason：不可用原因，优惠券不可用时展示。

value：优惠券优惠金额，单位为元。

valueDesc：优惠券优惠金额文案。

unitDesc：单位文案。

具体代码如下。

```
<template>
    <div class="grid-demo">
        <div>基础用法</div>
        <!-- 优惠券单元格 -->
        <van-coupon-cell
            :coupons="coupons"
            :chosen-coupon="chosenCoupon"
            @click="showList = true"
        />
        <!-- 优惠券列表 -->
        <van-popup
            v-model:show="showList"
            position="bottom"
            style="height: 90%; padding-top: 4px;"
        >
        <van-coupon-list
            :coupons="coupons"
            :chosen-coupon="chosenCoupon"
            :disabled-coupons="disabledCoupons"
            @change="onChange"
            @exchange="onExchange"
        />
        </van-popup>
    </div>
</template>
<script>
import { ref } from 'vue';

export default {
  setup() {
    const coupon = {
      available: 1,
      condition: '无门槛\n 最多优惠 12 元',
      reason: '',
```

< 218 >

```
    value: 150,
    name: '优惠券名称',
    startAt: 1489104000,
    endAt: 1514592000,
    valueDesc: '1.5',
    unitDesc: '元',
  };

  const coupons = ref([coupon]);
  const showList = ref(false);
  const chosenCoupon = ref(-1);

  const onChange = (index) => {
    showList.value = false;
    chosenCoupon.value = index;
  };
  const onExchange = (code) => {
    coupons.value.push(coupon);
  };

  return {
    coupons,
    showList,
    onChange,
    onExchange,
    chosenCoupon,
    disabledCoupons: [coupon],
  };
 },
};
</script>

<style scoped>
.grid-demo div{
    padding: 10px;
}
</style>
```

具体效果如图 14-28 所示。

项目实践——一个移动端购物车界面

图 14-28　Coupon 组件预览效果

< 219 >

14.2.6 项目实践——一个移动端购物车界面

本小节将介绍如何应用 Vant 组件库来构建一个移动端 HTML5 版本的购物车界面，具体代码如下。

```html
<template>
  <div class="cart-container">
    <header class="cart-header">
      <h1 class="cart-title">购物车</h1>
      <van-icon name="shopping-cart-o" class="cart-icon" />
    </header>
    <van-row>
      <van-col span="24" v-if="cartItems.length === 0">
        <van-empty image="shopping-cart-o" description="购物车空空如也"></van-empty>
      </van-col>
      <van-col :span="24" v-else>
        <van-list v-model:loading="loading" :finished="finished" finished-text="没有更
多了" @load="onLoad">
          <van-cell-group>
            <van-cell
              v-for="(item, index) in cartItems"
              :key="index"
              :title="item.name"
              :label="`¥ ${item.price} × ${item.quantity}`"
              @click="showActions(index)"
            >
              <template #right-icon>
                <van-icon name="delete" @click.stop="removeItem(index)" />
              </template>
            </van-cell>
          </van-cell-group>
        </van-list>
        <van-sticky position="bottom" :offset-top="50">
          <van-submit-bar :price="calculateTotalPrice()" button-text="结算" @submit=
"checkout" />
        </van-sticky>
      </van-col>
    </van-row>

    <van-action-sheet
      v-model:show="showActionSheet"
      title="选择数量"
      cancel-text="取消"
      @cancel="cancelActionSheet"
      @select="updateQuantity"
    >
      <van-stepper v-model="selectedQuantity" :max="99" />
    </van-action-sheet>

    <van-dialog v-model:show="showDeleteConfirm" title="确认删除" @confirm=
"confirmDelete">
      确定要删除该商品吗?
    </van-dialog>

    <van-dialog v-model:show="showCheckoutConfirm" title="确认结算" @confirm=
"confirmCheckout">
      确定要结算吗? 结算后将清空购物车。
    </van-dialog>
  </div>
```

< 220 >

```
</template>

<script>
import { ref, reactive } from 'vue';
import { Toast } from 'vant';

export default {
  setup() {
    const loading = ref(false);
    const finished = ref(false);
    const showActionSheet = ref(false);
    const showDeleteConfirm = ref(false);
    const showCheckoutConfirm = ref(false);
    const selectedCartItemIndex = ref(-1);
    const selectedQuantity = ref(1);
    const cartItems = reactive([
      { name: '商品1', price: 100, quantity: 1 },
      { name: '商品2', price: 50, quantity: 2 },
      { name: '商品3', price: 75, quantity: 3 },
    ]);

    const onLoad = () => {
      // 模拟从服务器加载更多商品
      loading.value = true;
      setTimeout(() => {
        cartItems.push({ name: '新商品', price: 200, quantity: 1 });
        loading.value = false;
        finished.value = true;
      }, 1000);
    };

    const removeItem = (index) => {
      // 弹出确认删除弹窗
      showDeleteConfirm.value = true;
      selectedCartItemIndex.value = index;
    };

    const confirmDelete = () => {
      if (selectedCartItemIndex.value !== -1) {
        cartItems.splice(selectedCartItemIndex.value, 1);
      }
      showDeleteConfirm.value = false;
    };

    const showActions = (index) => {
      selectedCartItemIndex.value = index;
      selectedQuantity.value = cartItems[index].quantity;
      showActionSheet.value = true;
    };

    const cancelActionSheet = () => {
      showActionSheet.value = false;
    };

    const updateQuantity = () => {
      if (selectedCartItemIndex.value !== -1) {
        cartItems[selectedCartItemIndex.value].quantity = selectedQuantity.value;
      }
      showActionSheet.value = false;
    };
```

< 221 >

```
      const calculateTotalPrice = () => {
        let total = 0;
        for (const item of cartItems) {
          total += item.price * item.quantity;
        }
        return total;
      };

      const checkout = () => {
        // 弹出确认结算弹窗
        showCheckoutConfirm.value = true;
      };

      const confirmCheckout = () => {
        // 在这里处理结算逻辑
        Toast.success('结算成功! ');
        // 清空购物车
        cartItems.splice(0, cartItems.length);
        showCheckoutConfirm.value = false;
      };

      return {
        cartItems,
        loading,
        finished,
        showActionSheet,
        showDeleteConfirm,
        showCheckoutConfirm,
        selectedQuantity,
        onLoad,
        removeItem,
        confirmDelete,
        showActions,
        cancelActionSheet,
        updateQuantity,
        calculateTotalPrice,
        checkout,
        confirmCheckout,
      };
    },
};
</script>

<style>
.cart-container {
  padding: 16px;
}

.cart-header {
  display: flex;
  align-items: center;
  justify-content: center;
  padding: 12px;
  background-color: #f7f7f7;
  box-shadow: 0 2px 4px rgba(0, 0, 0, 0.1);
}

.cart-title {
  font-size: 18px;
```

< 222 >

```
  font-weight: bold;
  margin-right: 8px;
}

.cart-icon {
  font-size: 24px;
  color: #999;
}
</style>
```

上述购物车代码使用 Vant 组件库构建了一个简单但功能完善的购物车界面。该购物车界面包含以下主要功能。

（1）显示购物车商品列表。购物车中的商品以列表形式展示，每个商品包含名称、价格和数量等，并可通过右侧的删除图标删除商品。

（2）提示空购物车。如果购物车为空，会显示一个空购物车图像，提示用户购物车中没有商品。

（3）加载更多商品。购物车支持加载更多商品，模拟从服务器获取新商品的功能。在加载更多商品时，会显示加载动画，直到所有商品都加载完毕。

（4）选择数量。用户可以单击商品列表中的任意商品，弹出数量选择操作表，通过增加或减少数量来更新购物车中商品的数量。

（5）确认结算。在底部固定栏中显示总价，并提供一个"结算"按钮。用户单击"结算"按钮时，会弹出"确认结算"对话框，确认结算后，成功结算的信息会用 Toast 提示，购物车会被清空。

（6）确认删除。当用户单击商品列表中的删除图标时，会弹出"确认删除"对话框，确认后商品将从购物车中移除。

通过使用 Vant 组件库，开发者可以快速构建出具有美观性和交互性的购物车界面。组件库提供了丰富的 UI 组件和交互式功能，减轻了开发人员的工作负担，并保证了界面的一致性和提供了良好的用户体验。购物车代码的实现结构清晰，使用了 Vue 3 的组合式 API，使得代码易于维护和扩展。具体效果如图 14-29 所示。

图 14-29　购物车商品预览效果

14.3　本章小结

本章主要介绍了两个流行的、基于 Vue 的 UI 组件库 Element Plus 和 Vant。

< 223 >

Element Plus 是 Element UI 库的扩展版本，针对 Web 和移动应用。它提供了全面的组件集，包括表单元素、布局容器以及业务相关的组件等，如表格和对话框。Element Plus 以其简洁的设计和多样性而闻名，非常适用于构建现代化的 Web 应用程序。

Vant 是一个面向移动端的组件库，专为构建移动应用而设计。它提供了各种 UI 组件，包括按钮、表单、卡片和网格等，还提供了许多定制选项。Vant 采用了移动优先的策略，适用于创建响应式和具备视觉吸引力的移动界面。

无论是 Element Plus 还是 Vant，它们都通过提供可复用且可定制的组件简化和优化了开发过程。它们与 Vue 应用程序无缝集成，并支持多语言项目的国际化。开发人员可以根据项目需求、设计偏好和目标平台选择其中之一。总之，Element Plus 和 Vant 都是强大的工具，其使用极大地提升了 Vue 项目的开发体验，使开发人员能够轻松创建功能丰富且使用友好的界面。

习题

一、判断题
1. Element Plus 是 Vue 的一个基础组件库。 （ ）
2. Element Plus 组件库可以帮助开发者快速构建现代化的网页应用。 （ ）
3. Element Plus 组件库可以在 React 项目中使用。 （ ）
4. Vant 是 Vue 的一个基础组件库。 （ ）
5. Vant 组件库可以帮助开发者快速构建移动端应用。 （ ）

二、选择题
1. Element Plus 是基于（ ）框架开发的。
   A. Angular　　　B. React　　　C. Vue　　　D. jQuery
2. Element Plus 是一个（ ）。
   A. 后端组件库　　B. 前端组件库　　C. 移动端组件库　　D. 数据库组件库
3. Element Plus 组件库提供了（ ）风格的组件样式。
   A. Material Design　B. Bootstrap　　C. Foundation　　D. Semantic UI
4. Vant 是一个（ ）。
   A. 后端组件库　　B. 前端组件库　　C. 移动端组件库　　D. 数据库组件库
5. Vant 组件库提供了（ ）风格的组件样式。
   A. Material Design　B. Bootstrap　　C Foundation　　D. Vant 自定义风格

上机实操

本章中的示例代码是使用选项式 API 进行编写的，请读者将其都改成使用组合式 API 编写。

目标：熟练掌握组合式 API 的编码方式，同时深入了解 Element Plus 组件库和 Vant 组件库的使用方式。

< 224 >

## 第四部分

Vue实战

经过对前面各部分的学习，读者应该已经掌握了 Vue 3 的从开发思想到各基础知识点再到其强大的生态系统的整体知识体系内容，只有把理论知识同具体实际相结合，读者才能正确回答实践提出的问题，扎实提升理论水平与实战能力。因此本部分将详细给出一个企业级通用的 Vue 3 项目脚手架实例和一个综合完整的实战项目实例，供读者实践以提高解决工程问题的能力。

本部分包含如下两章内容。

第 15 章　Vue 3+Vue Router+Vite+Pinia+Axios+Element Plus 项目脚手架实例

第 16 章　一个基于 Vue 3+Vant 的 HTML5 版考拉商城

通过对本部分以项目实例为驱动的学习实践，读者应该能够真正具备从 0 到 1 进行企业级 Vue 3 前端项目架构及开发的能力。

第 15 章

Vue 3+Vue Router+ Vite+Pinia+Axios+ Element Plus 项目脚手架实例

本章结合书中的前三部分内容,将 Vue 3、Vue Router、Vite、Pinia、Axios 和 Element Plus 等集成在一起构成一个通用的企业级项目脚手架,该项目脚手架同时提供完整的开发环境和高效的开发、构建工具,以及先进的状态管理库和 UI 组件库,使开发者能够更好地协作,并快速构建出功能丰富、性能优越的 Vue 3 前端应用程序。

建议读者在学习本章内容时,边学习边参照书中代码动手实践。本章项目架构可以直接被应用到日常真实 Web 前端项目开发中,企业级实战经验的分享也是撰写本书的初衷之一。通过学习本章内容,读者应该能够在实际项目中熟练使用本章搭建的项目脚手架,并且具备对其进行修改和扩展的能力。

15.1 创建新的 Vue 3 项目

本节将介绍使用 Vue 3 脚手架创建一个新项目并安装项目的依赖包。本节还将介绍一个新的第三方 Node.js 包管理工具 pnpm。

15.1.1 使用 Vue 3 脚手架创建新项目

按照第 2 章中详细介绍的步骤,使用 Vue 3 脚手架创建一个新的项目。创建配置选项如图 15-1 所示。图 15-1 中各功能配置解释如下。

Project name:vue-project-cli(创建项目的名称)。

Add TypeScript:No(是否添加 TypeScript,本书采用 JavaScript 作为开发语言)。

Add JSX Support:No(是否添加 JSX,在函数渲染方式时使用)。

Add Vue Router for Single Page Application development:Yes(是否添加 Vue Router 路由组件)。

```
● PS D:\book\vue3\code\第十五章> npm init vue@latest

Vue.js - The Progressive JavaScript Framework

√ Project name: ... vue-project-cli
√ Add TypeScript? ... No / Yes
√ Add JSX Support? ... No / Yes
√ Add Vue Router for Single Page Application development? ... No / Yes
√ Add Pinia for state management? ... No / Yes
√ Add Vitest for Unit Testing? ... No / Yes
√ Add an End-to-End Testing Solution? » Cypress
√ Add ESLint for code quality? ... No / Yes
√ Add Prettier for code formatting? ... No / Yes

Scaffolding project in D:\book\vue3\code\第十五章\vue-project-cli...

Done. Now run:

  cd vue-project-cli
  npm install
  npm run format
  npm run dev

PS D:\book\vue3\code\第十五章> ▮
```

图 15-1 Vue 脚手架创建项目配置清单

Add Pinia for state management:Yes(是否添加 Pinia 状态管理组件)。

Add Vitest for Unit Testing:Yes(是否添加单元测试框架 Vitest)。

Add an End-to-End Testing Solution：Yes（是否添加端到端的测试方法解决方案，这里选择了 Cypress，它是为开发者提供自动化测试用例的开源框架，能够减少开发人员手动测试的工作量。关于单元测试以及测试框架属于另外的知识领域内容，不在本书范围内，请读者自行查阅）。

Add ESLint for code quality：Yes（代码静态分析和规范的工具）。

Add Prettier for code formatting：Yes（代码格式化工具，可以自动调整和统一代码的排版及格式，以确保团队开发中代码在整个项目保持一致的风格）。

15.1.2　安装项目依赖包

在前文中本书使用最多的是 Node.js 官方提供的包管理工具——npm，也介绍过第三方公司提供的用于替代 npm 的 Yarn 包管理工具。本小节将介绍使用一个新的第三方 Node.js 包管理工具——pnpm。Node.js 包管理工具不作为本书的重点，读者了解如何使用即可。

首先，使用 pnpm 时需要全局安装，命令如下所示。

```
npm install -g pnpm

pnpm -v
```

当出现 pnpm 版本号时说明已经安装成功，如图 15-2 所示。

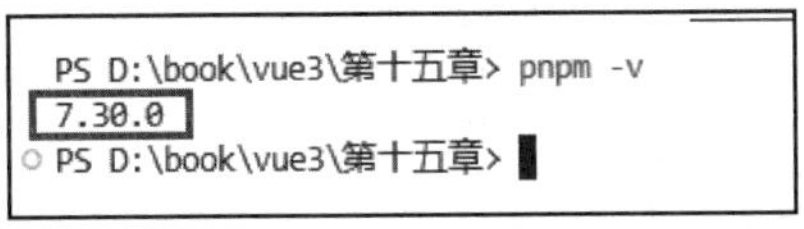

```
PS D:\book\vue3\第十五章> pnpm -v
7.30.0
○ PS D:\book\vue3\第十五章> ▊
```

图 15-2　pnpm 版本号

pnpm 是一个基于 npm 的包管理工具，有如下几个优点。

1. 提高安装速度

pnpm 使用硬链接机制来共享依赖，因此在安装依赖时，它可以避免重复下载相同的包；这样可以显著提高安装速度，特别是在项目中有大量共享依赖的情况下。

2. 节省磁盘空间

由于 pnpm 使用硬链接机制，它可以节省磁盘空间。相比于 npm 和 Yarn，pnpm 只需要下载一份依赖，然后通过硬链接进行共享。这对于拥有多个项目或使用多个版本依赖的开发者来说，可以显著减少磁盘空间的占用。

3. 并行安装

pnpm 支持并行安装依赖，这意味着它可以同时下载和安装多个依赖，从而提高安装的效率。这对于拥有大型项目或包含许多依赖的项目的开发者来说，可以显著减少安装时间。

4. 兼容性和生态系统支持

pnpm 是基于 npm 的，因此它与 npm 的生态系统是兼容的。这意味着 pnpm 可以使用 npm 的命令和配置文件，而无须进行任何修改。此外，pnpm 还支持常见的 npm 工具和插件，如 npm scripts、npm 包管理器和 npm registry。

因此，上述优点使 pnpm 成为最晚出现但是最快速普及的 Node.js 包管理工具，其使用对于拥有大型项目或多个项目的开发者来说尤为便利。

其次，使用 pnpm 来进行安装项目的依赖包如图 15-3 所示。进入 vue-project-cli 目录，执行安装依赖包命令，命令如下所示。

< 227 >

```
cd vue-project-cli      //进入目录
pnpm install            //安装依赖包
```

```
PS D:\book\vue3\第十五章> cd vue-project-cli
• PS D:\book\vue3\第十五章\vue-project-cli> pnpm install
  Lockfile is up to date, resolution step is skipped
  Packages: +435
  +++++++++++++++++++++++++++++++++++++++++++++++++++++++++++++++++++++++++++++++++++++++++++++++++++
  Packages are hard linked from the content-addressable store to the virtual store.
    Content-addressable store is at: D:\.pnpm-store\v3
    Virtual store is at:              node_modules/.pnpm
  Progress: resolved 435, reused 433, downloaded 0, added 435, done
  node_modules/.pnpm/esbuild@0.18.17/node_modules/esbuild: Running postinstall script, done in 377ms

  dependencies:
  + pinia 2.1.6
  + vue 3.3.4
  + vue-router 4.2.4

  devDependencies:
  + @rushstack/eslint-patch 1.3.2
  + @vitejs/plugin-vue 4.2.3
  + @vue/eslint-config-prettier 8.0.0
  + @vue/test-utils 2.4.1
  + cypress 12.17.3
  + eslint 8.46.0
  + eslint-plugin-cypress 2.13.3
  + eslint-plugin-vue 9.16.1
  + jsdom 22.1.0
  + prettier 3.0.0
  + start-server-and-test 2.0.0
  + vite 4.4.8
  + vitest 0.33.0

  Done in 4.1s
  PS D:\book\vue3\第十五章\vue-project-cli> █
```

图 15-3　安装依赖包

15.2 集成 Element Plus

按照 14.1.2 小节中详细介绍的步骤进行 Element Plus 集成。

1. 安装 Element Plus

如图 15-4 所示，使用 pnpm 命令安装 Element Plus 依赖包，命令如下所示。

```
pnpm add element-plus
```

```
PS D:\book\vue3\第十五章\vue-project-cli> pnpm add element-plus
Downloading registry.npmjs.org/element-plus/2.3.8: 8.26 MB/8.26 MB, done
Packages: +19
+++++++++++++++++++
Progress: resolved 474, reused 446, downloaded 6, added 19, done

dependencies:
+ element-plus 2.3.8

The integrity of 5303 files was checked. This might have caused installation to take longer.
Done in 8.8s
PS D:\book\vue3\第十五章\vue-project-cli> █
```

图 15-4　安装 Element Plus

2. 在 Vue 项目中引入 Element Plus

使用按需引入方式安装两个插件，命令如下所示。

```
pnpm add -D unplugin-vue-components unplugin-auto-import
```

在 vite.config.js 文件中插入如下代码。

```
import { fileURLToPath, URL } from 'node:url'

import { defineConfig } from 'vite'
```

< 228 >

```
import vue from '@vitejs/plugin-vue'

// 引入自动导入插件
import AutoImport from 'unplugin-auto-import/vite'
import Components from 'unplugin-vue-components/vite'
import { ElementPlusResolver } from 'unplugin-vue-components/resolvers'

// https://vitejs.dev/config/
export default defineConfig({
  plugins: [
    vue(),
    AutoImport({
      resolvers: [ElementPlusResolver()],
    }),
    Components({
      resolvers: [ElementPlusResolver()]
    })
  ],
  resolve: {
    alias: {
      '@': fileURLToPath(new URL('./src', import.meta.url))
    }
  }
})
```

15.3 集成 Axios

1. 安装 Axios

使用 pnpm 安装 Axios，命令如下所示。

```
pnpm add axios
```

2. 配置 Axios

在项目的 src 目录下创建 config/axios 目录，然后在 axios 目录下分别创建 config.js、http.js、index.js 三个文件。具体 axios 目录结构如图 15-5 所示。

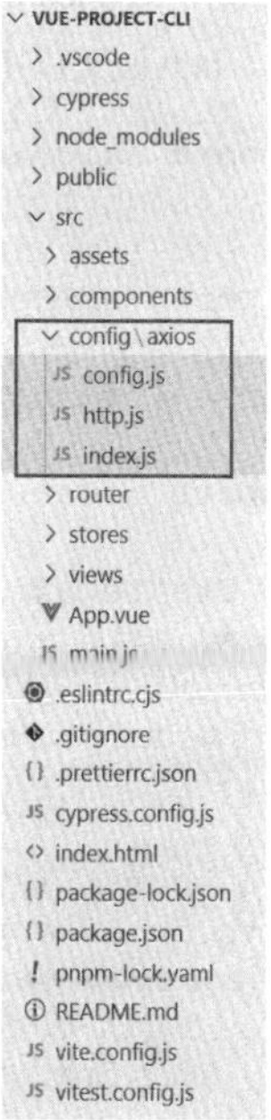

目录中所创建的这三个文件的作用以及文件中的代码内容如下。

（1）config.js 配置文件

config.js 文件用来定义 Axios 在实际项目中的请求基础路径、接口成功返回状态码、接口请求超时时间和默认接口请求类型等配置信息的常量对象。这些配置信息可以根据自己项目的实际要求进行整体配置。具体代码如下。

图 15-5　axios 目录结构

```
const config = {
  /**
   * API 请求基础路径
   */
  base_url: {
    // 开发环境接口前缀
    base: '',
    // 打包开发环境接口前缀
    dev: '',
    // 打包生产环境接口前缀
    pro: '',
```

< 229 >

```
    // 打包测试环境接口前缀
    test: ''
  },

  /**
   * 接口成功返回状态码
   */
  result_code: '0000',

  /**
   * 接口请求超时时间
   */
  request_timeout: 60000,

  /**
   * 默认接口请求类型
   * 可选值: application/x-www-form-urlencoded multipart/form-data
   */
  default_headers: 'application/json'
};

export { config };
```

（2）Axios 实例文件 http.js

http.js 文件中创建了 Axios 实例，同时配置了请求拦截器以及响应拦截器，代码如下。

```
import axios from 'axios';
import qs from 'qs';
import { config } from './config';
import { ElMessage } from 'element-plus';

const { result_code, base_url } = config;

export const PATH_URL = base_url[import.meta.env.VITE_API_BASEPATH];

// Create axios instance
const http = axios.create({
  baseURL: PATH_URL, // api's base_url
  timeout: config.request_timeout // request timeout
});

// Request interceptor
http.interceptors.request.use(
  (config) => {
    if (
      config.method === 'post' &&
      config.headers['Content-Type'] === 'application/x-www-form-urlencoded'
    ) {
      config.data = qs.stringify(config.data);
    }
    // config.headers['Token'] = 'test test';
    // Encode query parameters
    if (config.method === 'get' && config.params) {
      let url = config.url;
      url += '?';
      const keys = Object.keys(config.params);
      for (const key of keys) {
        if (config.params[key] !== undefined && config.params[key] !== null) {
          url += `${key}=${encodeURIComponent(config.params[key])}&`;
        }
```

< 230 >

```
      }
      url = url.substring(0, url.length - 1);
      config.params = {};
      config.url = url;
    }
    return config;
  },
  (error) => {
    // Do something with request error
    console.log(error); // for debug
    return Promise.reject(error);
  }
);

// Response interceptor
http.interceptors.response.use(
  (response) => {
    if (response.config.responseType === 'blob') {
      // If it's a file stream, pass it through
      return response;
    } else if (response.data.code === result_code) {
      return response.data;
    } else {
      ElMessage.error(response.data.message);
    }
  },
  (error) => {
    console.log('err' + error); // for debug
    ElMessage.error(error.message);
    return Promise.reject(error);
  }
);

export { http };
```

　　上述代码中，首先导入了 axios 库，其次导入了 qs 库用于处理 POST 请求的参数。

　　第一步，导入已定义的 config 对象，并从中解构出 result_code 和 base_url 属性。其中，result_code 表示接口成功返回的状态码，base_url 表示接口请求的基础路径。

　　第二步，定义一个常量 PATH_URL，它的值是根据当前环境变量 import.meta.env.VITE_API_BASEPATH 来获取的。这个环境变量可以根据不同的打包环境配置不同的接口请求基础路径。

　　第三步，使用 axios.create 方法创建一个 http 实例，并传入一些配置参数。其中 baseURL 被设置为 PATH_URL，表示接口请求的基础路径。timeout 被设置为 config.request_timeout，表示接口请求的超时时间。

　　第四步，定义请求拦截器，使用 http.interceptors.request.use 方法添加一个请求拦截器函数。这个函数在每次请求发送之前会被调用。在请求拦截器中，首先对 POST 请求的参数进行处理，如果请求头的 Content-Type 为 application/x-www-form-urlencoded，则使用 qs.stringify 方法将参数对象转换为 URL 编码的字符串。

　　第五步，如果请求方法为 GET 且存在请求参数，则将参数拼接到 URL 中，并进行 URL 编码。最后，将参数对象和 URL 重置为空，以避免参数被重复处理。

　　第六步，定义响应拦截器，使用 http.interceptors.response.use 方法添加一个响应拦截器函数。这个函数在每次接收到响应数据之后会被调用。在响应拦截器中，首先判断响应的数据类型是否为文件流，如果是，则直接返回响应对象。

　　第七步，判断响应数据中的 code 属性是否等于 result_code，如果是，则表示接口请求成功，将响应数据返回，否则，使用 ElMessage.error 方法显示错误信息。

　　最后，通过 export 语句导出 http 实例，以便其他模块可以引入并使用这个实例来发送请求。

< 231 >

（3）Axios 实例入口文件 index.js

index.js 文件封装了常用的 HTTP 请求方法，并通过 http.js 文件中的 Axios 实例发送请求。具体代码如下。

```
import { http } from './http';
import { config } from './config';
const { default_headers } = config;

const request = (option) => {
  const { url, method, params, data, headersType, responseType } = option;
  return http({
    url: url,
    method,
    params,
    data,
    responseType: responseType,
    headers: {
      'Content-Type': headersType || default_headers
    }
  });
};

export default {
  get: (option) => {
    return request({ method: 'get', ...option });
  },
  post: (option) => {
    return request({ method: 'post', ...option });
  },
  delete: (option) => {
    return request({ method: 'delete', ...option });
  },
  put: (option) => {
    return request({ method: 'put', ...option });
  }
};
```

代码中首先导入 http 和 config 模块。http 模块是一个已经配置好的 Axios 实例，用于发送网络请求。config 模块包含一些配置信息，例如默认的请求头。

其次，定义一个 request 函数，用于发送请求。该函数接收一个包含请求参数的 option 对象。通过解构赋值，可以从 option 对象中提取出 url、method、params、data、headersType 和 responseType 等参数。

然后，使用 http 函数发送请求。传递一个包含请求参数的对象给 service 函数，包括 URL、请求方法、请求参数、请求体、请求头和响应类型等信息。

最后，导出一个对象，该对象包含 get、post、delete 和 put 四个方法，这些方法分别用于发送 GET、POST、DELETE 和 PUT 请求。它们接收一个包含请求参数的 option 对象，并调用 request 函数发送请求。

index.js 文件封装完成后，就可以在项目的任何地方导入该文件，并可以使用其中的 Axios 实例，如发送网络请求、简化请求的处理过程等。

15.4 多环境配置

多环境配置

在企业项目开发中，通常会有多个环境用于不同的目的。开发环境用于开发和调试代码，测试环境用于测试和验证项目功能，生产环境用于实际部署和运行软件。每个环境可能具有不同的配置项，如不

< 232 >

同的服务端环境、日志级别等。

使用多环境配置可以使开发人员在不同的环境间灵活切换，并确保系统在不同环境中的正确运行。通过使用不同的配置文件、环境变量工具，可以根据当前的部署环境加载相应的配置，并确保项目在不同环境中的行为一致。

因此整个项目在架构设计之前就应该考虑到多环境配置方案，其优势如下。

（1）简化开发流程

开发人员可以在不同的环境中进行开发和测试，而无须手动更改配置文件。

（2）提高可移植性

通过将环境相关的配置与代码分离，可以更轻松地在不同的环境中部署和迁移项目。

（3）提高安全性

开发人员可以根据环境的不同设置不同的安全策略和权限控制，以保护敏感数据和资源。

（4）更好的错误排查

在不同环境中使用不同的日志级别和调试工具，可以更方便地定位和解决问题。

如下示例是利用 Vite 的环境变量与模式属性设计一个多环境配置的项目架构。

首先，在根目录下分别创建.env.dev、.env.local、.env.pro、.env.test 四个文件，它们分别对应开发环境、本地开发环境、生产环境和测试环境。多环境配置目录结构如图 15-6 所示。

图 15-6 多环境配置目录

它们的内部代码很简单，具体如下所示。

（1）.env.dev 开发环境配置文件

```
# 环境
NODE_ENV= production
# 接口前缀
VITE_API_BASEPATH=dev
```

（2）.env.local 本地开发环境配置文件

```
# 环境
NODE_ENV=development
# 接口前缀
VITE_API_BASEPATH=dev
```

（3）.env.pro 生产环境配置文件

```
# 环境
NODE_ENV=production
# 接口前缀
VITE_API_BASEPATH=pro
```

（4）.env.test 测试环境配置文件

```
# 环境
NODE_ENV=production
# 接口前缀
VITE_API_BASEPATH=test
```

< 233 >

其次，在根目录下的 package.json 文件中加入如下代码。

```
"dev": "vite"          // 开发模式，拥有热更新
    "build:pro": "vite build --mode pro"    // 编译成生成环境代码
    "build:dev": "vite build --mode dev"    // 编译成开发环境代码
    "build:test": "vite build --mode test" // 编译成测试环境代码
```

当使用如下命令时就会对对应的环境进行打包构建，具体命令如下。

```
pnpm run dev
pnpm run build:pro
pnpm run build:dev
pnpm run build:test
```

package.json 全部代码如下。

```json
{
  "name": "vue-project-cli",
  "version": "1.0.0",
  "author": "liangdaye",
  "private": true,
  "scripts": {
    "dev": "vite",
    "build:pro": "vite build --mode pro",
    "build:dev": "vite build --mode dev",
    "build:test": "vite build --mode test",
    "preview": "vite preview",
    "test:unit": "vitest",
    "test:e2e": "start-server-and-test preview http://localhost:4173 'cypress run --e2e'",
    "test:e2e:dev": "start-server-and-test 'vite dev --port 4173' http://localhost:4173
'cypress open --e2e'",
    "lint": "eslint . --ext .vue,.js,.jsx,.cjs,.mjs --fix --ignore-path .gitignore",
    "format": "prettier --write src/"
  },
  "dependencies": {
    "axios": "^1.4.0",
    "element-plus": "^2.3.8",
    "pinia": "^2.1.4",
    "vue": "^3.3.4",
    "vue-router": "^4.2.4"
  },
  "devDependencies": {
    "@rushstack/eslint-patch": "^1.3.2",
    "@vitejs/plugin-vue": "^4.2.3",
    "@vue/eslint-config-prettier": "^8.0.0",
    "@vue/test-utils": "^2.4.1",
    "cypress": "^12.17.2",
    "eslint": "^8.45.0",
    "eslint-plugin-cypress": "^2.13.3",
    "eslint-plugin-vue": "^9.15.1",
    "jsdom": "^22.1.0",
    "prettier": "^3.0.0",
    "start-server-and-test": "^2.0.0",
    "unplugin-auto-import": "^0.16.6",
    "unplugin-vue-components": "^0.25.1",
    "vite": "^4.4.6",
    "vitest": "^0.33.0"
  }
}
```

< 234 >

15.5　项目结构详解

在完成全部最基础的 Vue 3 项目脚手架的搭建后,本节将介绍整个脚手架项目结构,以便读者可以在实际的开发项目中灵活使用该脚手架。整个项目结构如图 15-7 所示。

具体项目结构如下。

（1）.vscode：使用 VS Code 编辑器开发时会自动生成的配置文件,无须关注。

（2）cypress：用于前端自动化测试框架目录,不在本书范围内,无须关注。

（3）dist：Vite 打包编译后生成的文件目录,该目录下的文件用于部署到正式环境中。

（4）node_modules：存放项目依赖的目录,由 npm 自动管理。

（5）pubilc：用于存放静态资源的目录,如 favicon.ico 文件等,主要存放不会经过 Vite 打包处理的静态资源,它们会在构建的时候直接复制到 dist 目录中。

（6）src：源代码目录,所有的开发代码文件都放于此目录下。

- assets：用于存放静态资源的目录,如图片、CSS 样式表等。与 pubilc 不同的是,该目录的资源会被 Vite 打包压缩、合并等操作。

- components：公用组件目录,用于存放可复用的 Vue 组件,例如页眉、侧边栏和页脚,这些组件会在整个应用程序中被使用。

- config：公用配置文件目录,用于项目多语言配置文件、主题配置文件、网络请求配置文件等。

- router：用于存放 Vue Router 文件目录。

- stores：用于存放 Pinia 状态管理文件目录。

图 15-7　整个项目结构

- views：用于存放项目中各个页面组件的目录。

- App.vue：Vue 应用程序的根组件,包裹所有其他组件和视图。

- main.js：应用程序的入口文件,在此初始化 Vue,并进行其他配置。

（7）.env.dev：开发环境配置文件。

（8）.env.local：本地开发环境配置文件。

（9）.env.pro：生产环境配置文件。

（10）.env.test：测试环境配置文件。

（11）.eslintrc.cjs：eslint 配置。

（12）.gitignore：配置 Git 版本需要忽略的文件或目录。

（13）.prettierrc.json：prettier 配置文件,无须关注。

（14）cypress.config.js：cypress 配置文件,无须关注。

（15）index.html：项目模块入口页面。

（16）package-lock.json：用于锁定项目依赖版本的文件。基于 Node.js 环境开发中,包的版本号很重要。

（17）package.json：项目的配置文件,包含项目的依赖项、脚本、作者等信息。

（18）pnpm-lock.yaml：使用 pnpm 包管理工具时生成的锁定文件。

（19）README.md：项目的文档文件,解释项目以及如何设置它。

（20）vite.config.js：Vite 配置文件。

（21）vitest.config.js：vitest 单元测试框架配置文件。

以上是当前项目脚手架中的所有目录结构,src 目录通常是主要开发目录。读者在理解了所有的目录结构功能后,可以随意自由的增加项目结构,如增加多语言,增加权限管理等。

< 235 >

15.6 本章小结

本章主要介绍了如何使用 Vue 3 脚手架创建一个 Vue 3 项目，并集成 Vue Router、Vite、Pinia、Axios、Element Plus 等工具和库。具体步骤如下。

（1）全局安装 Vue 3 脚手架。

（2）使用 Vue 3 脚手架创建一个新的 Vue 3 项目。

（3）在项目目录中安装 Vue Router、Vite、Pinia、Axios、Element Plus 等工具和库。

（4）在入口文件中配置 Element Plus 组件库。

（5）在代码中配置 Axios 实例模块和 Pinia 状态管理。

（6）创建 Vue 组件和定义 Vue Router 路由。

本章最后介绍了整个项目结构，使读者能够更深入了解所配置的项目脚手架。

习题

一、判断题

1. Vue 3 是基于 JavaScript 的编程语言，用于构建前端应用程序。　　　　　（　　）

2. 在 Vue 3 中，所有的生命周期钩子函数都保持与 Vue 2 中相同的命名和功能。　（　　）

3. Vite 是一个基于 Webpack 的前端构建工具，用于快速构建现代化的 Web 应用程序。（　　）

4. Pinia 是 Vue 3 官方推荐的全局状态管理方案。　　　　　　　　　　　　　（　　）

5. Axios 支持在浏览器和 Node.js 环境中使用。　　　　　　　　　　　　　　（　　）

二、选择题

1. Vue 3 是以下（　　）框架的升级版本。
   A. Angular　　　　　　B. React　　　　　　C. Vue 2　　　　　　D. Ember

2. Vue 3 引入了（　　）来提供更灵活和可组合的逻辑复用方式。
   A. 选项式 API　　　　B. 组合式 API　　　C. Lifecycle API　　D. Reactive API

3. Vite 适用于（　　）。
   A. 传统的多页应用　B. 大型的单页应用　C. 移动应用　　　　D. 桌面应用

4. 在 Pinia 中，（　　）用于管理应用程序的状态。
   A. Store　　　　　　B. Component　　　C. Module　　　　　D. State

5. Axios 在（　　）下可以使用。
   A. 仅浏览器环境　　　　　　　　　　B. 仅 Node.js 环境
   C. 浏览器和 Node.js 环境　　　　　　D. 移动应用环境

上机实操

请在本章介绍的基于 Vue 的完整企业级前端项目架构基础上，完成用户登录功能。

目标：熟练使用本章搭建的项目脚手架，并且能够对其进行修改和扩展。

< 236 >

第16章

一个基于 Vue 3+Vant 的 HTML5 版考拉商城

第 15 章介绍了如何使用 Vue 3 "全家桶" 创建一个基于 Element Plus 的前端项目脚手架，本章将详细介绍如何利用 Vue 3、Vue Router、Vite、Pinia、Axios 以及 Vant 组件库来创建一个完整的 HTML5 版考拉商城项目。该商城包括首页、分类、购物车、我的、注册、登录六大模块。通过对本章的学习与实践，读者应该能够具备独立完成从零开始搭建 Vue 3 前端项目的能力。

一个基于 Vue 3+ Vant 的 HTML5 版考拉商城

16.1 商城前端架构搭建

本节介绍商城项目的前端架构搭建，包括创建 Vue 3 项目、集成 Vant、集成 Axios、相关插件的安装以及多环境配置等。

16.1.1 Vue 3 与 Vant 集成

1. 创建 Vue 3 项目

通过 Vue 3 脚手架创建一个名为 vue-mall 的项目，如图 16-1 所示。

```
PS D:\book\vue3\code\第十六章> npm init vue@latest

Vue.js - The Progressive JavaScript Framework

√ Project name: ... vue-mall
√ Add TypeScript? ... No / Yes
√ Add JSX Support? ... No / Yes
√ Add Vue Router for Single Page Application development? ... No / Yes
√ Add Pinia for state management? ... No / Yes
√ Add Vitest for Unit Testing? ... No / Yes
√ Add an End-to-End Testing Solution? » No
√ Add ESLint for code quality? ... No / Yes
√ Add Prettier for code formatting? ... No / Yes

Scaffolding project in D:\book\vue3\code\第十六章\vue-mall...

Done. Now run:

  cd vue-mall
  npm install
  npm run dev

○ PS D:\book\vue3\code\第十六章> ▊
```

图 16-1　创建 vue-mall 项目

项目配置参数如下所示。

Project name：vue-mall。

Add TypeScript：No。

Add JSX Support：No。

Add Vue Router for Single Page Application development：Yes。

Add Pinia for state management：Yes。

Add Vitest for Unit Testing：No。

Add an End-to-End Testing Solution：No。

Add ESLint for code quality：Yes。

Add Prettier for code formatting：No。

以上配置去除了与单元测试相关的组件库，因为本章主要关注基于 Vue "全家桶" 进行开发的业务逻辑。

2．集成 Vant

首先，安装依赖包，命令如下所示。

```
npm install --save vant
```

其次，依然可以按需引入 Vant 组件库，安装 unplugin-vue-components 的命令如下所示。

```
npm install -save-dev unplugin-vue-components
```

然后，在根目录的 vite.config.js 配置文件中引入 Vant 组件库，代码如下。

```
import { fileURLToPath, URL } from 'node:url'

import { defineConfig } from 'vite'
import vue from '@vitejs/plugin-vue'

import Components from 'unplugin-vue-components/vite'
import { VantResolver} from 'unplugin-vue-components/resolvers'

// https://vitejs.dev/config/
export default defineConfig({
  plugins: [
    vue(),
    Components({
      resolvers: [VantResolver()],
    })
  ],
  resolve: {
    alias: {
      '@': fileURLToPath(new URL('./src', import.meta.url))
    }
  }
})
```

3．集成 Axios

安装 Axios 依赖包，命令如下所示。

```
npm install --save axios
```

与第 15 章中介绍的集成步骤相同，在 src 目录下创建 config/axios 目录，然后在 axios 目录下分别创建 config.js、http.js、index.js 三个文件。axios 目录结构如图 16-2 所示。

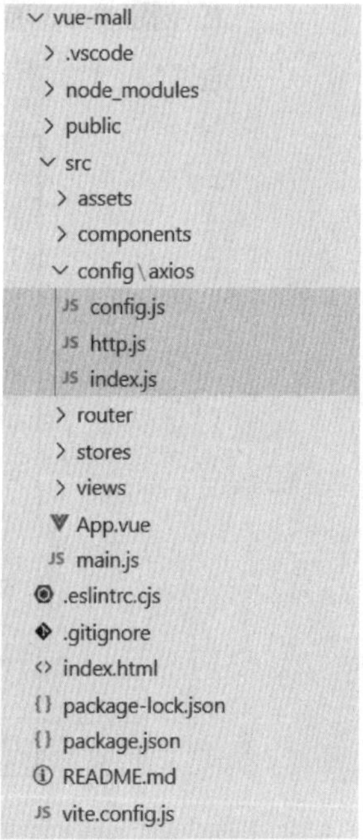

```
∨ vue-mall
  > .vscode
  > node_modules
  > public
  ∨ src
    > assets
    > components
    ∨ config \ axios
      JS config.js
      JS http.js
      JS index.js
    > router
    > stores
    > views
    ▼ App.vue
    JS main.js
  ◉ .eslintrc.cjs
  ◆ .gitignore
  <> index.html
  {} package-lock.json
  {} package.json
  ① README.md
  JS vite.config.js
```

图 16-2　axios 目录结构

< 238 >

　　三个文件的代码分别如下所示。

　　（1）config.js 配置文件

```
const config = {
    /**
     * API 请求基础路径
     */
    base_url: {
        // 开发环境接口前缀
        base: 'http://vue3shopapi.liangdaye.cn/api/v1',
        // 打包开发环境接口前缀
        dev: 'http://vue3shopapi.liangdaye.cn/api/v1',
        // 打包生产环境接口前缀
        pro: 'http://vue3shopapi.liangdaye.cn/api/v1',
        // 打包测试环境接口前缀
        test: 'http://vue3shopapi.liangdaye.cn/api/v1'
    },

    /**
     * 接口成功返回状态码
     */
    result_code: '0',

    /**
     * 接口请求超时时间
     */
    request_timeout: 60000,

    /**
     * 默认接口请求类型
     * 可选值: application/x-www-form-urlencoded multipart/form-data
     */
    default_headers: 'application/json'
};

export { config };
```

　　上述代码中 base_url 请求路径为请求服务端的 URL。正常情况下，开发环境和生产环境的路径会不同，但本示例仅作为教材的教学应用，故使用同一个路径。

　　需要注意的是，该项目采用前后端分离开发模式，因为本书关注点在于 Vue 的前端开发，服务器后端不在本书讨论范围里。为了方便读者完成本项目的开发，获取本项目的服务端接口提供的数据，代码中的 URL 是编者为读者提供的真实服务端地址，读者可以直接使用该地址进行本项目的开发学习。关于前后端分离开发模式，请读者另行参考相关文档。

　　（2）Axios 实例文件 http.js

```
import axios from 'axios';
import qs from 'qs';
import { config } from './config';
import { showFailToast } from 'vant';
const { result_code, base_url } = config;
export const PATH_URL = base_url[import.meta.env.VITE_API_BASEPATH];

// 创建 Axios 实例
const http = axios.create({
    baseURL: PATH_URL, // 请求地址
```

< 239 >

```
  timeout: config.request_timeout // 请求超时时间
});


http.interceptors.request.use(
  (config) => {
    if (
      config.method === 'post' &&
      config.headers['Content-Type'] === 'application/x-www-form-urlencoded'
    ) {
      config.data = qs.stringify(config.data);
    }
      config.headers['Token'] = localStorage.getItem('token') || '';
    if (config.method === 'get' && config.params) {
      let url = config.url;
      url += '?';
      const keys = Object.keys(config.params);
      for (const key of keys) {
        if (config.params[key] !== undefined && config.params[key] !== null) {
          url += `${key}=${encodeURIComponent(config.params[key])}&`;
        }
      }
      url = url.substring(0, url.length - 1);
      config.params = {};
      config.url = url;
    }
    return config;
  },
  (error) => {
    return Promise.reject(error);
  }
);

http.interceptors.response.use(
  (response) => {
    if (response.config.responseType === 'blob') {
      return response;
    } else if (response.data.resultCode === result_code) {
      return response.data;
    } else {
      showFailToast(response.data.message);
      if(response.data.resultCode === 416) {
        localStorage.clear()
        window.location.href = '/login'
      }
    }
  },
  (error) => {
    showFailToast(error.message)
    return Promise.reject(error);
  }
);

export { http };
```

上述 Axios 实例文件内容在第 15 章中已经详细讲解，此处不再讲述。需要注意的是，代码中使用了 Vant 中的 showNotify 组件。

（3）Axios 实例入口文件 index.js

```
import { http } from './http';
```

< 240 >

```
import { config } from './config';

const { default_headers } = config;

const request = (option) => {
  const { url, method, params, data, headersType, responseType } = option;
  return http({
    url: url,
    method,
    params,
    data,
    responseType: responseType,
    headers: {
      'Content-Type': headersType || default_headers
    }
  });
};

export default {
  get: (option) => {
    return request({ method: 'get', ...option });
  },
  post: (option) => {
    return request({ method: 'post', ...option });
  },
  delete: (option) => {
    return request({ method: 'delete', ...option });
  },
  put: (option) => {
    return request({ method: 'put', ...option });
  }
};
```

4. postcss-pxtorem

　　postcss-pxtorem 是 PostCSS 的一个独立插件，用于将像素单位转换为 rem 单位。而 PostCSS 是一种使用 JavaScript 插件来批量转换 CSS 的工具，能够减少开发人员手动处理 CSS 的麻烦，提高开发效率。关于 PostCSS 的主要用法和功能，请读者参考其他相关资料。

　　（1）安装 postcss-pxtorem 依赖

```
npm install --save-dev postcss-pxtorem
npm install --save lib-flexible
```

　　（2）配置 postcss-pxtorem

　　在项目的根目录下创建一个名为 postcss.config.cjs 的配置文件，在该文件中添加如下代码。

```
module.exports = {
  "plugins": {
    "postcss-pxtorem": {
      rootValue: 37.5, // Vant 官方根字体大小是 37.5
      propList: ['*'],
      selectorBlackList: ['.norem'] // 过滤掉.norem 开头的 class，不进行 rem 转换
    }
  }
}
```

　　在 main.js 文件中引入 lib-flexible/flexible 移动端适配插件，代码如下。

```
import './assets/main.css'
```

< 241 >

```
import { createApp } from 'vue'
import { createPinia } from 'pinia'

import App from './App.vue'
import router from './router'

// 引入 flexible
import 'lib-flexible/flexible'

// 引入 Vant
import Vant from 'vant';
import 'vant/lib/index.css';

const app = createApp(App)

app.use(createPinia())
app.use(router)
app.use(Vant)
app.mount('#app')
```

5. 多环境配置

与第 15 章中的步骤相同，在根目录下创建.env.dev、.env.local、.env.pro、.env.test 四个文件。对应的代码分别如下所示。

（1）.env.dev

```
# 环境
NODE_ENV=production
# 接口前缀
VITE_API_BASEPATH=dev
```

（2）.env.local

```
# 环境
NODE_ENV=development
# 接口前缀
VITE_API_BASEPATH=dev
```

（3）.env.pro

```
# 环境
NODE_ENV=production
# 接口前缀
VITE_API_BASEPATH=pro
```

（4）.env.test

```
# 环境
NODE_ENV=production
# 接口前缀
VITE_API_BASEPATH=test
```

package.json 文件中执行代码如下所示。

```
{
  "name": "vue-mall",
  "version": "1.0.0",
  "private": true,
```

< 242 >

```
  "scripts": {
    "dev": "vite",
    "build:pro": "vite build --mode pro",
    "build:dev": "vite build --mode dev",
    "build:test": "vite build --mode test",
    "preview": "vite preview",
    "lint": "eslint . --ext .vue,.js,.jsx,.cjs,.mjs --fix --ignore-path .gitignore"
  },
  "dependencies": {
    "axios": "^1.4.0",
    "lib-flexible": "^0.3.2",
    "pinia": "^2.1.4",
    "vant": "^4.6.3",
    "vue": "^3.3.4",
    "vue-router": "^4.2.4"
  },
  "devDependencies": {
    "@vitejs/plugin-vue": "^4.2.3",
    "eslint": "^8.45.0",
    "eslint-plugin-vue": "^9.15.1",
    "postcss-pxtorem": "^6.0.0",
    "vite": "^4.4.6"
  }
}
```

在 index.html 入口页面引入一个由阿里巴巴提供的字体文件库，具体代码如下。

```
<!DOCTYPE html>
<html lang="en">
  <head>
    <meta charset="UTF-8">
    <link rel="icon" href="/favicon.ico">
    <meta name="viewport" content="width=device-width, initial-scale=1.0">
    <!-- 引入阿里巴巴提供的字体文件库 -->
    <link rel="stylesheet" href="https://at.alicdn.com/t/font_1623819_3g3arzgtlmk.css">
    <title>考拉商城</title>
  </head>
  <body>
    <div id="app"></div>
    <script type="module" src="/src/main.js"></script>
  </body>
</html>
```

16.1.2　项目结构详解

整个项目结构如图 16-3 所示。

项目结构解释如下。

（1）.vscode：使用 VS Code 编辑器开发时会自动生成的配置文件，无须关注。

（2）node_modules：存放项目依赖的目录，由 npm 自动管理。

（3）pubilc：用于存放静态资源的目录，如 favicon.ico 文件等，主要存放不会经过 Vite 打包处理的静态资源，它们会在构建的时候被直接复制到 dist 目录里。

（4）src：源代码目录，所有的开发代码都放在这里。

- api：用于存放业务 HTTP 请求文件。

< 243 >

- assets：用于存放静态资源的目录，如图片、CSS 样式表等。与 pubilc 不同的是，该目录的资源会被 Vite 打包压缩、合并等操作。
- common：用于存放公用 JS 文件以及公用 CSS 样式文件。
- components：公用组件，存放可复用的 Vue 组件，例如页眉、侧边栏和页脚，这些组件在整个应用程序中使用。
- config：公用配置文件目录，用于项目多语言配置文件、主题配置文件、网络请求配置文件等。
- router：用于存放 Vue Router 文件目录。
- stores：用于存放 Pinia 状态管理文件目录。
- views：用于存放项目中各个页面组件的目录。
- App.vue：Vue 应用程序的根组件，包裹所有其他组件和视图。
- main.js：应用程序的入口文件，在此初始化 Vue，并进行其他配置。

（5）.env.dev：开发环境配置文件。

（6）.env.local：本地开发环境配置文件。

（7）.env.pro：生产环境配置文件。

（8）.env.test：测试环境配置文件。

（9）.eslintrc.cjs：eslint 配置。

（10）.gitignore：配置 Git 版本需要忽略的文件或目录。

（11）index.html：项目模块入口页面。

（12）package-lock.json：用于锁定项目依赖版本的文件。基于 Node.js 环境开发中，包的版本号很重要。

（13）package.json：项目的配置文件，包含项目的依赖项、脚本、作者等信息。

（14）README.md：项目的文档文件，解释项目以及如何设置它。

（15）vite.config.js：Vite 配置文件。

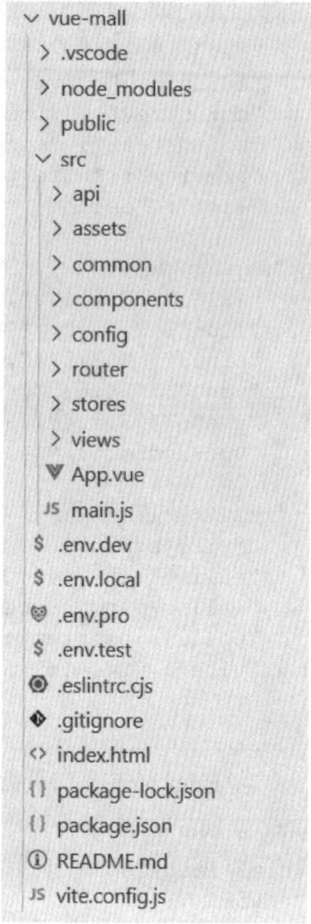

图 16-3 项目结构图

16.2 项目公用文件

本节介绍项目中所配置的主要公共文件，包括 assets 静态资源文件目录、common 公用目录和 App.vue 根组件。

16.2.1 assets 静态资源文件目录

在 assets 目录下创建 base.css 和 main.css 两个公用 CSS 样式文件，具体代码分别如下。

（1）base.css 项目基础样式文件代码如下。

```
:root {
 --vt-c-white: #ffffff;
 --vt-c-white-soft: #f8f8f8;
 --vt-c-white-mute: #f2f2f2;

 --vt-c-black: #181818;
 --vt-c-black-soft: #222222;
 --vt-c-black-mute: #282828;
```

< 244 >

```
  --vt-c-indigo: #2c3e50;

  --vt-c-divider-light-1: rgba(60, 60, 60, 0.29);
  --vt-c-divider-light-2: rgba(60, 60, 60, 0.12);
  --vt-c-divider-dark-1: rgba(84, 84, 84, 0.65);
  --vt-c-divider-dark-2: rgba(84, 84, 84, 0.48);

  --vt-c-text-light-1: var(--vt-c-indigo);
  --vt-c-text-light-2: rgba(60, 60, 60, 0.66);
  --vt-c-text-dark-1: var(--vt-c-white);
  --vt-c-text-dark-2: rgba(235, 235, 235, 0.64);
}

/* semantic color variables for this project */
:root {
  --color-background: var(--vt-c-white);
  --color-background-soft: var(--vt-c-white-soft);
  --color-background-mute: var(--vt-c-white-mute);

  --color-border: var(--vt-c-divider-light-2);
  --color-border-hover: var(--vt-c-divider-light-1);

  --color-heading: var(--vt-c-text-light-1);
  --color-text: var(--vt-c-text-light-1);

  --section-gap: 160px;
}

@media (prefers-color-scheme: dark) {
  :root {
    --color-background: var(--vt-c-black);
    --color-background-soft: var(--vt-c-black-soft);
    --color-background-mute: var(--vt-c-black-mute);

    --color-border: var(--vt-c-divider-dark-2);
    --color-border-hover: var(--vt-c-divider-dark-1);

    --color-heading: var(--vt-c-text-dark-1);
    --color-text: var(--vt-c-text-dark-2);
  }
}
*,
*::before,
*::after {
  box-sizing: border-box;
  margin: 0;
  font-weight: normal;
}

body {
  min-height: 100vh;
  color: var(--color-text);
  background: var(--color-background);
  transition: color 0.5s, background-color 0.5s;
  line-height: 1.6;
  font-family: Inter, -apple-system, BlinkMacSystemFont, 'Segoe UI', Roboto, Oxygen,
Ubuntu,
    Cantarell, 'Fira Sans', 'Droid Sans', 'Helvetica Neue', sans-serif;
  font-size: 15px;
  text-rendering: optimizeLegibility;
```

< 245 >

```css
  -webkit-font-smoothing: antialiased;
  -moz-osx-font-smoothing: grayscale;
}
```

（2）main.css 项目框架样式文件代码如下。

```css
@import './base.css';

#app {
  max-width: 1280px;
  margin: 0 auto;
  padding: 2rem;
  font-weight: normal;
}

a,
.green {
  text-decoration: none;
  color: hsla(160, 100%, 37%, 1);
  transition: 0.4s;
}

@media (hover: hover) {
  a:hover {
    background-color: hsla(160, 100%, 37%, 0.2);
  }
}

@media (min-width: 1024px) {
  body {
    display: flex;
    place-items: center;
  }

  #app {
    display: grid;
    grid-template-columns: 1fr 1fr;
    padding: 0 2rem;
  }
}
```

16.2.2　common 公用目录

在 src 目录下创建一个名为 common 的目录，用于存放公用 JS 库以及公用 CSS 库。

1．公用 JS 库

在 common 目录中创建一个名为 js 的目录，然后在该目录下创建一个名为 utils.js 的文件。该文件代码如下。

```js
// 获取 URL 参数方法
 export function getQueryString(name) {
    var reg = new RegExp("(^|&)"+ name +"=([^&]*)(&|$)");
    var r = window.location.search.substr(1).match(reg);
    if(r != null) {
       return unescape(r[2]);
    } else {
       return null
    }
 }
```

< 246 >

```
// 封装一个 HTML5 缓存函数，该函数用于通过 key 获取缓存信息
export const getLocal = (name) => {
  return localStorage.getItem(name)
}
// 封装一个 HTML5 缓存函数，该函数用于通过 key 设置缓存信息
export const setLocal = (name, value) => {
  localStorage.setItem(name, value)
}
// 城市编码对象，由于该数据太多，没有全部列出，全部数据请参考本书提供的源代码文件
export const tdist = {
210184: ["沈北新区", "210100"],
  210185: ["其他区", "210100"],
  420381: ["丹江口市", "420300"],
420383: ["其他区", "420300"]
}
// 获取一级城市
tdist.getLev1 = function() {
  for (var t = [], e = 1; e < 100; e++) {
    var i = "0000";
    i = e < 10 ? "0" + e + i : e + i;
    var n = this[i];
    "undefined" != typeof n && t.push({
      id: i,
      text: n[0]
    })
  }
  return t
}

// 获取二级城市
tdist.getLev2 = function(t) {
  if ("" == t)
    return [];
  for (var e = [], i = 1; i < 100; i++) {
    var n = t.substr(0, 2);
    n += i < 10 ? "0" + i + "00" : i + "00";
    var r = this[n];
    "undefined" != typeof r && e.push({
      id: n,
      text: r[0]
    })
  }
  return e
}

// 获取三级城市
tdist.getLev3 = function(t) {
  if ("" == t)
    return [];
  for (var e = [], i = 1; i < 100; i++) {
    var n = t.substr(0, 4);
    n += i < 10 ? "0" + i : i;
    var r = this[n];
    "undefined" != typeof r && e.push({
      id: n,
      text: r[0]
    })
  }
```

< 247 >

```
    return e
  }


  // 图片前缀方法
  export const prefix = (url) => {
    if (url && url.startsWith('http')) {
      return url
    } else {
      url = `http://vue3shopapi.liangdaye.cn${url}`
      return url
    }
  }
```

以上是使用公用 JS 库的全部方法，每个方法均有注释，如有需要可查阅相关资料。

2．公用 CSS 库

同样，在 common 目录下创建一个名为 style 的目录，然后在该目录下创建 base.less、mixin.less 和 theme.css 三个公用样式文件。

（1）base.less 文件代码如下。

```less
// 移动端单击高亮
html,body{
    -webkit-tap-highlight-color: rgba(0, 0, 0, 0);
}
input{
  border: none;
  outline: none;
  -webkit-appearance: none;
  -webkit-appearance: none;
  -webkit-tap-highlight-color: rgba(0, 0, 0, 0);
}
textarea{
  border: none;
  outline: none;
}
button{
  border: none;
  outline: none;
}
a{
  text-decoration: none;
  color: #333;
}
li{
  list-style-type: none;
}
// 解决端遮罩层穿透
body.dialog-open {
  position: fixed;
  width: 100%;
}
.page{
  padding: 0 50px;
  width: 100%;
  -webkit-box-sizing: border-box;
  -moz-box-sizing: border-box;
  box-sizing: border-box;
}
```

< 248 >

（2）mixin.less 文件代码如下。

```less
@import './base.less';
@primary: #1baeae; // 主题色
@orange: #FF6B01;
@bc: #F7F7F7;
@fc:#fff;

// 背景图片地址和大小
.bis(@url) {
  background-image: url(@url);
  background-repeat: no-repeat;
  background-size: 100% 100%;
}

// 圆角
.borderRadius(@radius) {
  -webkit-border-radius: @radius;
  -moz-border-radius: @radius;
  -ms-border-radius: @radius;
  -o-border-radius: @radius;
  border-radius: @radius;
}

// 1px 底部边框
.border-1px(@color){
  position: relative;
  &:after{
    display: block;
    position: absolute;
    left: 0;
    bottom: 0;
    width: 100%;
    border-top: 1px solid @color;
    content: '';
  }
}
// 定位全屏
.allcover{
  position:absolute;
  top:0;
  right:0;
}

// 定位上下、左右居中
.center {
  position: absolute;
  top: 50%;
  left: 50%;
  transform: translate(-50%, -50%);
}

// 定位上下居中
.ct {
  position: absolute;
  top: 50%;
  transform: translateY(-50%);
}
```

< 249 >

```less
// 定位左右居中
.cl {
  position: absolute;
  left: 50%;
  transform: translateX(-50%);
}

// 宽高
.wh(@width, @height){
  width: @width;
  height: @height;
}

// 字体大小、颜色
.sc(@size, @color){
  font-size: @size;
  color: @color;
}

.boxSizing {
  -webkit-box-sizing: border-box;
  -moz-box-sizing: border-box;
  box-sizing: border-box;
}

// flex 布局和子元素对齐方式
.fj(@type: space-between){
  display: flex;
  justify-content: @type;
}
```

（3）theme.css 文件代码如下。

```css
:root:root {
    --van-primary-color: #1baeae;
}
```

上述 common/style 目录下的 CSS 样式文件会在打包构建时使用 Less 插件进行编译处理。因此，这里需要安装一个 Less 插件，具体命令如下所示。

```
npm install –save-dev less
```

接下来需要展示一下 assets 目录的样式文件，方便读者依照本书即能完成一个完整的项目。在前文中也有提到 assets 目录下的资源是不需要经过处理的，在发布时会原封不动复制到发布目录中。因此两个 CSS 样式文件在发布的时候会直接复制到发布目录下。

（4）base.css 文件代码如下。

```css
:root {
  --vt-c-white: #ffffff;
  --vt-c-white-soft: #f8f8f8;
  --vt-c-white-mute: #f2f2f2;

  --vt-c-black: #181818;
  --vt-c-black-soft: #222222;
  --vt-c-black-mute: #282828;

  --vt-c-indigo: #2c3e50;

  --vt-c-divider-light-1: rgba(60, 60, 60, 0.29);
```

< 250 >

```css
  --vt-c-divider-light-2: rgba(60, 60, 60, 0.12);
  --vt-c-divider-dark-1: rgba(84, 84, 84, 0.65);
  --vt-c-divider-dark-2: rgba(84, 84, 84, 0.48);

  --vt-c-text-light-1: var(--vt-c-indigo);
  --vt-c-text-light-2: rgba(60, 60, 60, 0.66);
  --vt-c-text-dark-1: var(--vt-c-white);
  --vt-c-text-dark-2: rgba(235, 235, 235, 0.64);
}

/* semantic color variables for this project */
:root {
  --color-background: var(--vt-c-white);
  --color-background-soft: var(--vt-c-white-soft);
  --color-background-mute: var(--vt-c-white-mute);

  --color-border: var(--vt-c-divider-light-2);
  --color-border-hover: var(--vt-c-divider-light-1);

  --color-heading: var(--vt-c-text-light-1);
  --color-text: var(--vt-c-text-light-1);

  --section-gap: 160px;
}

@media (prefers-color-scheme: dark) {
  :root {
    --color-background: var(--vt-c-black);
    --color-background-soft: var(--vt-c-black-soft);
    --color-background-mute: var(--vt-c-black-mute);

    --color-border: var(--vt-c-divider-dark-2);
    --color-border-hover: var(--vt-c-divider-dark-1);

    --color-heading: var(--vt-c-text-dark-1);
    --color-text: var(--vt-c-text-dark-2);
  }
}

*,
*::before,
*::after {
  box-sizing: border-box;
  margin: 0;
  font-weight: normal;
}

body {
  min-height: 100vh;
  color: var(--color-text);
  background: var(--color-background);
  transition: color 0.5s, background-color 0.5s;
  line-height: 1.6;
  font-family: Inter, -apple-system, BlinkMacSystemFont, 'Segoe UI', Roboto, Oxygen,
Ubuntu,
    Cantarell, 'Fira Sans', 'Droid Sans', 'Helvetica Neue', sans-serif;
  font-size: 15px;
  text-rendering: optimizeLegibility;
  -webkit-font-smoothing: antialiased;
  -moz-osx-font-smoothing: grayscale;
}
```

< 251 >

（5）main.css 文件代码如下。

```
@import './base.css';

#app {
  font-weight: normal;
}
```

注意事项：在使用 Vue 脚手架创建的 Vue 3 项目中，会在 assets 目录
下自动创建名为 main.css 的文件，这时就需要将我们的 main.css 代码替换
到原始的 main.css 上。

以上公用文件全部创建完成，整个公用目录结构如图 16-4 所示。

在 main.js 文件中引入 assets/main.css 与 common/style/theme.css 样式文
件，具体代码如下。

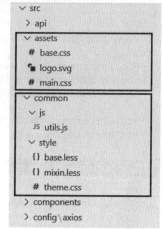

图16-4　公用目录结构

```
import './assets/main.css'

import { createApp } from 'vue'
import { createPinia } from 'pinia'

import App from './App.vue'
import router from './router'

// 引入 flexible
import 'lib-flexible/flexible'

// 引入公用样式文件
import './assets/main.css'
import './common/style/theme.css'

// 引入 Vant
import 'vant/lib/index.css';

const app = createApp(App)

app.use(createPinia())
app.use(router)
app.mount('#app')
```

16.2.3　App.vue 根组件

在 App.vue 根组件内设置路由切换过渡效果，具体代码如下。

```
<script setup>
import { reactive } from 'vue'
import { useRouter, RouterView } from 'vue-router'
const router = useRouter()
const state = reactive({
  transitionName: 'slide-left'
})
router.beforeEach((to, from) => {
  if (to.meta.index > from.meta.index) {
    state.transitionName = 'slide-left' // 向左滑动
  } else if (to.meta.index < from.meta.index) {
    // 由次级到主级
    state.transitionName = 'slide-right'
  } else {
```

< 252 >

```
            state.transitionName = ''    // 同级无过渡效果
    }
})
</script>
<template>
  <div id="app">
    <RouterView />
  </div>
</template>
<style lang="less">
html, body {
  height: 100%;
  overflow-x: hidden;
  overflow-y: scroll;
}
#app {
  height: 100%;
  font-family: 'Avenir', Helvetica, Arial, sans-serif;
  -webkit-font-smoothing: antialiased;
  -moz-osx-font-smoothing: grayscale;
  color: #2c3e50;
}
.router-view{
    width: 100%;
    height: auto;
    position: absolute;
    top: 0;
    bottom: 0;
    margin: 0 auto;
    -webkit-overflow-scrolling: touch;
}
.slide-right-enter-active,
.slide-right-leave-active,
.slide-left-enter-active,
.slide-left-leave-active{
    height: 100%;
    will-change: transform;
    transition: all 500ms;
    position: absolute;
    backface-visibility: hidden;
}
.slide-right-enter{
    opacity: 0;
    transform: translate3d(-100%, 0, 0);
}
.slide-right-leave-active{
    opacity: 0;
    transform: translate3d(100%, 0, 0);
}
.slide-left-enter{
    opacity: 0;
    transform: translate3d(100%, 0, 0);
}
.slide-left-leave-active{
    opacity: 0;
    transform: translate3d(-100%, 0, 0);
}
.van-badge--fixed {
  z-index: 1000;
}
</style>
```

< 253 >

16.3 首页

首页是应用程序的入口页面，该页面包含头部搜索栏、轮播图、功能导航模块、新品上线模块、热门商品模块、最新推荐模块和底部导航栏七大模块，具体效果如图 16-5 所示。

图 16-5　首页效果

16.3.1　头部搜索栏

首先在 src/views 目录下新建 Home.vue 模板文件，然后在 template 模板中编写如下代码。

```
<template>
  <div>
    <header class="home-header wrap" :class="{'active' : state.headerScroll}">
    <!-- 路由链接，打开分类界面 -->
    <router-link tag="i" to="./category"><i class="nbicon nbmenu2"></i></router-link>
    <!-- 搜索栏 -->
    <div class="header-search">
      <span class="app-name">考拉商城</span>
      <i class="iconfont icon-search"></i>
      <!-- 搜索栏 路由链接，单击跳转"product-list"页面-->
      <router-link tag="span" class="search-title" to="./product-list?from=home"></router-link>
    </div>
    <!-- 跳转到登录界面 -->
    <router-link class="login" tag="span" to="./login" v-if="!state.isLogin">登录</router-link>
    <router-link class="login" tag="span" to="./user" v-else>
```

< 254 >

```
        <van-icon name="manager-o" />
      </router-link>
    </header>
  </div>
</template>
```

注意上面代码中有一个 reactive 响应式数据 state.headerScroll，用于实现滚动条滚动时头部变色的效果。其 JavaScript 代码如下。

```
<script setup>
import { reactive, nextTick } from 'vue'
const state = reactive({
  headerScroll: false // 滚动透明判断
})

nextTick(() => {
  document.body.addEventListener('scroll', () => {
    let scrollTop = window.pageYOffset || document.documentElement.scrollTop ||
document.body.scrollTop
    scrollTop > 100 ? state.headerScroll = true : state.headerScroll = false
  })
})
</script>
```

样式代码如下所示。

```
<style lang="less" scoped >
@import '../common/style/mixin';
// 头部搜索栏样式
.home-header {
    position: fixed;
    left: 0;
    top: 0;
    .wh(100%, 50px);
    .fj();
    line-height: 50px;
    padding: 0 15px;
    .boxSizing();
    font-size: 15px;
    color: #fff;
    z-index: 10000;
    .nbmenu2 {
      color: @primary;
    }
    // 选中状态样式
    &.active {
      background: @primary;
      .nbmenu2 {
        color: #fff;
      }
      .login {
        color: #fff;
      }
    }
    // 搜索文本框样式
    .header-search {
        display: flex;
        width: 74%;
        line-height: 20px;
        margin: 10px 0;
```

< 255 >

```
        padding: 5px 0;
        color: #232326;
        background: rgba(255, 255, 255, .7);
        border-radius: 20px;
        .app-name {
            padding: 0 10px;
            color: @primary;
            font-size: 20px;
            font-weight: bold;
            border-right: 1px solid #666;
        }
        .icon-search {
            padding: 0 10px;
            font-size: 17px;
        }
        .search-title {
            font-size: 12px;
            color: #666;
            line-height: 21px;
        }
    }
    .icon-iconyonghu{
      color: #fff;
      font-size: 22px;
    }
}
</style>
```

效果如图 16-6 所示。

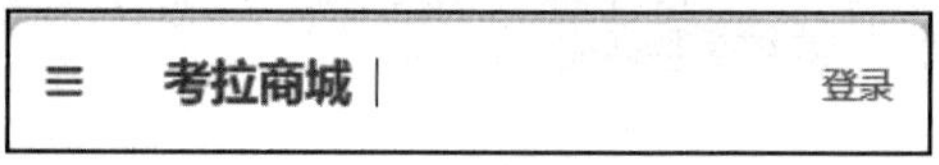

16.3.2 轮播图

图 16-6　头部搜索栏

1. 轮播图公用组件

轮播图直接使用 Vant 框架中的 van-swipe 组件。由于轮播图在项目中任何地方都可以使用，因此我们在 van-swipe 组件上单独封装了一个名为 Swiper 的组件作为公用组件来使用。在 src/components 目录下创建一个名为 Swiper.vue 的文件，该文件代码如下。

```
<template>
  <van-swipe class="my-swipe" :autoplay="3000" indicator-color="#1baeae">
    <van-swipe-item v-for="(item, index) in props.list" :key="index">
      <img :src="item.carouselUrl" alt="">
    </van-swipe-item>
  </van-swipe>
</template>
<script setup>
const props = defineProps({
  list: Array
});
</script>

<style lang='less' scoped>
  .my-swipe {
    img {
      width: 100%;
      height: 100%;
    }
  }
</style>
```

< 256 >

2. 轮播图组件引入

基于 Vue 3 中组合式 API 的特性，直接在 JS 文件中引用 Swiper 组件即可，代码如下。

```
<script setup>
import { reactive } from 'vue'
// 轮播图公用组件引入
import swiper from '@/components/Swiper.vue'

const state = reactive({
  headerScroll: false, // 滚动透明判断
  swiperList: [], // 轮播图列表
})
</script>
```

HTML 代码结构如下所示。

```
<swiper :list="state.swiperList"></swiper>
```

由于轮播图是通过后台配置、动态显示的，这里需要使用 HTTP 的异步请求 AJAX 来获取服务端数据。具体步骤如下。

（1）在 src/api 目录下创建一个 home.js 文件，具体代码如下。

```
import axios from '../config/axios/index'

export function getHome() {
  return axios.get({url: '/index-infos'});
}
```

上述代码第 1 行用于获取之前在架构搭建时已封装好的 Axios 实例，这里有读者的疑问是 Axios 与 AJAX 之间的关系，Axios 是 AJAX 异步请求的框架。该问题也是前端程序员在面试时经常会遇到的问题。代码第 2 行 getHome 方法中实现了一个 GET 请求，其返回的数据是之前代码中与服务端约定好的。

（2）在首页 JS 中创建一个 onMounted 生命周期钩子函数，在该函数内实现异步请求轮播图数据，具体代码如下。

```
onMounted(async () => {
  showLoadingToast({
    message: '加载中...',
    forbidClick: true
  });
  const data = await getHome()
  state.swiperList = data.data.carousels
  closeToast()
})
```

其中 data.data.carousels 的数据对象就是在服务端定义好的轮播图数据对象。

轮播图效果如图 16-7 所示。

16.3.3 功能导航模块

功能导航模块是电商 App 中都会有的功能模块，这里仅作为效果展示，其中的各功能由于太过庞大，故在本示例项目中不做代码实现。首页功能导航模块 HTML 代码如下。

图 16-7 轮播图

```
<div class="category-list">
  <div v-for="item in state.categoryList" v-bind:key="item.categoryId">
    <img :src="item.imgUrl">
```

< 257 >

```
    <span>{{item.name}}</span>
  </div>
</div>
```

上面代码中需要在 state 响应式对象中定义一个 categoryList JSON 数组数据，具体代码如下。

```
categoryList: [
  {
    name: '充值缴费',
    imgUrl: 'https://vue3-book-1251466214.cos.ap-nanjing.myqcloud.com/shop/chongzhi.png',
    categoryId: 100006
  }, {
    name: '9.9元拼',
    imgUrl: 'https://vue3-book-1251466214.cos.ap-nanjing.myqcloud.com/shop/pin.png',
    categoryId: 100007
  }, {
    name: '领券',
    imgUrl: 'https://vue3-book-1251466214.cos.ap-nanjing.myqcloud.com/shop/ling.png',
    categoryId: 100008
  }, {
    name: '省钱',
    imgUrl: 'https://vue3-book-1251466214.cos.ap-nanjing.myqcloud.com/shop/
shengqian.png',
    categoryId: 100009
  }, {
    name: '全部',
    imgUrl: 'https://vue3-book-1251466214.cos.ap-nanjing.myqcloud.com/shop/
all.png',
    categoryId: 100010
  }
]
```

效果如图 16-8 所示。

16.3.4　新品上线模块

1．商品公用组件

新品上线模块与热门商品模块、最新推荐模块的显示效果是一样的，所以这里可以通过将其抽出一个公用组件来实现。在 src/components 目录下创建一个名为 Product.vue 的文件，文件代码如下。

图 16-8　功能导航

```
<template>
<div class="product">
  <header class="product-header">{{ props.title }}</header>
  <van-skeleton title :row="3" :loading="props.loading">
    <div class="product-box">
      <div class="product-item" v-for="item in props.productList" :key="item.goodsId"
@click="goToDetail(item)">
        <img :src="$filters.prefix(item.goodsCoverImg)" alt="">
        <div class="product-desc">
          <div class="title">{{ item.goodsName }}</div>
          <div class="price">¥ {{ item.sellingPrice }}</div>
        </div>
      </div>
    </div>
  </van-skeleton>
</div>
</template>
```

< 258 >

```
<script setup>
import { defineEmits } from 'vue';
const props = defineProps({
    title: String,
    loading: Boolean,
    productList: Array
});

// 定义向父组件传递的事件
const emit = defineEmits(['prod-data'])

const goToDetail=(item)=>{
    emit("prod-data", item)
}
</script>

<style lang='less' scoped>
@import '../common/style/mixin';

.product {
  .product-header {
    background: #f9f9f9;
    height: 50px;
    line-height: 50px;
    text-align: center;
    color: @primary;
    font-size: 16px;
    font-weight: 500;
  }
  .product-box {
    display: flex;
    justify-content: flex-start;
    flex-wrap: wrap;
    .product-item {
      box-sizing: border-box;
      width: 50%;
      border-bottom: 1PX solid #e9e9e9;
      padding: 10px 10px;
      img {
        display: block;
        width: 120px;
        margin: 0 auto;
      }
      .product-desc {
        text-align: center;
        font-size: 14px;
        padding: 10px 0;
        .title {
          color: #222333;
        }
        .price {
          color: @primary;
        }
      }
      &:nth-child(2n + 1) {
        border-right: 1PX solid #e9e9e9;
      }
    }
  }
}
</style>
```

< 259 >

2．引入商品组件

在首页 JS 逻辑中引入商品组件，其代码如下。

```
import product from '@/components/Product.vue'
```

在 HTML 结构中实现该组件，代码如下。

```
<product :title="state.newTitle" :loading="state.loading" :productList=
"state.newProducts" @prod-data="newProductHandle"></product>
```

3．定义与绑定商品数据

在响应式数据 state 中填入 newTitle 和 newProducts 两个数据对象，分别用来传递商品组件标题和商品数据信息，代码如下。

```
const state = reactive({
  newTitle: "新品上线",
  newProducts: [],
  loading: false
  …                    // 暂时忽略其他定义的字段信息
})
```

通过 16.3.2 小节中定义的 onMounted 生命周期钩子函数中的 getHome 方法获取的服务端数据进行数据绑定，代码如下。

```
state.newProducts = data.data.newGoodses
```

4．实现子组件传递的事件

在 product 组件中需要实现 prod-data 事件，用于跳转到商品详细信息页面，代码如下。

```
const newProductHandle = (item) => {
  // 跳转到商品详细页面，并传递商品 ID
  router.push({ path: `/productInfo/${item.goodsId}` })
}
```

该代码中使用了 router 模块，因此需要引入 vue-router 并实例化 router 对象，具体代码如下。

```
import { useRouter } from 'vue-router'
const router = useRouter()
```

效果如图 16-9 所示。

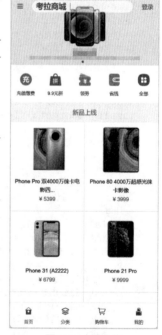

图 16-9　新品上线

16.3.5　热门商品模块

通过上一小节中封装的商品公用组件，可以直接引入并绑定数据，具体步骤及代码如下。

（1）创建 HTML 代码

代码如下。

```
<product :title="state.hotTitle" :loading="state.loading" :productList="state.hotPr
oducts" @prod-data="hotProductHandle"></product>
```

（2）定义响应式数据

在响应式数据 state 中填入 hotTitle 和 hotProducts 两个数据对象，分别用来传递商品组件标题和商品数据信息，代码如下。

< 260 >

```
const state = reactive({
  hotTitle: "新品上线",
  hotProducts: [],
  ...            // 暂时忽略其他定义的字段信息
})
```

（3）绑定商品数据

代码如下。

```
state.hotProducts = data.data.hotGoodses
```

（4）实现子组件事件

代码如下。

```
const hotProductHandle = (item) => {
  // 跳转到商品详细页面，并传递商品 ID
  router.push({ path: `/productInfo/${item.goodsId}` })
}
```

效果如图 16-10 所示。

16.3.6　最新推荐模块

同样，也可以快速、简单地实现最新推荐模块功能，具体步骤及代码如下。

（1）创建 HTML 代码

代码如下。

```
<product :title="state.recommendTitle" :loading="state.
loading" :productList="state.recommendProducts" @prod-data=
"recommendProductHandle"></product>
```

（2）定义响应式数据

在已定义的响应式数据 state 中填入 hotTitle 和 hotProducts 两个数据对象，分别用来传递商品组件标题和商品数据信息，代码如下。

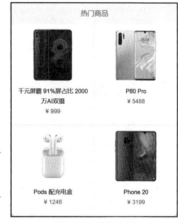

图 16-10　热门商品

```
const state = reactive({
  recommendTitle: "最新推荐",
  recommendProducts: [],
  ...            // 暂时忽略其他定义的字段信息
})
```

（3）绑定商品数据

代码如下。

```
state.recommendProducts = data.data.recommendGoodses
```

（4）实现子组件事件

代码如下。

```
const recommendProductHandle = (item) => {
  // 跳转到商品详细页面，并传递商品 ID
  router.push({ path: `/productInfo/${item.goodsId}` })
}
```

效果如图 16-11 所示。

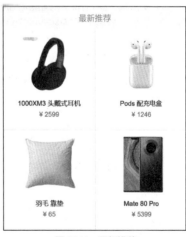

图 16-11　最新推荐

< 261 >

16.3.7 效果优化

在 Product 公用组件中有一个 Loading 字段，其作用是在首页请求服务端还没有返回数据时，显示骨架屏（页面渲染前占位图，用于提升用户体验）的效果，如图 16-12 所示。

Loading 效果代码如图 16-13 所示。

图 16-12 数据加载的骨架屏效果

```
onMounted(async () => {
  state.loading = true
  const data = await getHome()
  state.swiperList = data.data.carousels
  state.newProducts = data.data.newGoodses
  state.hotProducts = data.data.hotGoodses
  state.recommendProducts = data.data.recommendGoodses
  state.loading = false
})
```

图 16-13 Loading 效果代码

16.3.8 底部导航栏

1. NavBar 公用组件

在 src/components 目录下创建一个名为 NavBar.vue 文件，代码如下。

```
<template>
  <div class="nav-bar van-hairline--top">
    <ul class="nav-list">
      <router-link  class="nav-list-item active" to="home">
        <i class="nbicon nblvsefenkaicankaoxianban-1"></i>
        <span>首页</span>
      </router-link>
      <router-link  class="nav-list-item" to="category">
        <i class="nbicon nbfenlei"></i>
        <span>分类</span>
      </router-link>
      <router-link  class="nav-list-item" to="cart">
        <i><van-icon  name="shopping-cart-o" :badge="!cart.count ? '' : cart.count"
/></i>
        <span>购物车</span>
      </router-link>
      <router-link  class="nav-list-item" to="user">
        <i class="nbicon nblvsefenkaicankaoxianban-"></i>
        <span>我的</span>
      </router-link>
    </ul>
  </div>
</template>

<script setup>
import { onMounted } from 'vue'
import { useRoute } from 'vue-router'
import { useCartStore } from '@/stores/cart'
import { getLocal } from '@/common/js/utils'
```

< 262 >

```
const route = useRoute()
const cart = useCartStore()
onMounted(() => {
  const token = getLocal('token')
  const path = route.path
  if (token && !['/home', '/category'].includes(path)) {
    cart.updateCart()
  }
})
</script>
<style lang="less" scoped >
@import '../common/style/mixin';
.nav-bar{
  position: fixed;
  left: 0;
  bottom: 0;
  width: 100%;
  padding: 5px 0;
  z-index: 1000;
  background: #fff;
  transform: translateZ(0);
  -webkit-transform: translateZ(0);
  .nav-list {
    width: 100%;
    .fj();
    flex-direction: row;
    padding: 0;
    .nav-list-item {
      display: flex;
      flex: 1;
      flex-direction: column;
      text-align: center;
      color: #666;
      &.router-link-active {
        color: @primary;
      }
      i {
        text-align: center;
        font-size: 22px;
      }
      span{
        font-size: 12px;
      }
      .van-icon-shopping-cart-o {
        margin: 0 auto;
        margin-bottom: 2px;
      }
    }
  }
}
</style>
```

2. 引入 NavBar 公用组件

引入 NavBar 很简单，代码如下。

```
import navBar from '@/components/NavBar.vue'
```

HTML 结构如下所示。

```
<nav-bar />
```

效果如图 16-14 所示。

图 16-14　底部导航栏

< 263 >

16.3.9　添加路由

我们需要修改路由以便能够访问首页。在架构搭建时所创建的 src/router 目录下，创建一个 index.js 路由文件，具体代码如下。

```javascript
import { createRouter, createWebHistory } from 'vue-router'
import Home from '@/views/Home.vue'

const router = createRouter({
  history: createWebHistory(import.meta.env.BASE_URL),
  routes: [
    {
      path: '/',
      redirect: '/home'
    },
    {
      path: '/home',
      name: 'home',
      component: Home,
      meta: {
        index: 1
      }
    },
  ]
})

export default router
```

16.4　登录页面和注册页面

在首页右上角有"登录"链接，单击该链接进入登录页面，单击"立即注册"链接就会切换到注册页面。这些功能是由同一组件实现的，通过状态来切换显示效果，如图 16-15 所示。

图 16-15　登录页面和注册页面

16.4.1　添加路由

在 src/router 目录下的 index.js 文件中添加导航到该页面的路由，具体代码如下。

< 264 >

```
{
  path: '/login',
  name: 'login',
  component: () => import('@/views/Login.vue'),
  meta: {
    index: 1
  }
},
```

16.4.2 头部导航栏

该页面有一个公用组件即头部导航栏，用来返回之前页面的信息。在 src/components 目录下创建一个名为 TopBar.vue 的文件，代码如下。

```
<template>
  <header class="simple-header van-hairline--bottom">
    <i v-if="!isback" class="nbicon nbfanhui" @click="goBack"></i>
    <i v-else>           </i>
    <div class="simple-header-name">{{ name }}</div>
    <i class="nbicon nbmore"></i>
  </header>
  <div class="block" />
</template>

<script setup>
  import { ref } from 'vue'
  import { useRouter } from 'vue-router'

  const props = defineProps({
    name: String,
    back: String,
    noback: Boolean
  });
  const isback = ref(props.noback)
  const router = useRouter()
  const goBack = () => {
    if (!props.back) {
      router.go(-1)
    } else {
      router.push({ path: props.back })
    }
  }
</script>

<style lang="less" scoped>
  @import '../common/style/mixin';
  .simple-header {
    position: fixed;
    top: 0;
    left: 0;
    z-index: 10000;
    .fj();
    .wh(100%, 44px);
    line-height: 44px;
    padding: 0 10px;
    .boxSizing();
    color: #252525;
    background: #fff;
    .simple-header-name {
      font-size: 14px;
```

< 265 >

```
  }
 }
 .block {
  height: 44px;
 }
</style>
```

效果如图 16-16 所示。

图16-16 头部导航栏

16.4.3 登录页面和注册页面模块

1. 引入头部导航栏

在登录页面和注册页面 HTML 结构中添加 TopBar 组件，具体代码如下。

```
<topbar :name="state.type == 'login' ? '登录' : '注册'" :back="'/home'"></topbar>
```

在 JS 代码中创建响应式数据 state。在 state 中添加 type 属性用于判断是登录页面还是注册页面，具体代码如下。

```
const state = reactive({
  type: 'login',
})
```

2. 登录模块和注册模块

登录模块和注册模块包括 Vant 表单以及一个前端实现的验证码模块，其 HTML 代码如下。

```
<template>
<div class="login">
    <!-- 头部导航栏 -->
    <topbar :name="state.type == 'login' ? '登录' : '注册'" :back="'/home'"></topbar>
    <!-- 登录模块 -->
    <div v-if="state.type == 'login'" class="login-body login">
        <van-form @submit="onSubmit">
          <van-field
            v-model="state.username"
            name="username"
            label="用户名"
            placeholder="用户名"
            :rules="[{ required: true, message: '请填写用户名' }]"
          />
          <van-field
            v-model="state.password"
            type="password"
            name="password"
            label="密码"
            placeholder="密码"
            :rules="[{ required: true, message: '请填写密码' }]"
          />
          <van-field
            center
            clearable
```

< 266 >

```
            label="验证码"
            placeholder="输入验证码"
            v-model="state.verify"
          >
            <template #button>
              <vue-img-verify ref="verifyRef" />
            </template>
          </van-field>
          <div style="margin: 16px;">
            <div class="link-register" @click="toggle('register')">立即注册</div>
            <van-button round block color="#1baeae" native-type="submit">登录</van-button>
          </div>
        </van-form>
      </div>
      <!-- 注册模块 -->
      <div v-else class="login-body register">
        <van-form @submit="onSubmit">
          <van-field
            v-model="state.username1"
            name="username1"
            label="用户名"
            placeholder="用户名"
            :rules="[{ required: true, message: '请填写用户名' }]"
          />
          <van-field
            v-model="state.password1"
            type="password"
            name="password1"
            label="密码"
            placeholder="密码"
            :rules="[{ required: true, message: '请填写密码' }]"
          />
          <van-field
            center
            clearable
            label="验证码"
            placeholder="输入验证码"
            v-model="state.verify"
          >
            <template #button>
              <vue-img-verify ref="verifyRef" />
            </template>
          </van-field>
          <div style="margin: 16px;">
            <div class="link-login" @click="toggle('login')">已有登录账号</div>
            <van-button round block color="#1baeae" native-type="submit">注册</van-button>
          </div>
        </van-form>
      </div>
    </div>
</div>
</template>
```

以上代码主要通过 Vant 提供的表单组件来构建登录模块和注册模块，然后通过 state.type 属性判断显示登录页面或者注册页面。当用户单击“提交”按钮时触发表单提交事件，具体 JS 代码如下。

```
<script setup>
import { reactive, ref } from 'vue'
```

< 267 >

```
import topbar from '@/components/TopBar.vue'
import vueImgVerify from '@/components/VueImageVerify.vue'
import { setLocal } from '@/common/js/utils'
import { login, register } from '@/api/user'
import md5 from 'js-md5'
import { showSuccessToast, showFailToast } from 'vant'

const verifyRef = ref(null)
const state = reactive({
  username: '',
  password: '',
  username1: '',
  password1: '',
  type: 'login',
  imgCode: '',
  verify: ''
})
// 切换登录和注册两种模式
const toggle = (v) => {
  state.type = v
  state.verify = ''
}
// 提交登录表单或注册表单
const onSubmit = async (values) => {
  state.imgCode = verifyRef.value.state.imgCode || ''
  if (state.verify.toLowerCase() != state.imgCode.toLowerCase()) {
    showFailToast('验证码有误')
    return
  }
  if (state.type == 'login') {
    const { data } = await login({
      "loginName": values.username,
      "passwordMd5": md5(values.password)
    })
    setLocal('token', data)
    // 需要刷新页面，否则 axios.js 文件里的 token 不会被重置
    window.location.href = '/'
  } else {
    await register({
      "loginName": values.username1,
      "password": values.password1
    })
    showSuccessToast('注册成功')
    state.type = 'login'
    state.verify = ''
  }
}
</script>
```

上述代码中需要注意的是，前端 MD5 加密库需要单独安装，具体命令如下所示。

```
npm install -save-dev js-md5
```

在登录表单和注册表单中涉及 login 和 register 两个 API 接口。在 src/api 目录下创建一个 user.js 文件，该文件代码如下。

```
import axios from '../config/axios/index'

export function login(params) {
  return axios.post('/user/login', params);
}
```

< 268 >

```
export function register(params) {
  return axios.post('/user/register', params);
}
```

3. 前端验证码

项目开发中验证码功能一般是由服务端生成的，本示例中使用前端方式生成，方便读者多掌握一种方法。具体代码如下。

```html
<template>
  <div class="img-verify">
    <canvas ref="verify" :width="state.width" :height="state.height" @click=
"handleDraw"></canvas>
  </div>
</template>

<script setup>
import { reactive, onMounted, ref } from 'vue'
const verify = ref(null)
const state = reactive({
  pool: 'ABCDEFGHIJKLMNOPQRSTUVWXYZ1234567890', // 字符串
  width: 120,
  height: 40,
  imgCode: ''
})
defineExpose({ state })
onMounted(() => {
  // 初始化绘制图片验证码
  state.imgCode = draw()
})

// 单击图片重新绘制
const handleDraw = () => {
  state.imgCode = draw()
}

// 随机数
const randomNum = (min, max) => {
  return parseInt(Math.random() * (max - min) + min)
}
// 随机颜色
const randomColor = (min, max) => {
  const r = randomNum(min, max)
  const g = randomNum(min, max)
  const b = randomNum(min, max)
  return `rgb(${r},${g},${b})`
}

// 绘制图片
const draw = () => {
  // 填充背景颜色，背景颜色要浅一点
  const ctx = verify.value.getContext('2d')
  // 填充颜色
  ctx.fillStyle = randomColor(180, 230)
  // 填充的位置
  ctx.fillRect(0, 0, state.width, state.height)
  // 定义 paramText
  let imgCode = ''
```

< 269 >

```
// 随机产生字符串，并且随机旋转
for (let i = 0; i < 4; i++) {
  // 随机的四个字
  const text = state.pool[randomNum(0, state.pool.length)]
  imgCode += text
  // 随机的字体大小
  const fontSize = randomNum(18, 40)
  // 字体随机的旋转角度
  const deg = randomNum(-30, 30)
  /*
   * 绘制文字并让四个文字在不同的位置显示的思路：
   * 1. 定义字体
   * 2. 定义对齐方式
   * 3. 填充不同的颜色
   * 4. 保存当前的状态（以防止以上的状态受影响）
   * 5. 平移 translate
   * 6. 旋转 rotate
   * 7. 填充文字
   * 8. 出栈 restore
   * */
  ctx.font = fontSize + 'px Simhei'
  ctx.textBaseline = 'top'
  ctx.fillStyle = randomColor(80, 150)
  /*
   * save 方法把当前状态的一份副本压入到一个保存图像状态的栈中
   * 这就允许临时地改变图像状态
   * 然后，通过调用 restore 来恢复以前的值
   * save 是入栈，restore 是出栈
   * save 用来保存 Canvas 的状态。保存之后，可以调用 Canvas 的平移、放缩、旋转、错切、裁剪等操作
   * restore 用来恢复 Canvas 之前保存的状态。防止保存后对 Canvas 执行的操作对后续的绘制有影响
   *
   * */
  ctx.save()
  ctx.translate(30 * i + 15, 15)
  ctx.rotate((deg * Math.PI) / 180)
  // fillText 方法在画布上绘制填色的文本。文本的默认颜色是黑色
  // 请使用 font 属性来定义字体和字号，并使用 fillStyle 属性以另一种颜色/渐变来渲染文本
  // context.fillText(text,x,y,maxWidth);
  ctx.fillText(text, -15 + 5, -15)
  ctx.restore()
}
// 随机产生 5 条干扰线，干扰线的颜色要浅一点
for (let i = 0; i < 5; i++) {
  ctx.beginPath()
  ctx.moveTo(randomNum(0, state.width), randomNum(0, state.height))
  ctx.lineTo(randomNum(0, state.width), randomNum(0, state.height))
  ctx.strokeStyle = randomColor(180, 230)
  ctx.closePath()
  ctx.stroke()
}
// 随机产生 40 个干扰的小点
for (let i = 0; i < 40; i++) {
  ctx.beginPath()
  ctx.arc(randomNum(0, state.width), randomNum(0, state.height), 1, 0, 2 * Math.PI)
  ctx.closePath()
```

< 270 >

```
    ctx.fillStyle = randomColor(150, 200)
    ctx.fill()
  }
  return imgCode
}
</script>
<style>
.img-verify canvas {
  cursor: pointer;
}
</style>
```

整个登录页面和注册页面样式代码如下。

```less
<style lang="less">
// 登录页面样式
.login {
  .login-body {
    margin-top: 180px;
    padding: 0 20px;
  }
  .login {
    .link-register {
      font-size: 14px;
      margin-bottom: 20px;
      color: #1989fa;
      display: inline-block;
    }
  }
  .register {
    .link-login {
      font-size: 14px;
      margin-bottom: 20px;
      color: #1989fa;
      display: inline-block;
    }
  }
  // 验证码样式
  .verify-bar-area {
    margin-top: 24px;
    .verify-left-bar {
      border-color: #1baeae;
    }
    .verify-move-block {
      background-color: #1baeae;
      color: #fff;
    }
  }
  .verify {
    >div {
      width: 100%;
    }
    display: flex;
    justify-content: center;
    .cerify-code-panel {
      margin-top: 16px;
    }
    .verify-code {
      width: 40%!important;
      float: left!important;
    }
```

< 271 >

```css
.verify-code-area {
  float: left!important;
  width: 54%!important;
  margin-left: 14px!important;
  .varify-input-code {
    width: 90px;
    height: 38px!important;
    border: 1px solid #e9e9e9;
    padding-left: 10px;
    font-size: 16px;
  }
  .verify-change-area {
    line-height: 44px;
  }
 }
}
}
</style>
```

16.5 "我的"页面

单击底部导航栏最后一项"我的"图标时，如果用户已经登录，则可以打开"我的"页面；当用户登录后回到首页时，首页右上角"登录"就已经变成 图标，单击该图标后，也可以进入"我的"页面。本节将主要介绍如何实现该页面功能，效果如图 16-17 所示。

16.5.1 首页登录状态细节

本小节将介绍首页的一个关键细节，即用户登录后再回到首页时应该显示为登录状态，首页右上角应该从"登录"变成 图标，HTML 部分的实现代码如下所示，已经包含在 16.3.1 小节中。

图 16-17 "我的"页面

```html
<!-- 跳转到登录界面 -->
<router-link class="login" tag="span" to="./login" v-if=
"!state.isLogin">登录</router-link>
<router-link class="login" tag="span" to="./user" v-else>
  <van-icon name="manager-o" />
</router-link>
```

上述代码通过 state.isLogin 逻辑来判断显示内容。isLogin 逻辑是通过在 onMounted 生命周期钩子函数中的 getLocal 方法中获取缓存 token 来实现的，代码如下。

（1）导入 getLocal 方法

```js
import { getLocal } from '@/common/js/utils'
```

（2）获取缓存中的 token

```js
onMounted(async () => {
  // 获取缓存 token
  const token=getLocal('token')
  if (token) {
    state.isLogin=true
```

< 272 >

```
  }
  … // 其他逻辑代码
})
```

16.5.2　添加路由

在 src/router 目录下的 index.js 文件中添加导航到该页面的路由，代码如下。

```
{
  path: '/user',
  name: 'user',
  component: () => import('@/views/User.vue'),
  meta: {
    index: 1
  }
},
```

16.5.3　"我的"页面模块

该页面逻辑非常简单，代码如下。

```
<template>
  <div class="user-box">
    <topbar :name="'我的'"></topbar>
    <van-skeleton title :avatar="true" :row="3" :loading="state.loading">
      <div class="user-info">
        <div class="info">
          <img src="https://vue3-book-1251466214.cos.ap-nanjing.myqcloud.com/shop/
usericon.png"/>
          <div class="user-desc">
            <span>昵称: {{ state.user.nickName }}</span>
            <span>登录名: {{ state.user.loginName }}</span>
            <span class="name">个性签名: {{ state.user.introduceSign }}</span>
          </div>
        </div>
      </div>
    </van-skeleton>
    <ul class="user-list">
      <li class="van-hairline--bottom" @click="goTo('/order')">
        <span>我的订单</span>
        <van-icon name="arrow" />
      </li>
      <li class="van-hairline--bottom" @click="goTo('/setting')">
        <span>账号管理</span>
        <van-icon name="arrow" />
      </li>
      <li class="van-hairline--bottom" @click="goTo('/address', { from: 'mine' })">
        <span>地址管理</span>
        <van-icon name="arrow" />
      </li>
    </ul>
    <nav-bar></nav-bar>
  </div>
</template>

<script setup>
```

< 273 >

```
import { reactive, onMounted } from 'vue'
import navBar from '@/components/NavBar.vue'
import topbar from '@/components/TopBar.vue'
import { getUserInfo } from '@/api/user'
import { useRouter } from 'vue-router'
const router = useRouter()
const state = reactive({
  user: {},
  loading: true
})
onMounted(async () => {
  const { data } = await getUserInfo()
  state.user = data
  state.loading = false
})
const goTo = (r, query) => {
  router.push({ path: r, query: query || {} })
}
</script>
```

上述代码中包含之前介绍过的一个公用组件 TopBar 以及一个 Vant 的骨架屏组件 van-skeleton，还包含三个 list 列表，分别导航到各自页面中。其中获取用户信息接口请求代码依然在 src/api 目录下的 user.js 文件中，具体代码如下。

```
export function getUserInfo() {
  return axios.get({ url: '/user/info'});
}
```

整个页面的样式代码如下。

```
<style lang="less" scoped>
@import '../common/style/mixin';
// "我的" 模块样式
.user-box {
  // 信息框样式
  .user-info {
    width: 94%;
    margin: 10px;
    height: 115px;
    background: linear-gradient(90deg, @primary, #51c7c7);
    box-shadow: 0 2px 5px #269090;
    border-radius: 6px;
    .info {
      position: relative;
      display: flex;
      width: 100%;
      height: 100%;
      padding: 25px 20px;
      .boxSizing();
      img {
        .wh(60px, 60px);
        border-radius: 50%;
        margin-top: 4px;
      }
      .user-desc {
        display: flex;
        flex-direction: column;
        margin-left: 10px;
        line-height: 20px;
        font-size: 14px;
        color: #fff;
```

< 274 >

```
    span {
      color: #fff;
      font-size: 14px;
      padding: 2px 0;
    }
    }
  }
}
  // 列表样式
  .user-list {
  padding: 0 20px;
  margin-top: 20px;
  li {
    height: 40px;
    line-height: 40px;
    display: flex;
    justify-content: space-between;
    font-size: 14px;
    .van-icon-arrow {
      margin-top: 13px;
    }
  }
  }
}
</style>
```

16.6 商品列表页面

在首页单击头部搜索栏即可进入商品列表页面，输入商品名即可实现模糊搜索，效果如图 16-18 所示。

图 16-18　商品列表页面

< 275 >

16.6.1　添加路由

在 src/router 目录下的 index.js 文件中添加导航到该页面的路由，具体代码如下。

```
{
  path: '/product-list',
  name: 'product-list',
  component: () => import('@/views/ProductList.vue'),
  meta: {
    index: 2
  }
},
```

16.6.2　头部搜索栏

头部搜索栏包含一个文本框以及用标签实现的"搜索"按钮，且绑定了名为 getSearch 的搜索方法。在 src/views 目录下创建一个名为 ProductList.vue 的文件，具体 HTML 代码如下。

```
<template>
<div class="product-list-wrap">
  <div class="product-list-content">
    <header class="category-header wrap">
      <i class="nbicon nbfanhui" @click="goBack"></i>
      <div class="header-search">
        <i class="nbicon nbSearch"></i>
        <input
          type="text"
          class="search-title"
          v-model="state.keyword"/>
      </div>
      <span class="search-btn" @click="getSearch">搜索</span>
    </header>
  </div>
</div>
</template>
```

样式代码如下。

```
<style lang="less" scoped>
@import '../common/style/mixin';
// 商品列表页面样式
.product-list-content {
  position: fixed;
  left: 0;
  top: 0;
  width: 100%;
  z-index: 1000;
  background: #fff;
  // 头部分类样式
  .category-header {
    .fj();
    width: 100%;
    height: 50px;
    line-height: 50px;
    padding: 0 15px;
    .boxSizing();
    font-size: 15px;
    color: #656771;
```

< 276 >

```
   z-index: 10000;
   &.active {
     background: @primary;
   }
   // 搜索文本框样式
   .header-search {
     display: flex;
     width: 76%;
     line-height: 20px;
     margin: 10px 0;
     padding: 5px 0;
     color: #232326;
     background: #F7F7F7;
     .borderRadius(20px);
     .nbSearch {
       padding: 0 5px 0 20px;
       font-size: 17px;
     }
     .search-title {
       font-size: 12px;
       color: #666;
       background: #F7F7F7;
     }
   }
   // 搜索按钮样式
   .search-btn {
     height: 28px;
     margin: 8px 0;
     line-height: 28px;
     padding: 0 5px;
     color: #fff;
     background: @primary;
     .borderRadius(5px);
     margin-top: 10px;
   }
  }
}
```

效果如图 16-19 所示。

图 16-19　头部搜索栏

16.6.3　Tabs 栏

Tabs 栏用于切换搜索商品分类，HTML 代码实现起来很简单，使用了 Vant 所提供的 van-tabs 组件，具体代码如下。

```
<div class="product-list-content">
  <!-- 头部搜索栏 -->
  <header class="category-header wrap">
    <i class="nbicon nbfanhui" @click="goBack"></i>
    <div class="header-search">
      <i class="nbicon nbSearch"></i>
      <input
        type="text"
        class="search-title"
```

< 277 >

```
      v-model="state.keyword"/>
    </div>
    <span class="search-btn" @click="getSearch">搜索</span>
  </header>
  <!-- Tabs 栏 -->
  <van-tabs type="card" color="#1baeae" @click-tab="changeTab" >
    <van-tab title="推荐" name=""></van-tab>
    <van-tab title="新品" name="new"></van-tab>
    <van-tab title="价格" name="price"></van-tab>
  </van-tabs>
</div>
```

效果如图 16-20 所示。

图 16-20　Tabs 栏

16.6.4　商品列表栏

商品列表栏使用了 Vant 组件库的 van-pull-refresh 下拉刷新组件与 van-list 列表组件，具体使用方式代码如下。

```
<div class="content">
  <van-pull-refresh v-model="state.refreshing" @refresh="onRefresh" class="product-
list-refresh">
    <van-list
      v-model:loading="state.loading"
      :finished="state.finished"
      :finished-text="state.productList.length ? '没有更多了' : '搜索想要的商品'"
      @load="onLoad"
      @offset="10"
    >
      <template v-if="state.productList.length">
        <div class="product-item" v-for="(item, index) in state.productList" :key="index"
@click="productDetail(item)">
          <img :src="$filters.prefix(item.goodsCoverImg)" />
          <div class="product-info">
            <p class="name">{{item.goodsName}}</p>
            <p class="subtitle">{{item.goodsIntro}}</p>
            <span class="price">¥ {{item.sellingPrice}}</span>
          </div>
        </div>
      </template>
      <img class="empty" v-else src="https://vue3-book-1251466214.cos.ap-nanjing.
myqcloud.com/shop/search.png" alt="搜索">
    </van-list>
  </van-pull-refresh>
</div>
```

< 278 >

样式代码如下。

```
.content {
  height: calc(~"(100vh - 70px)");
  overflow: hidden;
  overflow-y: scroll;
  margin-top: 78px;
}
// 下拉刷新时的样式
.product-list-refresh {
  .product-item {
    .fj();
    width: 100%;
    height: 120px;
    padding: 10px 0;
    border-bottom: 1px solid #dcdcdc;
    img {
        width: 140px;
        height: 120px;
        padding: 0 10px;
        .boxSizing();
    }
    .product-info {
      width: 56%;
      height: 120px;
      padding: 5px;
      text-align: left;
      .boxSizing();
      p {
        margin: 0
      }
      .name {
        width: 100%;
        max-height: 40px;
        line-height: 20px;
        font-size: 15px;
        color: #333;
        overflow: hidden;
        text-overflow:ellipsis;
        white-space: nowrap;
      }
      .subtitle {
        width: 100%;
        min-height: 20px;
        max-height: 58px;
        padding: 10px 0;
        line-height: 25px;
        font-size: 13px;
        color: #999;
        overflow: hidden;
      }
      .price {
        color: @primary;
        font-size: 16px;
      }
    }
  }
  // 没有商品时的样式
  .empty {
    display: block;
    width: 150px;
```

< 279 >

```
      margin: 50px auto 20px;
   }
}
```

效果如图 16-21 所示。

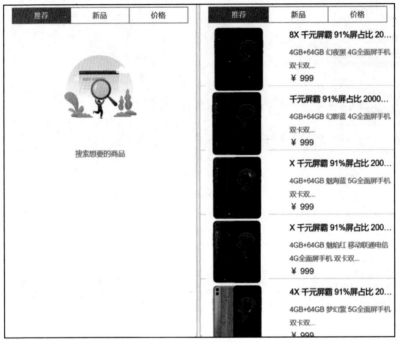

图 16-21　商品列表栏

16.6.5　页面逻辑代码实现

```
<script setup>
import { reactive } from 'vue'
import { useRoute, useRouter } from 'vue-router'
import { search } from '@/api/product'
const route = useRoute()
const router = useRouter()
// 响应式数据
const state = reactive({
  keyword: route.query.keyword || '',  // 搜索关键字
  searchBtn: false,
  seclectActive: false,
  refreshing: false,
  list: [],
  loading: false,
  finished: false,
  productList: [],
  totalPage: 0,
  page: 1,
  orderBy: ''
})
// 数据初始化方法，该方法调用商品接口
const init = async () => {
  const { categoryId } = route.query
  if (!categoryId && !state.keyword) {
```

< 280 >

```
    state.finished = true
    state.loading = false;
    return
  }
  const { data, data: { list } } = await search({ pageNumber: state.page, goodsCategoryId:
categoryId, keyword: state.keyword, orderBy: state.orderBy })
  state.productList = state.productList.concat(list)
  state.totalPage = data.totalPage
  state.loading = false;
  if (state.page >= data.totalPage) state.finished = true
}
// 返回上一页方法
const goBack = () => {
  router.go(-1)
}
// 跳转商品详细页面方法
const productDetail = (item) => {
  router.push({ path: `/product/${item.goodsTd}` })
}
// 搜索方法
const getSearch = () => {
  onRefresh()
}
// 数据加载方法
const onLoad = () => {
  if (!state.refreshing && state.page < state.totalPage) {
    state.page = state.page + 1
  }
  if (state.refreshing) {
    state.productList = [];
    state.refreshing = false;
  }
  init()
}
// 下拉刷新组件绑定的刷新方法
const onRefresh = () => {
  state.refreshing = true
  state.finished = false
  state.loading = true
  state.page = 1
  onLoad()
}
// Tabs 栏切换方法
const changeTab = ({ name }) => {
  console.log('name', name)
  state.orderBy = name
  onRefresh()
}
</script>
```

代码中根据关键字获取商品列表数据的接口代码依然在 src/api 目录下新建的 product.js 文件中，具体代码如下。

```
import axios from '../config/axios/index'
export function search(params) {
  return axios.get({ url: '/search', params});
}
```

< 281 >

16.7 商品详情页面

商品详情页面包含之前创建的公用 topBar 组件、商品详细信息展示模块以及底部工具栏等的实现。具体效果如图 16-22 所示。

16.7.1 添加路由

在 src/router 目录下的 index.js 文件中添加导航到该页面的路由，具体代码如下。

```
{
 path: '/productInfo/:id',
 name: 'product',
 component: () => import('@/views/ProductDetail.vue'),
 meta: {
   index: 3
 }
},
```

16.7.2 商品详情模块

商品详情模块包含四个结构，分别为 TopBar 头部导航栏、商品图片轮播组件、商品描述信息以及可以展示 HTML 标签的商品详情介绍。在 src/views 目录下创建一个名为 ProductDetail.vue 的文件，具体 HTML 代码如下。

图 16-22　商品详情页面（1）

```
<template>
    <div class="product-detail">
        <!-- TopBar 头部导航栏 -->
        <topbar :name="'商品详情'"></topbar>
        <!-- 商品详情模块 -->
        <div class="detail-content">
            <!-- 商品图片轮播组件 -->
            <div class="detail-swipe-wrap">
            <van-swipe class="my-swipe" indicator-color="#1baeae">
                <van-swipe-item v-for="(item, index) in state.detail.goodsCarousel
List" :key="index">
                <img :src="item" alt="">
                </van-swipe-item>
            </van-swipe>
            </div>
            <!-- 商品描述信息 -->
            <div class="product-info">
            <div class="product-title">
                {{ state.detail.goodsName || '' }}
            </div>
            <div class="product-desc">免邮费 顺丰快递</div>
            <div class="product-price">
                <span>¥{{ state.detail.sellingPrice || '' }}</span>
                <!-- <span>库存 203</span> -->
            </div>
            </div>
            <!-- 商品详情介绍 -->
```

< 282 >

```
        <div class="product-intro">
            <ul>
                <li>概述</li>
                <li>参数</li>
                <li>安装服务</li>
                <li>常见问题</li>
            </ul>
            <div class="product-content" v-html="state.detail.goodsDetailContent ||
''"></div>
        </div>
        </div>
    </div>
</template>
```

其中商品图片轮播组件使用了 Vant 组件库中的 van-swipe 组件，然后绑定通过后台返回的商品图片信息。
商品详情介绍使用了可以展示 HTML 标签的 v-html 的特性，具体代码如下所示。

```
// 详情模块样式
.product-detail {
  // 详情模块头部样式
  .detail-header {
    position: fixed;
    top: 0;
    left: 0;
    z-index: 10000;
    .fj();
    .wh(100%, 44px);
    line-height: 44px;
    padding: 0 10px;
    .boxSizing();
    color: #252525;
    background: #fff;
    border-bottom: 1px solid #dcdcdc;
    .product-name {
      font-size: 14px;
    }
  }
  // 详情模块内容区域样式
  .detail-content {
    height: calc(100vh - 50px);
    overflow: hidden;
    overflow-y: auto;
    .detail-swipe-wrap {
      .my-swipe .van-swipe-item {
        img {
          width: 100%;
        }
      }
    }
    // 商品描述信息样式
    .product-info {
      padding: 0 10px;
      .product-title {
        font-size: 18px;
        text-align: left;
        color: #333;
      }
      .product-desc {
        font-size: 14px;
```

< 283 >

```
            text-align: left;
            color: #999;
            padding: 5px 0;
          }
        .product-price {
          .fj();
          span:nth-child(1) {
            color: #F63515;
            font-size: 22px;
          }
          span:nth-child(2) {
            color: #999;
            font-size: 16px;
          }
        }
      }
    }
    // 商品详情样式
    .product-intro {
      width: 100%;
      padding-bottom: 50px;
      ul {
        .fj();
        width: 100%;
        margin: 10px 0;
        li {
          flex: 1;
          padding: 5px 0;
          text-align: center;
          font-size: 15px;
          border-right: 1px solid #999;
          box-sizing: border-box;
          &:last-child {
            border-right: none;
          }
        }
      }
      .product-content {
        padding: 0 20px;
        img {
          width: 100%;
        }
      }
    }
  }
}
```

图 16-23　商品详情页面（2）

效果如图 16-23 所示。

上述 JS 逻辑代码很简单，首先定义用来存放后台放回商品信息的响应式数据，然后将响应式数据渲染到页面上。需要处理的细节在于，后台返回的商品图片信息是相对路径如/img/a.jpg，这需要通过之前在 src/common/js 目录下的 utils.js 文件中的 prefix 函数进行拼接，例如 http://vue3book.liang.daye.cn/img/a.jpg，这样图片就能正常显示在前端了。详细代码如下。

```
<script setup>
import { reactive, onMounted } from 'vue'
import { useRoute } from 'vue-router'
import { getDetail } from '@/api/product'
import topbar from '@/components/TopBar.vue'
import { prefix } from '@/common/js/utils'
```

< 284 >

```
const route = useRoute()
// 响应式数据
const state = reactive({
  detail: {
    goodsCarouselList: []
  }
})
onMounted(async () => {
  // 通过 vue-router 提供的 route.params 访问路由参数的对象
const { id } = route.params
// 获取商品详细信息
const { data } = await getDetail(id)
// 给商品图片添加链接前缀
data.goodsCarouselList = data.goodsCarouselList.map(i => prefix(i))
state.detail = data
})
// 侦听 DOM 事件
nextTick(() => {
  const content = document.querySelector('.detail-content')
  content.scrollTop = 0
})
</script>
```

请求商品数据接口代码如下。

```
export function getDetail(id) {
  return axios.get({ url: `/goods/detail/${id}`});
}
```

16.7.3 底部工具栏

如图 16-22 所示，底部工具栏包括客服（目前没有具体功能实现）、购物车、加入购物车、立即购买四个功能。这里除了客服仅为展示需要，其他功能将详细介绍。

底部工具栏 HTML 部分，如下所示直接复制 Vant 组件库已经封装好的代码即可实现。

```
<van-action-bar>
  <van-action-bar-icon icon="chat-o" text="客服" />
  <van-action-bar-icon icon="cart-o" :badge="!cart.count ? '' : cart.count" @click="goTo()"
text="购物车" />
  <van-action-bar-button type="warning" @click="handleAddCart" text="加入购物车" />
  <van-action-bar-button type="danger" @click="goToCart" text="立即购买" />
</van-action-bar>
```

其在整体代码中的位置如图 16-24 所示。

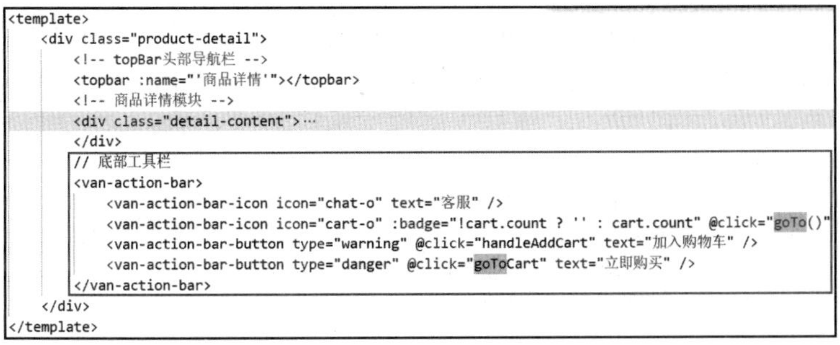

```
<template>
    <div class="product-detail">
        <!-- topBar头部导航栏 -->
        <topbar :name="'商品详情'"></topbar>
        <!-- 商品详情模块 -->
        <div class="detail-content">…
        </div>
        // 底部工具栏
        <van-action-bar>
            <van-action-bar-icon icon="chat-o" text="客服" />
            <van-action-bar-icon icon="cart-o" :badge="!cart.count ? '' : cart.count" @click="goTo()"
            <van-action-bar-button type="warning" @click="handleAddCart" text="加入购物车" />
            <van-action-bar-button type="danger" @click="goToCart" text="立即购买" />
        </van-action-bar>
    </div>
</template>
```

图 16-24 底部工具栏代码的位置

其样式代码如下。

```
.van-action-bar-button--warning {
  background: linear-gradient(to right,#6bd8d8, @primary)
}
.van-action-bar-button--danger {
  background: linear-gradient(to right, #0dc3c3, #098888)
}
```

效果如图 16-25 所示。

图 16-25　底部工具栏

1. 购物车

购物车的 HTML 代码中有一个响应式数据 cart.count 用于显示已添加购物车商品数量以及一个事件方法 goTo 用于跳转到购物车页面。其逻辑代码如下。

（1）定义购物车数据接口文件

这里将购物车与后台定义好的接口全部列出来，在 src/api 目录下，新建一个 cart.js 文件，该文件代码如下。

```
import axios from '../config/axios/index'
// 添加购物车
export function addCart(params) {
  return axios.post({ url: '/shop-cart', data: params});
}
// 修改购物车
export function modifyCart(params) {
    return axios.put({ url: '/shop-cart', data: params });
}
// 获取购物车
export function getCart(params) {
  return axios.get({ url: '/shop-cart', params});
}
// 删除购物车里数据项
export function deleteCartItem(id) {
  return axios.delete({ url: `/shop-cart/${id}`});
}
// 获取购物车信息
export function getByCartItemIds(params) {
  return axios.get({ url: '/shop-cart/settle', params });
}
```

（2）购物车数据管理

由于购物车商品数量的数据在项目各个页面和模块中使用，因此我们使用 Pinia 来创建一个购物车状态管理仓库（Store）管理购物车的数据。在 src/stores 目录下创建一个 cart.js 文件，具体代码如下。

```
import { ref } from 'vue'
import { defineStore } from 'pinia'
import { getCart } from '@/api/cart'
// 创建一个状况管理仓库（Store）实例
export const useCartStore = defineStore('cart', () => {
  // 定义一个响应式数据，用于存储购物车中商品的数量
  const count = ref(0)
  // 用于更新购物车状态方法
```

< 286 >

```
async function updateCart() {
  // 获取后台提供的购物车数据
  const { data = [] } = await getCart()
  count.value = data.length
}
// 返回购物车商品数量, 以及更新购物车状态方法
return { count, updateCart }
})
```

上述代码中已经添加了详细的注释, 通过使用 Pinia 和 Vue 3 的响应式系统, 可以在整个应用程序中管理购物车状态并确保响应式地更新到页面上。

（3）商品详情页面获取和更新购物车数据

引入并实例化购物车状态管理仓库 Store, 代码如下。

```
import { useCartStore } from '@/stores/cart'
const cart = useCartStore()
```

这样就可以在代码中直接使用该仓库返回的 count 及 updateCart 方法。

（4）获取与更新购物车状态

当页面打开时, 通常都会看到当前购物车的商品数量, 因此需要在 onMounted 生命周期钩子函数中调用 cart.updateCart 方法。具体代码位置如图 16-26 所示。

```
onMounted(async () => {
  // 通过vue-router提供的route.params用来访问路由参数的对象。
  const { id } = route.params
  // 获取商品详细信息
  const { data } = await getDetail(id)
  // 给商品图片添加链接前缀
  data.goodsCarouselList = data.goodsCarouselList.map(i => prefix(i))
  state.detail = data
  // 更新购物车状态
  cart.updateCart()
})
```

图 16-26　购物车状态更新代码位置

（5）跳转购物车代码

```
import { useRoute, useRouter } from 'vue-router'
const router = useRouter()

// 跳转购物车
const goTo = () => {
  router.push({ path: '/cart' })
}
```

2．添加购物车

添加购物车只有一个方法, 代码如下。

```
// 引入添加购物车API
import { addCart } from '@/api/cart'
// 引入提示框
import { showSuccessToast } from 'vant'

// 添加购物车
const handleAddCart = async () => {
  const { resultCode } = await addCart({ goodsCount: 1, goodsId: state.detail.goodsId })
  if  (resultCode == 200 ) showSuccessToast('添加成功')
  // 更新购物车状态
```

< 287 >

```
cart.updateCart()
}
```

3. 立即购买

立即购买代码如下。

```
// 立即购买
const goToCart = async () => {
  await addCart({ goodsCount: 1, goodsId: state.detail.goodsId })
  cart.updateCart()
  router.push({ path: '/cart' })
}
```

16.8 购物车页面

购物车页面主要包括购物车列表模块和底部提交模块，效果如图 16-27 所示。

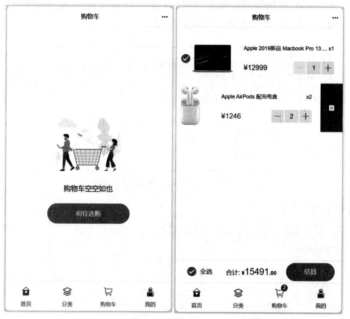

图 16-27　购物车页面

16.8.1　添加路由

在 src/router 目录下的 index.js 文件中添加导航到该页面的路由，具体代码如下。

```
{
  path: '/cart',
  name: 'cart',
  component: () => import('@/views/Cart.vue'),
  meta: {
    index: 1
  }
},
```

< 288 >

16.8.2 购物车列表模块

1. 空购物车列表

该空购物车列表逻辑很简单，只包括跳转首页功能。在 src/views 目录下创建一个名为 Cart.vue 的文件，具体代码如下。

```
<template>
  <div class="cart-box">
    <!-- 公用头文件 -->
<topbar :name="'购物车'" :noback="true"></topbar>
<!-- 购物车列表模块 -->
<!-- 底部结算模块 -->
    <!-- 空购物车列表 -->
    <div class="empty" v-if="!state.list.length">
        <img class="empty-cart" src="https://vue3-book-1251466214.cos.ap-nanjing.
myqcloud.com/shop/empty-car.png" alt="空购物车">
        <div class="title">购物车空空如也</div>
        <van-button round color="#1baeae" type="primary" @click="goTo" block>前往选购
</van-button>
    </div>
    <!-- 底部导航栏 -->
    <nav-bar></nav-bar>
  </div>
</template>
```

样式代码如下。

```
<style lang="less">
@import '../common/style/mixin';
.cart-box {
  // 购物车列表样式
  // 空购物车列表
  .empty {
    width: 50%;
    margin: 0 auto;
    text-align: center;
    margin-top: 200px;
    .empty-cart {
      width: 150px;
      margin-bottom: 20px;
    }
    .van-icon-smile-o {
      font-size: 50px;
    }
    .title {
      font-size: 16px;
      margin-bottom: 20px;
    }
  }
  // 结算样式
}
</style>
```

JS 逻辑包括一个 goTo 方法，代码如下。

```
<script setup>
import { reactive, onMounted, computed } from 'vue'
```

< 289 >

```
import navBar from '@/components/NavBar.vue'
import topbar from '@/components/TopBar.vue'
import { useRouter } from 'vue-router'

const router = useRouter()

// 跳转到首页
const goTo = () => {
  router.push({ path: '/home' })
}
</script>
```

效果如图 16-27 所示。

2. 购物车列表

（1）效果展示

列表页面主要使用 Vant 组件库提供的 van-checkbox-group 组件来实现选中框、van-swipe-cell 组件来实现列表显示以及滑动删除效果、van-stepper 步进组件来显示添加或减少数量。具体代码如下。

```html
<!-- 购物车列表模块 -->
<div class="cart-body">
  <van-checkbox-group @change="groupChange" v-model="state.result" ref="checkboxGroup">
    <van-swipe-cell :right-width="50" v-for="(item, index) in state.list" :key="index">
      <div class="good-item">
        <van-checkbox :name="item.cartItemId" />
        <div class="good-img"><img :src="$filters.prefix(item.goodsCoverImg)" alt=""></div>
        <div class="good-desc">
          <div class="good-title">
            <span>{{ item.goodsName }}</span>
            <span>x{{ item.goodsCount }}</span>
          </div>
          <div class="good-btn">
            <div class="price">¥{{ item.sellingPrice }}</div>
            <van-stepper
              integer
              :min="1"
              :max="5"
              :model-value="item.goodsCount"
              :name="item.cartItemId"
              async-change
              @change="onChange"
            />
          </div>
        </div>
      </div>
      // 滑动删除购物车数据
      <template #right>
        <van-button
          square
          icon="delete"
          type="danger"
          class="delete-button"
          @click="deleteGood(item.cartItemId)"
        />
      </template>
    </van-swipe-cell>
  </van-checkbox-group>
</div>
```

< 290 >

样式代码如下。

```
// 购物车列表样式
.cart-body {
  margin: 16px 0 100px 0;
  padding-left: 10px;
  // 每项商品展示样式
  .good-item {
    display: flex;
    .good-img {
      img {
        .wh(100px, 100px)
      }
    }
    .good-desc {
      display: flex;
      flex-direction: column;
      justify-content: space-between;
      flex: 1;
      padding: 20px;
      .good-title {
        display: flex;
        justify-content: space-between;
      }
      .good-btn {
        display: flex;
        justify-content: space-between;
        .price {
          font-size: 16px;
          color: red;
          line-height: 28px;
        }
        .van-icon-delete {
          font-size: 20px;
          margin-top: 4px;
        }
      }
    }
  }
  // 删除商品按钮样式
  .delete-button {
    width: 50px;
    height: 100%;
  }
}
```

（2）获取购物车数据

通过后台提供的接口获取购物车数据以及更新购物车管理仓库状态，代码如下。

```
import { useCartStore } from '@/stores/cart'
import { getCart, deleteCartItem, modifyCart } from '@/api/cart'
import { showLoadingToast, closeToast, showFailToast } from 'vant'

const cart = useCartStore()
const state = reactive({
  list: [],   // 购物车数据
})

onMounted(() => {
  init()
```

< 291 >

```
})
const init = async () => {
  showLoadingToast({ message: '加载中...', forbidClick: true });
  const { data } = await getCart({ pageNumber: 1 })
  state.list = data
  state.result = data.map(item => item.cartItemId)
  closeToast()
}
```

效果如图 16-28 所示。

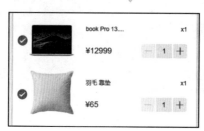

图 16-28　购物车列表

（3）滑动删除购物车数据

Vant 组件库提供的 van-swipe-cell 组件已经封装了滑动删除的效果，当滑动出现"删除"按钮并单击后会调用 deleteGood 方法，代码如下。

```
const deleteGood = async (id) => {
  // 根据购物车 ID 删除指定购物车数据
  await deleteCartItem(id)
  // 更新购物车数据仓库中的状态
  cart.updateCart()
  // 重新获取购物车列表数据
  init()
}
```

（4）修改购物车商品数量

通过 van-stepper 步进组件实现购物车商品数量的修改，代码如下。

```
const onChange = async (value, detail) => {
  if (value > 5) {
    showFailToast('超出单个商品的最大购买数量')
    return
  }
  if (value < 1) {
    showFailToast('商品不得小于 0')
    return
  }
  showLoadingToast({ message: '修改中...', forbidClick: true });
  const params = {
    cartItemId: detail.name,
    goodsCount: value
  }
  // 调用修改请求接口
  await modifyCart(params)
  /**
   * 修改购物车数据对象
   */
```

< 292 >

```
state.list.forEach(item => {
  if (item.cartItemId == detail.name) {
    item.goodsCount = value
  }
})
closeToast()
}
```

16.8.3　底部结算模块

底部结算模块包含全选、合计以及结算操作。Vant 组件库已经封装了结算栏业务组件 van-submit-bar，直接在代码中引用即可，代码如下。

```html
<!-- 底部结算模块 -->
<van-submit-bar
  v-if="state.list.length > 0"
  class="submit-all van-hairline--top"
  :price="total * 100"
  button-text="结算"
  button-type="primary"
  @submit="onSubmit"
>
    <van-checkbox @click="allCheck" v-model:checked="state.checkAll">全选</van-checkbox>
</van-submit-bar>
```

样式代码如下。

```css
// 结算样式
.submit-all {
  margin-bottom: 64px;
  .van-checkbox {
    margin-left: 10px;
  }
  .van-submit-bar__text {
    margin-right: 10px;
  }
  .van-submit-bar__button {
    background: @primary;
  }
}
.van-checkbox__icon--checked .van-icon {
  background-color: @primary;
  border-color: @primary;
}
```

底部结算 JS 逻辑包含全选方法、van-checkbox-group 组件提供的 change 事件绑定的 groupChange 方法和结算方法，结算成功后会跳转到生成订单页面。具体代码如下。

```js
// check 选中方法
const groupChange = (result) => {
  if (result.length == state.list.length) {
    state.checkAll = true
  } else {
    state.checkAll = false
  }
  state.result = result
}
// 全选
```

< 293 >

```
const allCheck = () => {
  if (!state.checkAll) {
    state.result = state.list.map(item => item.cartItemId)
  } else {
    state.result = []
  }
}
// 提交按钮
const onSubmit = async () => {
  if (state.result.length == 0) {
    showFailToast('请选择商品进行结算')
    return
  }
  const params = JSON.stringify(state.result)
  router.push({ path: '/create-order', query: { cartItemIds: params } })
}
```

16.9 地址管理页面

由于生成订单页面有一个逻辑判断，即当收货地址为空时会自动跳转到地址管理页面，因此在介绍生成订单页面之前，先介绍地址管理页面。效果如图 16-29 所示。

图 16-29　地址管理页面

16.9.1 地址列表页面

1. 创建页面

在 src/views 目录下创建一个名为 Address.vue 的文件，代码如下所示。该页面代码同样使用 Vant 组件库封装好的名为 van-address-list 的地址列表组件。

```
<template>
  <div class="address-box">
```

< 294 >

```html
      <topbar :name="'地址管理'" :back="state.from == 'create-order' ? '' : '/user'">
</topbar>
    <div class="address-item">
      <!-- 判断从订单页面跳转过来展示地址数据列表 -->
      <van-address-list
        v-if="state.from != 'mine'"
        v-model="state.chosenAddressId"
        :list="state.list"
        default-tag-text="默认"
        @add="onAdd"
        @edit="onEdit"
        @select="select"
      />
      <!-- 判断从"我的"地址管理跳转过来展示地址数据列表 -->
      <van-address-list
        v-else
        v-model="state.chosenAddressId"
        :list="state.list"
        default-tag-text="默认"
        @add="onAdd"
        @edit="onEdit"
      />
    </div>
  </div>
</template>
```

样式代码如下。

```html
<style lang="less">
  @import '../common/style/mixin';
  .address-box {
    .van-radio__icon {
      display: none;
    }
    .address-item {
      .van-button {
        background: @primary;
        border-color: @primary;
      }
    }
  }
</style>
```

JS 逻辑代码如下。

```html
<script setup>
import { reactive, onMounted } from 'vue'
import topbar from '@/components/TopBar.vue'
import { getAddressList } from '@/api/address'
import { useRoute, useRouter } from 'vue-router'
const route = useRoute()
const router = useRouter()
const state = reactive({
  chosenAddressId: '1',
  list: [],
  from: route?.query?.from ?? ''
})

onMounted(() => {
  init()
```

< 295 >

```
})
// 获取地址列表数据
const init = async () => {
  const { data } = await getAddressList()
  if (!data) {
    state.list = []
    return
  }
  state.list = data.map(item => {
    return {
      id: item.addressId,
      name: item.userName,
      tel: item.userPhone,
      address: `${item.provinceName} ${item.cityName} ${item.regionName} ${item.detail
Address}`,
      isDefault: !!item.defaultFlag
    }
  })
}
// 前往新增地址页面
const onAdd = () => {
  router.push({ path: 'address-edit', query: { type: 'add', from: state.from } })
}
// 前往编辑地址页面
const onEdit = (item) => {
  router.push({ path: 'address-edit', query: { type: 'edit', addressId: item.id, from:
state.from } })
}
// 选择某个地址后，跳回生成订单页面
const select = (item, index) => {
  router.push({ path: 'create-order', query: { addressId: item.id, from: state.from } })
}
</script>
```

2. 创建接口文件

在 src/api 目录下创建一个名为 address.js 的文件，代码如下。

```
import axios from '../config/axios/index'

// 新增地址
export function addAddress(params) {
  return axios.post({url: '/address', data: params});
}
// 编辑地址
export function EditAddress(params) {
  return axios.put({url: '/address', data: params});
}
// 删除地址
export function DeleteAddress(id) {
  return axios.delete({url: `/address/${id}`});
}
// 获取默认地址
export function getDefaultAddress() {
  return axios.get({url: '/address/default'});
}
// 获取地址列表
export function getAddressList() {
```

< 296 >

```
  const o = { pageNumber: 1, pageSize: 1000 }
  return axios.get({url: '/address', o})
}
// 获取地址详情
export function getAddressDetail(id) {
  return axios.get({url: `/address/${id}`})
}
```

3. 添加路由

添加路由代码如下。

```
{
  path: '/address',
  name: 'address',
  component: () => import('@/views/Address.vue'),
  meta: {
    index: 2
  }
},
```

16.9.2　编辑地址页面

1. 创建页面

Vant 组件库也封装好了一个编辑地址页面组件 van-address-edit。在 src/views 目录下创建一个名为 AddressEdit.vue 的文件，用于显示地址修改信息，代码如下。

```
<template>
    <div class="address-edit-box">
      <topbar :name="`${state.type == 'add' ? '新增地址' : '编辑地址'}`"></topbar>
      <van-address-edit
        class="edit"
        :area-list="state.areaList"
        :address-info="state.addressInfo"
        :show-delete="state.type == 'edit'"
        show-set-default
        show-search-result
        :search-result="state.searchResult"
        :area-columns-placeholder="['请选择', '请选择', '请选择']"
        @save="onSave"
        @delete="onDelete"
      />
    </div>
</template>
```

样式代码如下。

```
<style lang="less">
  @import '../common/style/mixin';
  .edit {
    .van-field__body {
      textarea {
        height: 26px!important;
      }
    }
  }
  .address-edit-box {
    .van-address-edit {
```

< 297 >

```
    .van-button--danger {
      background: @primary;
      border-color: @primary;
    }
    .van-switch--on {
      background: @primary;
    }
   }
  }
</style>
```

JS 逻辑代码如下。

```
<script setup>
import { reactive, onMounted } from 'vue'
import { showToast } from 'vant'
import topbar from '@/components/TopBar.vue'
import { addAddress, EditAddress, DeleteAddress, getAddressDetail } from '@/api/address'
import { tdist } from '@/common/js/utils'
import { useRoute, useRouter } from 'vue-router'
const route = useRoute()
const router = useRouter()
const state = reactive({
  areaList: {
    province_list: {},
    city_list: {},
    county_list: {}
  },
  searchResult: [],
  type: 'add',
  addressId: '',
  addressInfo: {},
  from: route.query.from
})

onMounted(async () => {
  // 省市区列表构造
  let _province_list = {}
  let _city_list = {}
  let _county_list = {}
  tdist.getLev1().forEach(p => {
    _province_list[p.id] = p.text
    tdist.getLev2(p.id).forEach(c => {
      _city_list[c.id] = c.text
      tdist.getLev3(c.id).forEach(q => _county_list[q.id] = q.text)
    })
  })
  state.areaList.province_list = _province_list
  state.areaList.city_list = _city_list
  state.areaList.county_list = _county_list
  const { addressId, type, from } = route.query
  state.addressId = addressId
  state.type = type
  state.from = from || ''
  if (type == 'edit') {
    const { data: addressDetail } = await getAddressDetail(addressId)
    let _areaCode = ''
    const province = tdist.getLev1()
    Object.entries(state.areaList.county_list).forEach(([id, text]) => {
      // 先找出当前对应的区
```

< 298 >

```
        if (text == addressDetail.regionName) {
          // 找到区对应的几个省份
          const provinceIndex = province.findIndex(item => item.id.substr(0, 2) == id.substr(0,
2))
          // 找到区对应的几个市区
          // eslint-disable-next-line no-unused-vars
          const cityItem = Object.entries(state.areaList.city_list).filter(([cityId, cityName])
=> cityId.substr(0, 4) == id.substr(0, 4))[0]
          // 对比找到的省份和接口返回的省份是否相等，因为有一些区会重名
          if (province[provinceIndex].text == addressDetail.provinceName && cityItem[1]
== addressDetail.cityName) {
            _areaCode = id
          }
        }
      })
      state.addressInfo = {
        id: addressDetail.addressId,
        name: addressDetail.userName,
        tel: addressDetail.userPhone,
        province: addressDetail.provinceName,
        city: addressDetail.cityName,
        county: addressDetail.regionName,
        addressDetail: addressDetail.detailAddress,
        areaCode: _areaCode,
        isDefault: !!addressDetail.defaultFlag
      }
    }
  }
})
// 编辑地址
const onSave = async (content) => {
  const params = {
    userName: content.name,
    userPhone: content.tel,
    provinceName: content.province,
    cityName: content.city,
    regionName: content.county,
    detailAddress: content.addressDetail,
    defaultFlag: content.isDefault ? 1 : 0,
  }
  if (state.type == 'edit') {
    params['addressId'] = state.addressId
  }
  await state.type == 'add' ? addAddress(params) : EditAddress(params)
  showToast('保存成功')
  setTimeout(() => {
    router.back()
  }, 1000)
}
// 删除
const onDelete = async () => {
  await DeleteAddress(state.addressId)
  showToast('删除成功')
  setTimeout(() => {
    router.back()
  }, 1000)
}
</script>
```

　　效果如图 16-30 所示。

< 299 >

2. 添加路由

添加路由代码如下。

```
{
  path: '/address-edit',
  name: 'address-edit',
  component: () => import('@/views/AddressEdit.vue'),
  meta: {
    index: 3
  }
},
```

图 16-30　编辑地址页面

16.10　生成订单页面

在 src/views 目录下创建一个名为 CreateOrder.vue 的文件。该页面分为地址栏、商品列表模块、生成订单模块和支付弹窗模块四个部分。效果如图 16-31 所示。

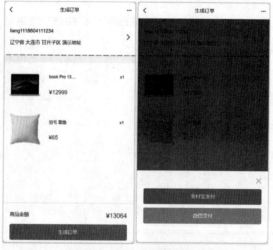

图 16-31　生成订单页面

< 300 >

16.10.1 添加路由

直接在 src/router 目录下的 index.js 文件中添加如下代码。

```
{
  path: '/create-order',
  name: 'create-order',
  component: () => import('@/views/CreateOrder.vue'),
  meta: {
    index: 2
  }
},
```

16.10.2 订单接口

在 src/api 目录下创建一个名为 order.js 的文件，在该文件中将订单需要的接口全部实现列出，代码如下。

```
import axios from '../config/axios/index'
// 生成订单
export function createOrder(params) {
  return axios.post({ url: '/saveOrder', data: params });
}
// 获取订单列表
export function getOrderList(params) {
  return axios.get({ url: '/order',params });
}
// 获取订单详情
export function getOrderDetail(id) {
  return axios.get({ url: `/order/${id}`});
}
// 取消订单
export function cancelOrder(id) {
  return axios.put({ url: `/order/${id}/cancel`});
}
// 提交订单
export function confirmOrder(id) {
  return axios.put({ url: `/order/${id}/finish`})
}
// 支付订单
export function payOrder(params) {
  return axios.get({ url: '/paySuccess', params })
}
```

16.10.3 地址栏

HTML 代码如下。

```
<template>
  <div class="create-order">
    <!-- TopBar 头部导航栏 -->
    <topbar :name="'生成订单'" @callback="deleteLocal"></topbar>
    <!-- 地址栏 -->
    <div class="address-wrap">
      <div class="name" @click="goTo">
        <span>{{ state.address.userName }} </span>
```

< 301 >

```
        <span>{{ state.address.userPhone }}</span>
      </div>
      <div class="address">
        {{ state.address.provinceName }} {{ state.address.cityName }} {{ state.address.
regionName }} {{ state.address.detailAddress }}
      </div>
      <van-icon class="arrow" name="arrow" />
    </div>
    <!-- 商品信息列表 -->
    <!-- 生成订单模块 -->
    <!-- 支付弹窗模块 -->
  </div>
</template>
```

样式代码如下。

```less
<style lang="less" scoped>
  @import '../common/style/mixin';
  .create-order {
    background: #f9f9f9;
    // 地址栏样式
    .address-wrap {
      margin-bottom: 20px;
      background: #fff;
      position: relative;
      font-size: 14px;
      padding: 15px;
      color: #222333;
      .name, .address {
        margin: 10px 0;
      }
      .arrow {
        position: absolute;
        right: 10px;
        top: 50%;
        transform: translateY(-50%);
        font-size: 20px;
      }
      &::before {
        position: absolute;
        right: 0;
        bottom: 0;
        left: 0;
        height: 2px;
        background: -webkit-repeating-linear-gradient(135deg, #ff6c6c 0, #ff6c6c 20%,
transparent 0, transparent 25%, #1989fa 0, #1989fa 45%, transparent 0, transparent 50%);
        background:  repeating-linear-gradient(-45deg,  #ff6c6c  0,  #ff6c6c  20%,
transparent 0, transparent 25%, #1989fa 0, #1989fa 45%, transparent 0, transparent 50%);
        background-size: 80px;
        content: '';
      }
    }
    // 商品列表样式

    // 生成订单模块
  }
</style>
```

地址栏实现中有一个判断逻辑，即当进入生成订单页面时，会获取用户设置的默认地址信息，如

< 302 >

果没有设置则会直接跳转到地址管理页面。如果有默认地址信息就会显示该地址信息。同时地址栏绑定了一个 goTo 方法，用于用户单击地址栏信息时跳转到地址管理页面选择地址信息。实现代码如下。

```
<script setup>
import { reactive, onMounted, computed } from 'vue'
import topbar from '@/components/TopBar.vue'
import { setLocal, getLocal } from '@/common/js/utils'
import { showLoadingToast, closeToast, showSuccessToast } from 'vant'
import { useRoute, useRouter } from 'vue-router'
import { getDefaultAddress, getAddressDetail } from '@/api/address'

const router = useRouter()
const route = useRoute()

// 定义响应式数据
const state = reactive({
  cartList: [],
  address: {},
  showPay: false,
  orderNo: '',
  cartItemIds: []
})

onMounted(() => {
  init()
})
// 页面初始化数据方法
const init = async () => {
  showLoadingToast({ message: '加载中...', forbidClick: true });
  // 获取传递过来的动态路由参数
  const { addressId, cartItemIds } = route.query
  // 获取地址信息
  const { data: address } = addressId ? await getAddressDetail(addressId) : await
getDefaultAddress()
  if (!address) {
    router.push({ path: '/address' })
    return
  }
  // 将地址信息赋值给响应式数据中用于渲染到页面上
  state.address = address
// 获取购物车选项 ID
// 通过购物车 ID 获取商品列表信息
  closeToast()
}

// 跳转到地址列表页面
const goTo = () => {
  router.push({ path: '/address', query: { cartItemIds: JSON.stringify(state.cartItemIds),
from: 'create-order' }})
}
</script>
```

16.10.4　商品列表模块

商品列表模块主要用于把后台请求的商品数据信息展示出来，代码如下。

< 303 >

```
<!-- 商品信息列表 -->
<div class="good">
  <div class="good-item" v-for="(item, index) in state.cartList" :key="index">
    <div class="good-img"><img :src="$filters.prefix(item.goodsCoverImg)" alt="">
</div>
    <div class="good-desc">
      <div class="good-title">
        <span>{{ item.goodsName }}</span>
        <span>x{{ item.goodsCount }}</span>
      </div>
      <div class="good-btn">
        <div class="price">¥{{ item.sellingPrice }}</div>
      </div>
    </div>
  </div>
</div>
```

代码中通过 state.cartList 将商品信息渲染出来，cartList 列表数据是在 init 方法中通过调用 getByCartItemIds 请求接口返回的。实现代码如下。

（1）引用 Cart 接口

```
import { getByCartItemIds } from '@/api/cart'
```

（2）在 init 方法中调用该接口

```
// 获取购物车选项 ID
  const _cartItemIds = cartItemIds ? JSON.parse(cartItemIds) : JSON.parse(getLocal
('cartItemIds'))
  setLocal('cartItemIds', JSON.stringify(_cartItemIds))
  // 通过购物车 ID 获取商品列表信息
  const { data: list } = await getByCartItemIds({ cartItemIds: _cartItemIds.join(',') })
  state.cartList = list
```

该模块样式代码如下。

```
// 商品列表样式
  .good {
    margin-bottom: 120px;
  }
  // 每项商品样式
  .good-item {
    padding: 10px;
    background: #fff;
    display: flex;
    .good-img {
      img {
        .wh(100px, 100px)
      }
    }
    .good-desc {
      display: flex;
      flex-direction: column;
      justify-content: space-between;
      flex: 1;
      padding: 20px;
      .good-title {
        display: flex;
        justify-content: space-between;
      }
      .good-btn {
```

< 304 >

```
    display: flex;
    justify-content: space-between;
    .price {
      font-size: 16px;
      color: red;
      line-height: 28px;
    }
    .van-icon-delete {
      font-size: 20px;
      margin-top: 4px;
    }
  }
 }
}
```

16.10.5　生成订单模块

生成订单模块是一个用于金额展示以及单击事件绑定的 handleCreateOrder 方法的 van-button 按钮组件，具体 HTML 代码如下。

```html
<!-- 生成订单模块 -->
<div class="pay-wrap">
  <div class="price">
    <span>商品金额</span>
    <span>¥{{ total }}</span>
  </div>
  <van-button @click="handleCreateOrder" class="pay-btn" color="#1baeae" type=
"primary" block>生成订单</van-button>
</div>
```

该 handleCreateOrder 方法实现了将数据提交给订单接口，并显示支付模块弹窗的功能。而商品金额 total 通过计算方法对 list 选中项相乘以进行实时动态显示，具体代码如下。

```js
// 创建表单
const handleCreateOrder = async () => {
  const params = {
    addressId: state.address.addressId,
    cartItemIds: state.cartList.map(item => item.cartItemId)
  }
  const { data } = await createOrder(params)
  setLocal('cartItemIds', '')
  state.orderNo = data
  state.showPay = true
}
// 计算属性
const total = computed(() => {
  let sum = 0
  state.cartList.forEach(item => {
    sum += item.goodsCount * item.sellingPrice
  })
  return sum
})
```

样式代码如下。

```css
// 生成订单模块
.pay-wrap {
  position: fixed;
  bottom: 0;
```

< 305 >

```
      left: 0;
      width: 100%;
      background: #fff;
      padding: 10px 0;
      padding-bottom: 50px;
      border-top: 1px solid #e9e9e9;
      >div {
        display: flex;
        justify-content: space-between;
        padding: 0 5%;
        margin: 10px 0;
        font-size: 14px;
        span:nth-child(2) {
          color: red;
          font-size: 18px;
        }
      }
      .pay-btn {
        position: fixed;
        bottom: 7px;
        right: 0;
        left: 0;
        width: 90%;
        margin: 0 auto;
      }
    }
```

16.10.6 支付弹窗模块

支付弹窗模块使用了 Vant 组件库提供的 van-popup 弹窗组件，代码如下。

```
<!-- 支付弹窗模块 -->
<van-popup
  closeable
  :close-on-click-overlay="false"
  v-model:show="state.showPay"
  position="bottom"
  :style="{ height: '30%' }"
  @close="close"
>
    <div :style="{ width: '90%', margin: '0 auto', padding: '50px 0' }">
      <van-button :style="{ marginBottom: '10px' }" color="#1989fa" block @click=
"handlePayOrder(1)">支付宝支付</van-button>
      <van-button color="#4fc08d" block @click="handlePayOrder(2)">微信支付</van-button>
    </div>
</van-popup>
```

组件中绑定了名为 handlePayOrder 和 close 的方法。handlePayOrder 方法负责提交数据到支付订单接口中，提交成功后会跳转到订单页面，close 方法是直接关闭弹窗，并跳转到订单页面，代码如下。

```
const handlePayOrder = async (type) => {
  await payOrder({ orderNo: state.orderNo, payType: type })
  showSuccessToast('支付成功')
  setTimeout(() => {
    router.push({ path: '/order' })
  }, 2000)
}
// 关闭支付窗口方法
const close = () => {
```

< 306 >

```
router.push({ path: '/order' })
}
```

16.11 "我的订单"页面

在 src/views 目录下创建一个名为 Order.vue 的文件作为"我的订单"页面。效果如图 16-32 所示。

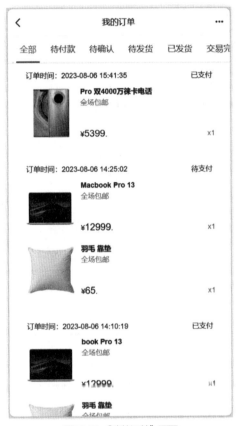

图 16-32　"我的订单"页面

16.11.1　创建页面

该页面结构包含 Vant 提供的 van-tabls 组件,用于 tab 栏切换;van-pull-refresh 下拉刷新组件和 van-list 列表组件用于渲染订单信息列表。具体代码如下。

```
<template>
  <div class="order-box">
    <topbar :name="'我的订单'" :back="'/user'"></topbar>
    <van-tabs @click-tab="onChangeTab" :color="'#1baeae'" :title-active-color=
"'#1baeae'" class="order-tab" v-model="state.status">
      <van-tab title="全部" name=''></van-tab>
      <van-tab title="待付款" name="0"></van-tab>
      <van-tab title="待确认" name="1"></van-tab>
      <van-tab title="待发货" name="2"></van-tab>
```

< 307 >

```
        <van-tab title="已发货" name="3"></van-tab>
        <van-Lab title="交易完成" name="4"></van-tab>
      </van-tabs>
      <div class="content">
        <van-pull-refresh v-model="state.refreshing" @refresh="onRefresh" class=
"order-list-refresh">
          <van-list
            v-model:loading="state.loading"
            :finished="state.finished"
            finished-text="没有更多了"
            @load="onLoad"
            @offset="10"
          >
            <div v-for="(item, index) in state.list" :key="index" class="order-item-box"
@click="goTo(item.orderNo)">
              <div class="order-item-header">
                <span>订单时间: {{ item.createTime }}</span>
                <span>{{ item.orderStatusString }}</span>
              </div>
              <van-card
                v-for="one in item.newBeeMallOrderItemVOS"
                :key="one.orderId"
                :num="one.goodsCount"
                :price="one.sellingPrice"
                desc="全场包邮"
                :title="one.goodsName"
                :thumb="$filters.prefix(one.goodsCoverImg)"
              />
            </div>
          </van-list>
        </van-pull-refresh>
      </div>
    </div>
</template>
```

对应的 JS 逻辑代码如下。

```
<script setup>
  import { reactive } from 'vue';
  import topbar from '@/components/TopBar.vue'
  import { getOrderList } from '@/api/order'
  import { useRouter } from 'vue-router'

  const router = useRouter()
  const state = reactive({
    status: '',
    loading: false,
    finished: false,
    refreshing: false,
    list: [],
    page: 1,
    totalPage: 0
  })
  // 获取订单数据
  const loadData = async () => {
    const { data, data: { list } } = await getOrderList({ pageNumber: state.page, status:
state.status })
    state.list = state.list.concat(list)
    state.totalPage = data.totalPage
    state.loading = false;
```

< 308 >

```
    if (state.page >= data.totalPage) state.finished = true
  }
  // Tab 栏切换方法
  const onChangeTab = ({ name }) => {
    // 这里 Tab 最好采用单击事件@click，如果用@change 事件，会默认进来执行一次
    state.status = name
    onRefresh()
  }
  // 跳转到订单详细信息页面
  const goTo = (id) => {
    router.push({ path: '/order-detail', query: { id } })
  }
  // 下拉刷新调用数据方法
  const onLoad = () => {
    if (!state.refreshing && state.page < state.totalPage) {
      console.log(state.page)
      console.log(state.totalPage)
      state.page = statc.page + 1
    }
    if (state.refreshing) {
      state.list = [];
      state.refreshing = false;
    }
    loadData()
  }
  // 下拉刷新绑定方法
  const onRefresh = () => {
    state.refreshing = true
    state.finished = false
    state.loading = true
    state.page = 1
    onLoad()
  }
</script>
```

样式代码如下。

```
<style lang="less" scoped>
@import '../common/style/mixin';
// 订单模块样式
.order-box {
  .order-header {
    position: fixed;
    top: 0;
    left: 0;
    z-index: 10000;
    .fj();
    .wh(100%, 44px);
    line-height: 44px;
    padding: 0 10px;
    .boxSizing();
    color: #252525;
    background: #fff;
    border-bottom: 1px solid #dcdcdc;
    .order-name {
      font-size: 14px;
    }
  }
  // 订单Tab标签样式
```

< 309 >

```
.order-tab {
  position: fixed;
  left: 0;
  z-index: 1000;
  width: 100%;
  border-bottom: 1px solid #e9e9e9;
}
.skeleton {
  margin-top: 60px;
}
.content {
  height: calc(~"(100vh - 70px)");
  overflow: hidden;
  overflow-y: scroll;
  margin-top: 34px;
}
// 订单列表下拉刷新样式
.order-list-refresh {
  .van-card__content {
    display: flex;
    flex-direction: column;
    justify-content: center;
  }
  .van-pull-refresh__head {
    background: #f9f9f9;
  }
  .order-item-box {
    margin: 20px 10px;
    background-color: #fff;
    .order-item-header {
      padding: 10px 20px 0 20px;
      display: flex;
      justify-content: space-between;
    }
    .van-card {
      background-color: #fff;
      margin-top: 0;
    }
  }
}
}
</style>
```

16.11.2 定义路由

定义路由代码如下。

```
{
  path: '/order',
  name: 'order',
  component: () => import('@/views/Order.vue'),
  meta: {
    index: 2
  }
},
```

< 310 >

16.12　订单详情页面

在 src/views 目录下创建一个名为 OrderDetail.vue 的订单详情页面，用于显示订单详细信息，效果如图 16-33 所示。

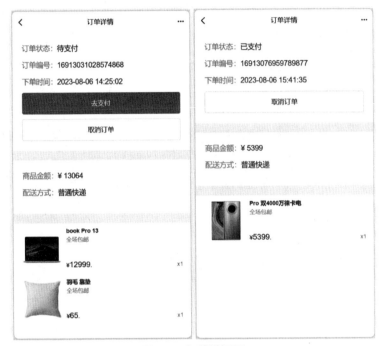

图 16-33　订单详情页面

16.12.1　定义路由

定义路由代码如下。

```
{
  path: '/order-detail',
  name: 'order-detail',
  component: () => import('@/views/OrderDetail.vue'),
  meta: {
    index: 3
  }
},
```

16.12.2　创建页面

如图 16-33 所示，整个页面分为订单支付状态、订单金额与配送信息、订单商品信息和"去支付"按钮四个部分，单击"去支付"按钮时显示支付弹窗。代码如下。

```
<template>
  <div class="order-detail-box">
    <topbar :name="'订单详情'" @callback="close"></topbar>
```

< 311 >

```html
    <!-- 订单支付状态 -->
    <div class="order-status">
      <div class="status-item">
        <label>订单状态: </label>
        <span>{{ state.detail.orderStatusString }}</span>
      </div>
      <div class="status-item">
        <label>订单编号: </label>
        <span>{{ state.detail.orderNo }}</span>
      </div>
      <div class="status-item">
        <label>下单时间: </label>
        <span>{{ state.detail.createTime }}</span>
      </div>
      <van-button v-if="state.detail.orderStatus == 3" style="margin-bottom: 10px"
color="#1baeae" block @click="handleConfirmOrder(state.detail.orderNo)">确认收货</van-
button>
      <van-button v-if="state.detail.orderStatus == 0" style="margin-bottom: 10px"
color="#1baeae" block @click="showPayFn">去支付</van-button>
      <van-button v-if="!(state.detail.orderStatus < 0 || state.detail.orderStatus ==
4)" block @click="handleCancelOrder(state.detail.orderNo)">取消订单</van-button>
    </div>
    <!-- 订单金额与配送信息 -->
    <div class="order-price">
      <div class="price-item">
        <label>商品金额: </label>
        <span>¥ {{ state.detail.totalPrice }}</span>
      </div>
      <div class="price-item">
        <label>配送方式: </label>
        <span>普通快递</span>
      </div>
    </div>
    <!-- 订单商品信息 -->
    <van-card
      v-for="item in state.detail.newBeeMallOrderItemVOS"
      :key="item.goodsId"
      style="background: #fff"
      :num="item.goodsCount"
      :price="item.sellingPrice"
      desc="全场包邮"
      :title="item.goodsName"
      :thumb="$filters.prefix(item.goodsCoverImg)"
    />
    <!-- 支付弹窗 -->
    <van-popup
      v-model:show="state.showPay"
      position="bottom"
      :style="{ height: '24%' }"
    >
      <div :style="{ width: '90%', margin: '0 auto', padding: '20px 0' }">
        <van-button :style="{ marginBottom: '10px' }" color="#1989fa" block @click=
"handlePayOrder(state.detail.orderNo, 1)">支付宝支付</van-button>
        <van-button color="#4fc08d" block @click="handlePayOrder(state.detail.orderNo,
2)">微信支付</van-button>
```

< 312 >

```
        </div>
      </van-popup>
    </div>
</template>
```

　　上述代码主要绑定了获取订单详情数据方法、取消订单方法、提交订单方法以及支付订单方法等。
代码如下。

```
<script setup>
import { reactive, onMounted } from 'vue'
import topbar from '@/components/TopBar.vue'
import { getOrderDetail, cancelOrder, confirmOrder, payOrder } from '@/api/order'
import { showConfirmDialog, showLoadingToast, closeToast, showSuccessToast, closeDialog }
from 'vant'
import { useRoute } from 'vue-router'
const route = useRoute()
const state = reactive({
  detail: {},
  showPay: false
})

onMounted(() => {
  init()
})
// 获取订单详情数据方法
const init = async () => {
  showLoadingToast({
    message: '加载中...',
    forbidClick: true
  });
  const { id } = route.query
  const { data } = await getOrderDetail(id)
  state.detail = data
  closeToast()
}
// 取消订单方法
const handleCancelOrder = (id) => {
  showConfirmDialog({
    title: '确认取消订单? ',
  }).then(() => {
    cancelOrder(id).then(res => {
      if (res.resultCode == 200) {
        showSuccessToast('删除成功')
        init()
      }
    })
  }).catch(() => {
  });
}
// 提交订单方法
const handleConfirmOrder = (id) => {
  showConfirmDialog({
    title: '是否确认订单? ',
  }).then(() => {
    confirmOrder(id).then(res => {
      if (res.resultCode == 200) {
        showSuccessToast('确认成功')
        init()
```

< 313 >

```
    }
  })
}).catch(() => {
});
}
// 显示支付窗口状态
const showPayFn = () => {
  state.showPay = true
}
// 支付订单方法
const handlePayOrder = async (id, type) => {
  await payOrder({ orderNo: id, payType: type })
  state.showPay = false
  init()
}
// 关闭弹窗
const close = () => {
  closeDialog
}
</script>
```

对应样式代码如下。

```less
<style lang="less" scoped>
  // 订单描述模块样式
  .order-detail-box {
    background: #f7f7f7;
    // 订单状态样式
    .order-status {
      background: #fff;
      padding: 20px;
      font-size: 15px;
      .status-item {
        margin-bottom: 10px;
        label {
          color: #999;
        }
        span {

        }
      }
    }
    // 订单价格样式
    .order-price {
      background: #fff;
      margin: 20px 0;
      padding: 20px;
      font-size: 15px;
      .price-item {
        margin-bottom: 10px;
        label {
          color: #999;
        }
        span {

        }
      }
    }
    .van-card {
```

< 314 >

```
    margin-top: 0;
  }
  .van-card__content {
    display: flex;
    flex-direction: column;
    justify-content: center;
  }
 }
</style>
```

16.13　分类页面

在 src/views 目录下创建一个名为 Category.vue 的文件，该页面效果如图 16-34 所示。

图 16-34　分类页面

16.13.1　定义路由

定义路由代码如下。

```
{
  path: '/category',
  name: 'category',
  component: () => import('@/views/Category.vue'),
  meta: {
    index: 1
  }
},
```

< 315 >

16.13.2 区域滚动组件

在该页面中用到了一个新的公用组件，即区域滚动组件，以实现页面中区域的滚动效果。在 src/components 目录下创建一个名为 ListScroll.vue 的文件，该公用组件用来实现移动端滚动效果。在该组件中还引用一个新的第三方插件 better-scroll，安装命令如下。

```
npm install --save better-scroll
```

该插件可以实现同一个页面区域内滚动效果。具体代码如下。

```
<template>
    <div ref="wrapper" class="scroll-wrapper">
      <slot></slot>
    </div>
</template>

<script setup>
import { ref, onMounted, onUpdated } from 'vue';
import BScroll from 'better-scroll';
// 定义了一个响应式引用变量，名为 "wrapper"。它将用于保存指向与模板中 ref="wrapper" 属性相对应的
// 实际 DOM 元素
const wrapper = ref(null);
// 这声明了一个变量 "bs"，将用于保存 BetterScroll 类的一个实例
let bs;
// 初始化 BetterScroll 实例
const initScroll = () => {
  bs = new BScroll(wrapper.value, {
    probeType: 3,
    click: true,
  });
  bs.on('scroll', () => {
    console.log('scrolling-');
  });
  bs.on('scrollEnd', () => {
    console.log('scrollingEnd');
  });
};

onMounted(() => {
  initScroll();
});
// 刷新 BetterScroll 实例。为了在滚动容器内部内容动态变化时调整滚动行为
onUpdated(() => {
  bs.refresh();
});
</script>
<style lang="less" scoped>
  .scroll-wrapper {
    width: 100%;
    height: 100%;
    overflow: hidden;
    overflow-y: scroll;
    touch-action: pan-y;
  }
</style>
```

< 316 >

16.13.3　创建页面

如图 16-34 所示，整个页面分为两个滚动区域，分别使用区域滚动组件来实现。具体代码如下。

```
<template>
    <div class="categray">
      <div>
        <topbar :name="'分类'" ></topbar>
        <!-- 分类内容 -->
        <div class="search-wrap" ref="searchWrap">
          <!-- 左侧区域滚动 -->
          <list-scroll :scroll-data="state.categoryData" class="nav-side-wrapper">
            <ul class="nav-side">
              <li
                v-for="item in state.categoryData"
                :key="item.categoryId"
                v-text="item.categoryName"
                :class="{'active' : state.currentIndex == item.categoryId}"
                @click="selectMenu(item.categoryId)"
              ></li>
            </ul>
          </list-scroll>
          <!-- 右侧区域滚动 -->
          <div class="search-content">
            <list-scroll :scroll-data="state.categoryData" >
              <div class="swiper-container">
                <div class="swiper-wrapper">
                  <template v-for="(category, index) in state.categoryData">
                    <div class="swiper-slide" v-if="state.currentIndex == category.
categoryId" :key="index">
                      <div class="category-list" v-for="(products, index) in category.
secondLevelCategoryVOS" :key="index">
                        <p class="catogory-title">{{products.categoryName}}</p>
                        <div class="product-item" v-for="(product, index) in products.
thirdLevelCategoryVOS" :key="index" @click="selectProduct(product)">
                          <van-icon name="photo-o" class="product-img"/>
                          <p v-text="product.categoryName" class="product-title"></p>
                        </div>
                      </div>
                    </div>
                  </template>
                </div>
              </div>
            </list-scroll>
          </div>
        </div>
        <nav-bar></nav-bar>
      </div>
    </div>
</template>
```

对应 JS 逻辑代码如下。

```
<script setup>
import { reactive, onMounted, ref } from 'vue'
import { useRouter } from 'vue-router'
import navBar from '@/components/NavBar.vue'
import topbar from '@/components/TopBar.vue'
import listScroll from '@/components/ListScroll.vue'
import { getCategory } from "@/api/product"
```

< 317 >

```
import { showLoadingToast, closeToast } from 'vant'
const router = useRouter()
const searchWrap = ref(null)
const state = reactive({
  categoryData: [],
  currentIndex: 15
})

onMounted(async () => {
  // 获取可视高度
  let $screenHeight = document.documentElement.clientHeight
  searchWrap.value.style.height = $screenHeight - 100 + 'px'
  showLoadingToast('加载中...')
  const { data } = await getCategory()
  closeToast()
  state.categoryData = data
})
// 切换菜单
const selectMenu = (index) => {
  state.currentIndex = index
}
// 选中分类到商品列表页面
const selectProduct = (item) => {
  router.push({ path: '/product-list', query: { categoryId: item.categoryId } })
}
</script>
```

对应样式代码如下。

```
<style lang="less" scoped>
@import '../common/style/mixin';
.search-wrap {
  .fj();
  width: 100%;
  background: #F8F8F8;
  // 左侧区域滚动样式
  .nav-side-wrapper {
    width: 28%;
    height: 100%;
    overflow: hidden;
    .nav-side {
      width: 100%;
      .boxSizing();
      background: #F8F8F8;
      li {
        width: 100%;
        height: 56px;
        text-align: center;
        line-height: 56px;
        font-size: 14px;
        &.active {
          color: @primary;
          background: #fff;
        }
      }
    }
  }
  // 右侧区域滚动样式
  .search-content {
    width: 72%;
```

< 318 >

```
      height: 100%;
      padding: 0 10px;
      background: #fff;
      overflow-y: scroll;
      touch-action: pan-y;
      * {
         touch-action: pan-y;
       }
      .boxSizing();
      .swiper-container {
       width: 100%;
        .swiper-slide {
         width: 100%;
          .category-main-img {
           width: 100%;
          }
          .category-list {
           display: flex;
           flex-wrap: wrap;
           flex-shrink: 0;
           width: 100%;
            .catogory-title {
             width: 100%;
             font-size: 17px;
             font-weight: 500;
             padding: 20px 0;
            }
            .product-item {
             width: 33.3333%;
             margin-bottom: 10px;
             text-align: center;
             font-size: 15px;
            }
          }
        }
      }
    }
  }
</style>
```

16.14　本章小结

　　本章完整地介绍了一个基于 Vue 3 与 Vant 的 HTML5 版商城项目的实现，包括从架构搭建到公用文件、组件的抽取，再到每个功能模块的详细代码实现。在完成对本章的学习后，读者应该能够独立进行企业级 Vue 3 应用项目的迭代开发。本章的实例也可以作为读者自己的项目使用。

习题

一、判断题

1. Vue 3 引入了组合式 API，提供更灵活和可组合的逻辑复用方式。　　　　　　　　（　　）
2. Vite 使用 ES 模块来处理模块，取代了传统的 Webpack 的模块处理方式。　　　（　　）

< 319 >

3. 在 Pinia 中，状态更新是同步的，不支持异步操作。 （　　　）

4. Vue Router 支持路由懒加载，可以将组件按需加载，优化应用的加载性能。 （　　　）

5. Axios 只支持简单的 GET 请求和 POST 请求，不支持其他 HTTP 方法。 （　　　）

二、选择题

1. Vue 3 引入了（　　　）以提供更灵活和可组合的逻辑复用方式。

　　A. 组合式 API 　　　　B. 选项式 API 　　　　C. Vue.use API 　　　　D. Vue.mixin API

2. Pinia 的核心概念是（　　　）。

　　A. Actions 　　　　　　B. Mutations 　　　　C. Getters 　　　　　D. Store

3. Vue Router 中的路由懒加载用来（　　　）。

　　A. 加快开发环境的热更新 　　　　　　　　B. 延迟加载路由组件

　　C. 实现路由的实时更新 　　　　　　　　　D. 处理全局路由守卫

4. Axios 的请求拦截器和响应拦截器用于（　　　）。

　　A. 处理错误 　　　　B. 修改请求参数 　　　C. 修改响应数据 　　　D. 终止请求

5. Axios 是基于（　　　）的 Promise 库。

　　A. Bluebird 　　　　　B. Q 　　　　　　　C. ES6 Promise 　　　D. jQuery Deferred

上机实操

请独立动手复现编码，完成本章项目实例并运行，注意不是直接复制所提供的代码。

目标：以项目实例为驱动，通过实际编码发现问题并自主解决问题，同时加深对 Vue 3 技术的理解，提高动手实践能力。

< 320 >